北京市高等教育精品教材立项项目

21世纪高职高专电子信息类规划教材
21 Shiji Gaozhi Gaozhuan Dianzi Xinxilei Guihua Jiaocai

移动通信技术与应用（第2版）

杨秀清 主编
陈禹 裴春梅 王艳秋 副主编

人民邮电出版社
北京

图书在版编目（CIP）数据

移动通信技术与应用 / 杨秀清主编. -- 2版. -- 北京 : 人民邮电出版社, 2016.8（2019.7 重印）
21世纪高职高专电子信息类规划教材
ISBN 978-7-115-42835-6

Ⅰ. ①移… Ⅱ. ①杨… Ⅲ. ①移动通信－通信技术－高等职业教育－教材 Ⅳ. ①TN929.5

中国版本图书馆CIP数据核字(2016)第137186号

内容提要

本书以移动通信系统和技术的演进为主线，重点介绍了我国所使用的 2G 移动通信系统（GSM 数字蜂窝移动通信系统、CDMA 数字蜂窝移动通信系统）、3G 移动通信系统和技术及 4G 移动通信系统和技术，同时对移动通信技术在物联网等方面的应用进行了介绍。

本书内容简明易懂，突出技术应用，强调基础，又力求体现新知识、新技术，并通过配套的仿真技能的训练项目来加强学生技能的培养。

本书由高职院校教学一线教师和通信企业一线工程技术人员共同编写，突出理论与实践相结合的特点，可作为高职高专电子信息类专业“移动通信技术”课程的教材，也可作为移动通信行业相关人员的培训用书。

◆ 主　　编　杨秀清
　副 主 编　陈　禹　裴春梅　王艳秋
　责任编辑　张孟玮
　执行编辑　李　召
　责任印制　杨林杰

◆ 人民邮电出版社出版发行　　北京市丰台区成寿寺路 11 号
　邮编　100164　　电子邮件　315@ptpress.com.cn
　网址　http://www.ptpress.com.cn
　北京捷迅佳彩印刷有限公司印刷

◆ 开本：787×1092　1/16
　印张：11　　　　　　2016 年 8 月第 2 版
　字数：278 千字　　　2019 年 7 月北京第 4 次印刷

定价：36.00 元

读者服务热线：(010)81055256　印装质量热线：(010)81055316
反盗版热线：(010)81055315

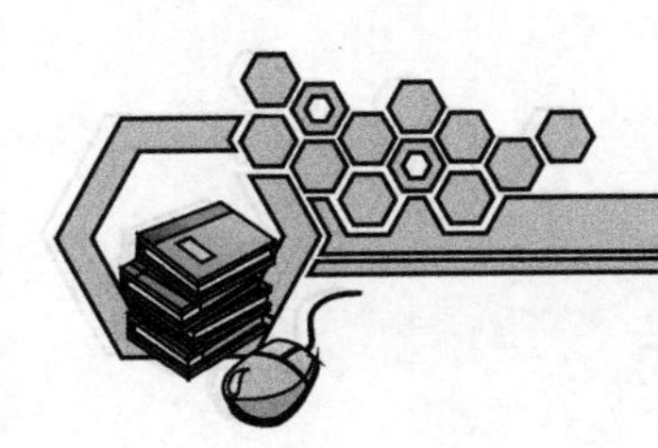

前　言

移动通信技术的快速发展要求从事相关专业的人员要不断更新知识。高职院校电子信息类、通信类专业均开设了“移动通信技术”课程。该课程是一门应用范围广，具有基础作用的专业必修课程。从各校往届毕业学生的就业反馈意见看，学校讲授的移动通信技术和系统方面的知识为他们从事电信工程方面的工作打下了坚实的基础。

本书从适应高等职业教育的需要出发，结合移动通信行业的特点和移动通信高等职业教育的培养目标编写而成，可作为高职高专广大师生移动通信教学的教材，也可用作为移动通信行业相关人员的培训用书。

本书由高职院校教学一线教师和通信企业一线工程技术人员共同编写，以移动通信系统和技术的演进为主线，重点介绍了我国所使用的2G移动通信系统（GSM数字蜂窝移动通信系统、CDMA数字蜂窝移动通信系统）、3G移动通信系统和技术及4G移动通信系统和技术，同时对移动通信技术在物联网等方面的应用知识进行了介绍。

本书内容简明易懂，突出技术应用，强调基础，又力求体现新知识、新技术，并通过配套的仿真技能的训练项目来加强学生技能的培养。

本书的教学参考学时为70学时，各章的参考教学课时见以下的课时分配表。

章节	课程内容	课时分配	
		讲授	实践训练
第1章	概述	4	
第2章	移动通信的基本技术	10	6
第3章	GSM数字蜂窝移动通信系统	8	
第4章	CDMA数字蜂窝移动通信系统	8	
第5章	第三代移动通信系统	10	
第6章	LTE移动通信系统	12	8
第7章	移动通信技术应用	4	
课时　总计		56	14

本书由杨秀清任主编，并编写第1～4章，第5章由裴春梅编写，第6章由陈禹编写，第7章由王艳秋编写。

由于编者水平有限，书中难免存在错误和不足之处，恳请读者批评指正。

编　者

2016年7月

目录

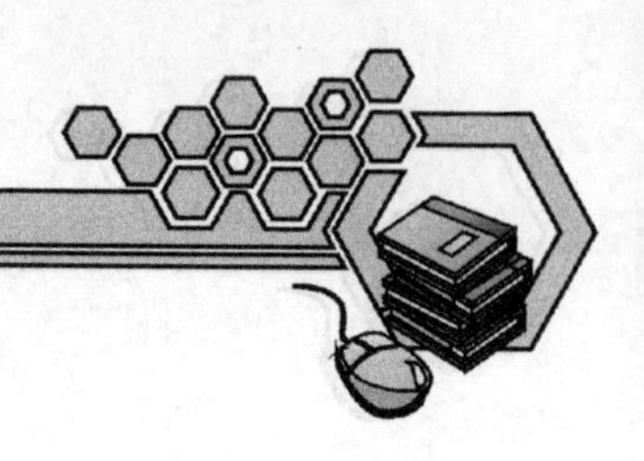

第1章 概述

1877 年，第一份用电话发出的新闻电讯稿被发送到波士顿《世界报》，这标志着电话为公众所采用，也意味着人类的交往史揭开了崭新一页。

传统的固定通信使人类能够远距离、快速地传送信息，但通信中的电信号是通过基本固定不动的全封闭的线路，如双绞线、电缆、光缆传送的，所以固定通信也称为有线通信。在实际线路架设过程中，由于自然环境的影响，通信线路不可能无限制地敷设到人们所要求的地方，同时由于通信终端设备（电话机）是固定在某一个地方，是不可移动的，这在一定程度上限制了信息传播的范围，人们也日益觉得固定通信在某些方面已不适应现代生活快速、随时随地通信的需求。移动通信就是在这种需求背景下应运而生。

1.1 移动通信的主要特点

移动通信属于无线通信，通信终端设备是移动的，至少打电话或接电话的一方是在移动中的，传输信号以电磁波的形式在空中传输，传输线路也不再固定。因为传输线路的开放性，移动通信的通话质量不如有线通信好，但移动通信带给人们生产和生活上的方便足以弥补其缺陷，加之随着移动通信技术的发展，其通信质量也日益提高，手机已成为人们生活的一部分。自 20 世纪 80 年代我国引入模拟移动通信网以来，短短 20 多年，我国的移动电话用户已达 6 亿，按照我国 14 亿人口计算，平均每 2.3 个人就拥有一部手机。我国目前拥有全世界最多的移动用户，拥有覆盖范围最广、最大的移动通信网，手机产量约站全球的 1/3，是名副其实的手机生产大国。

和其他通信方式相比，移动通信具有自身的特点，下面逐一进行介绍。

1. 信号的传输环境恶劣

（1）多径效应

传输信号是以电磁波的形式在空中传输，其传播特性与外界环境有很大关系。

在同一个接收地点，所收到的信号是由主径信号直射波和从建筑物或山丘反射、绕射过来的各种路径信号叠加而成的，如图 1-1 所示。各路径信号到达接收点时强度和相位都不一样，之间存在自干扰，导致叠加后的信号电平起伏变化，严重时信号电平起伏约 30dB，这就是所谓的多径效应或多径干扰。在移动通信系统中，采用分集接收技术抗多径干扰。

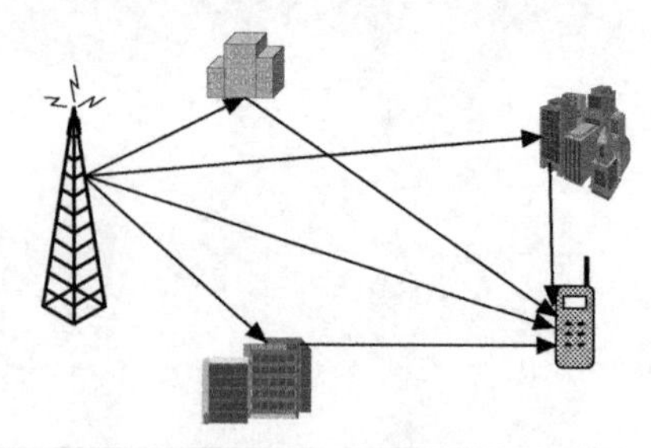

图 1-1　多径效应

关于移动通信系统中的基本技术，将在第 2 章中介绍。

（2）阴影效应

类似于阳光受到建筑物的阻挡产生阴影一样，电磁波在传输过程中，受到建筑物的阻挡，信号只有少部分传送到接收地点，使接收信号的电平起伏变化，即产生阴影效应。

2. 通信用户的移动性

（1）多普勒效应

由于移动通信常常在快速移动中进行，当移动速度达到 70km/h 以上时，接收信号的频率随着速度和信号入射角而变化，使接收信号的电平起伏变化，即出现多普勒效应。在移动通信系统中，使用锁相技术可以降低多普勒效应带来的信号不稳定的影响。

（2）远近效应

由于通信用户和接收设备的距离是随机变化的，当距离近时接收信号强，当距离远时接收信号弱，距离的变化会使接收信号的电平起伏；另外，由于通信系统是在强干扰下工作的，如果距离近处的信号是干扰信号，则在接收端会发生强干扰信号压制远处弱有用信号的现象。上述的两种情况统称为远近效应。解决远近效应的技术是功率控制技术。

（3）移动性管理技术

通信用户经常漫游移动，为了实现实时可靠的通信，移动通信要求采用移动性管理技术，如位置登记、越区切换等。

（4）对移动通信终端设备要求高

要求手机携带方便、省电，目前手机制造在突出功能多样的同时，更注重外观的艺术设计，超薄超轻是制造商追求的目标之一。对于车载型和机载型终端设备，要求操作简单、维护方便、抗震，能在气温变化剧烈的情况下工作。

3. 组网方式灵活多样

由于通信环境的复杂，信号接收地点可能是繁华的市区，也可能是空旷的郊外或海域，所以移动通信的组网方式根据地形地貌而灵活多样，如在用户密度不大的地区采用大区制，在繁华的市区采用小区制，而小区制移动通信网又分为带状服务区（铁路、公路等狭长地区）和面状服务区。有关大区制和小区制将在后续章节中详细介绍。

1.2 移动通信系统的组成

电信网基本上可以分为两个平行发展的网络：移动通信网（移动网）和固定通信网（固网）。

移动网（PLMN）有自己的专用设备和组网方式，并提供和固网（公用电话网——PSTN、综合业务数字网——ISDN、分组交换公用数据网——PSPDN、电路交换公用数据网——CSPDN）相连的接口，把移动用户与移动用户、移动用户与固定网用户互相连接起来。

一个移动通信系统主要的组成部分是：移动台（MS）、基站（BS）、移动业务交换中心（MSC）和与固网相连的接口设备。图1-2所示为一个基本的移动通信系统组成框图。

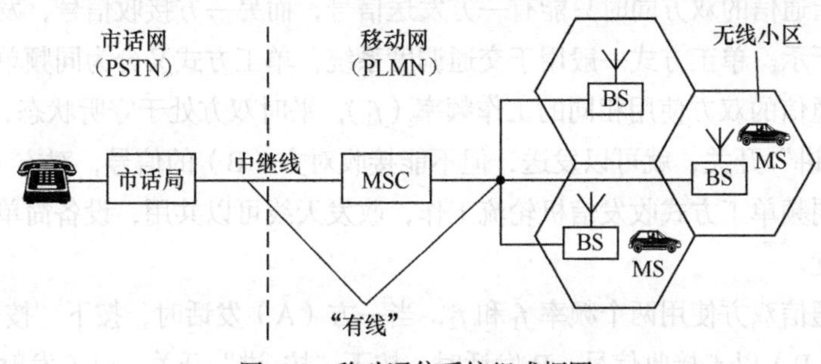

图1-2 移动通信系统组成框图

1. 移动台

移动台（Mobile Station，MS）是公用移动通信网中移动用户使用的设备，也是用户能够直接接触的整个系统中的唯一设备，它可以为车载型、便携型和手持型。移动台提供两个接口，一个是接入系统的无线接口，另一个是与使用者之间的接口。对于手机来讲，用户接口指的是按键和显示屏。

2. 基站

基站（Base Station，BS）通过无线接口直接与移动台相连，在移动台和网络之间提供一个双向的无线链路（信道），负责无线信号的收发与无线资源管理，实现移动用户间或移动用户与固网用户间的通信连接。基站本身只是起转发作用，任何移动用户（移动台）要通信，需将信息发给基站，再由基站转发给另一移动台。每个基站都有一个服务区，即无线电波的覆盖范围，服务区的大小是由基站的天线高度和发射功率决定。下面我们来对移动通信中常提到的无线信道进行定义。

信道是通信网络传递信息的通道。移动通信网的无线信道是指移动台与基站间的一条双向传输通道。如果信号是移动台发，基站收，移动台到基站的无线链路称为上行链路（上行信道）；如果信号是基站发，移动台收，基站到移动台的无线链路称为下行链路（下行信道）。

3. 移动交换中心

移动交换中心（Mobile Switching Centre，MSC）是整个系统的核心，提供交换功能及面向系

统其他功能实体和固定网的接口功能，它对移动用户与移动用户之间通信、移动用户与固定网络用户之间通信起着交换、连接与集中控制管理的作用。

1.3 移动通信系统的分类

移动通信系统可以按工作方式、多址方式、用途等分类，下面分别介绍。

1. 工作方式

按通信状态和频率使用方法划分，移动通信系统有单工制、半双工制和双工制 3 种工作方式。

（1）单工方式

单工方式是指通信的双方同时只能有一方发送信号，而另一方接收信号，发信时需“按-讲”操作，如图 1-3 所示。单工方式一般用于交通调度系统，单工方式又分为同频单工和异频单工两种。同频单工指通信的双方使用相同的工作频率（f_1），平时双方处于守听状态，当一方（A）发送时，按下“按-讲”开关，就可以发送，但不能接收对方（B）的信号，对方（B）此时只能接收，不能发送。同频单工方式收发信机轮流工作，收发天线可以共用，设备简单、省电，收发信机不存在相互干扰。

异频单工指通信双方使用两个频率 f_1 和 f_2，当一方（A）发话时，按下“按-讲”开关，以 f_1 发射信号，对方（B）以 f_1 接收信号；B 发话时，按下“按-讲”开关，以 f_2 发射信号，对方（A）以 f_2 接收信号，和同频单工一样，收发信机轮流工作，仅是收发频率不同。

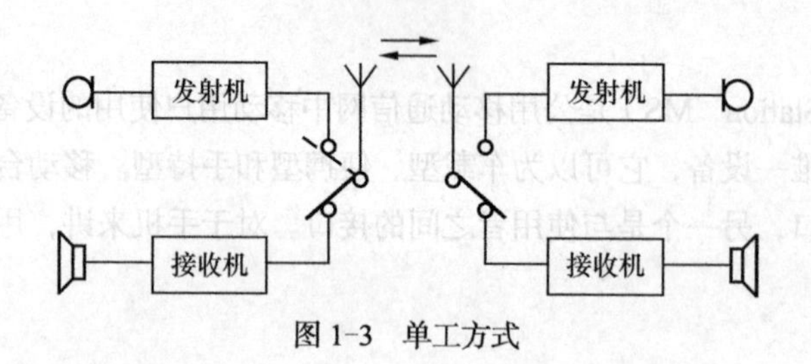

图 1-3 单工方式

（2）半双工方式

半双工方式指通信的双方有一方收发信机同时工作（双工工作），在通信的过程中既能发射信号也能接收信号，而另一方只能是单工工作。如图 1-4 所示，基站双工方式工作，同时收发信号，移动台采用“按-讲”的单工方式工作。由于基站占用两个频率，需要有天线共用器。

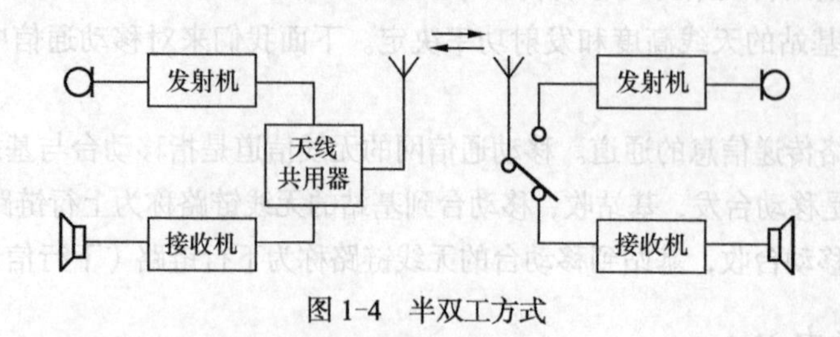

图 1-4 半双工方式

（3）双工方式

双工方式指通信的双方收发信机同时工作，通信的任意一方在发话的同时也能收听到对方讲

话，如图 1-5 所示。双工方式在实际应用中分为频分双工（FDD）和时分双工（TDD）。频分双工收发双方使用一对频率 f_1 和 f_2，基站以 f_1 发射信号，移动台以 f_1 接收信号；移动台以 f_2 发射信号，基站以 f_2 接受信号。由于无论是否发话，发信机总是处在开启状态，电能消耗大。时分双工方式由于通信的双方都采用相同的频率，但在不同的时隙收发，如第 1 个时隙基站发射信号，第 2 个时隙移动台发射信号，实现双工通信。时分双工方式较频分双工省电，占用频率少，不需要有天线共用器。

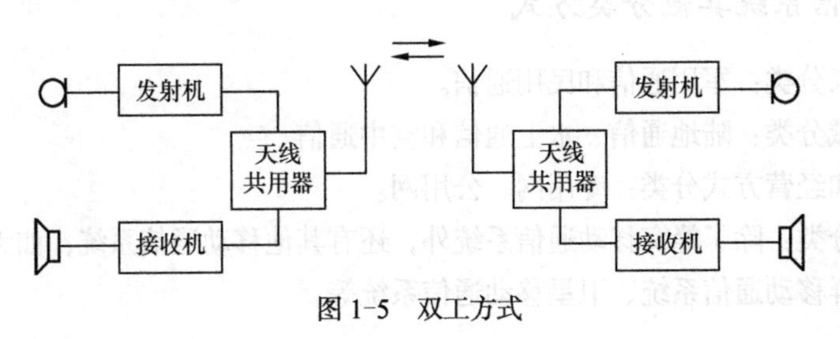

图 1-5 双工方式

2. 信号性质及多址方式

移动通信系统按传输信号性质及多址方式分为如下两种。即采用频分多址技术（FDMA）模拟蜂窝移动通信系统，其传输信号是模拟信号；采用时分多址技术（TDMA）或码分多址技术（CDMA）数字蜂窝移动通信系统，其传输信号是数字信号。

（1）模拟蜂窝移动通信系统

模拟蜂窝移动通信系统是在 20 世纪 70 年代末 80 年代初开始商用的，称为第一代（1G）移动通信系统，其主要技术是模拟调频和频分多址技术（FDMA），以单一的模拟语音业务为主，其中以北美的 AMPS 和欧洲的 TACS 等几种典型的模拟蜂窝移动电话系统为代表。这几种模拟蜂窝移动电话系统之间互不兼容，移动用户无法在各系统之间实现漫游，由于传输信号是模拟信号，所以频率利用率不高，其容量不能满足日益增长的移动用户的需求；抗干扰能力较差；不易保密通信。目前，模拟蜂窝移动通信系统已不再使用。

（2）数字蜂窝移动通信系统

鉴于模拟蜂窝移动通信系统的不足，第二代（2G）数字蜂窝移动通信系统在 20 世纪末应运而生，数字蜂窝移动通信是在模拟蜂窝移动通信的基础之上发展起来的，在网络组成和功能、设备配置等方面两者有相同的地方，但数字蜂窝移动通信系统的传输信号是数字信号，采用数字通信方式，应用数字加密技术，保证了用户信息的保密。所以，在实现技术和管理控制方面和模拟蜂窝移动通信系统有很多不同，也更为先进，如采用了诸如语音编码，数字调制等数字信号处理技术，提高了频率利用率，增大系统通信容量。同时，第二代数字移动通信系统所采用的信道编码技术及分集、交织、均衡、扩频等数字传输技术，提高了通信信号的传输质量，有较强的抗干扰能力，使网络管理和信道配置更为灵活。

目前使用的数字蜂窝移动通信系统以采用时分多址技术（TDMA）的欧洲的 GSM 系统和采用码分多址技术（CDMA）的北美的 CDMA 系统为代表，两者均采用频分双工方式。时分多址技术和码分多址技术的应用将使系统容量大为增加，使网络管理和信道配置更为灵活，并且第二代数字蜂窝移动通信系统提供了一种公共标准，可以提供在同一制式覆盖地区的全自动漫游服务，使信道切换更加可靠。但不同的制式覆盖的地区无法进行漫游。虽然第二代数字移动通信系统和

第一代模拟蜂窝移动通信系统相比也可以提供低速的数据业务，但仍以语音业务为主，为了满足人们对高速数据和多媒体业务的需求，数字蜂窝移动通信系统已发展到第三代（3G），其代表是 cdma2000、WCDMA 及我国提出的 TD-SCDMA。第三代数字蜂窝移动通信系统采用了先进的无线传送技术，如快速功率控制、智能天线等，可以提供高速数据和多媒体业务，实现统一标准的全球无缝覆盖，并可与第二代系统共存和互通。

3. 移动通信系统其他分类方式

按使用对象来分类：军用通信和民用通信。

按用途和区域分类：陆地通信、水上通信和空中通信。

按服务范围和经营方式分类：专用网、公用网。

按系统类型分类：除了蜂窝移动通信系统外，还有其他移动通信系统，如无线寻呼系统、无绳电话系统、集群移动通信系统、卫星移动通信系统等。

1.4 移动通信的发展

移动通信技术主要是围绕如何解决有限的频率资源与不断增长的通信容量和业务范围之间的矛盾而发展的。

移动通信大致可分为以下几个发展阶段。

1. 初期阶段

从 20 世纪 20 年代起至 70 年代，移动通信的发展完成了从专用军事通信向民用（商业化）方向发展的过程，移动通信系统主要使用工作频率也从 2MHz 发展到 150MHz 和 450MHz，接续方式也从人工交换方式发展到自动交换方式。

2. 第一代（1G）移动通信系统

1978 年贝尔实验室研制成功采用频分多址技术的模拟蜂窝移动通信系统，从此以后至 20 世纪 80 年代中期，逐渐形成了北欧的 NMT、北美的 AMPS、英国的 TACS 等几种典型的模拟蜂窝移动电话系统，统称为第一代（1G）移动通信系统。1G 系统的工作频率采用 400～900MHz 频段不等。模拟蜂窝移动通信系统的主要缺点是频率利用率低，保密性差，通信容量小，以单一的模拟语音业务为主。

我国在 1986 年投资建设模拟蜂窝式公用移动通信网，引进了美国 MOTOROLA 公司的 900MHz TACS 标准的模拟蜂窝移动通信系统（A 网）和瑞典 ERICSSON 的公司 900MHz TACS 标准的模拟蜂窝移动通信系统（B 网）。1987 年 11 月，广东正式开通了移动电话业务，移动电话用户实现了“零”的突破。1996 年实现了 A 网、B 网的互连自动漫游。2001 年，我国模拟网关闭。

3. 第二代（2G）移动通信系统

20 世纪 80 年代中期至 20 世纪末，是第二代（2G）移动通信系统——数字式蜂窝移动通信系统发展和成熟阶段，推出了以欧洲的时分多址 GSM 系统和北美的码分多址 IS-95 系统为代表的

数字式蜂窝移动通信系统。GSM系统的主要使用频段为900MHz和1800MHz，分别称作GSM900和DCS1800，一般在900MHz频段无法满足用户容量需求时，会启用1800MHz频段。IS-95系统的使用频段主要为800MHz。

数字式蜂窝移动通信不但能克服模拟通信的一些弱点，还能提供数字语音业务和最高速率为9.6kbit/s的电路交换数据业务，并与综合业务数字网（ISDN）相兼容。

20世纪末欧洲电信标准学会（ETSI）推出了GPRS通用分组无线业务，GPRS是在现有第二代移动通信GSM系统上发展出来的分组交换系统，是GSM系统的升级版，GPRS系统与GSM系统工作频率是一样的，充分利用了GSM系统中的设备，只是在GSM系统的基础之上增加了一些硬件设备和软件升级，为GSM系统向第三代（3G）移动通信系统提供了过渡性的网络平台，所以GPRS系统被称作2.5G移动通信系统。GPRS可以提供最高速率为171.2kbit/s的分组交换数据业务。

我国的数字蜂窝移动通信网的大力发展是从20世纪末开始的。1994年，中国联通率先开始建设数字蜂窝移动通信网，1994年底，广东首先开通GSM数字移动电话网（俗称G网）。G网工作频率是900MHz，为了满足不断增长的通信容量，后来又建设了DCS1800移动通信系统的网（即D网），D网采用的是GSM900标准，不同的是工作频率为1800MHz，使用双频手机就可以在G网和D网中漫游通话。在2000年，中国联通启动了CDMA移动电话网（即C网）建设。2004年出现了GSM/CDMA双模手机，双模手机用户可以自由选择使用G网和C网进行通信。目前我国应用的移动通信网主要是G网（主要运营商是中国移动与中国联通）和C网（主要由中国联通运营）。2001年，中国移动开通GPRS业务，标志着中国无线通信进入2.5G时代。经过短短20年的发展，我国已成为全球移动通信用户最多的国家，中国移动不仅是中国规模最大的移动通信运营商，也是拥有全球最大网络规模和用户规模的移动通信运营商。

4. 第三代（3G）移动通信系统

由于第二代（2G）移动通信系统难以提供高速数据业务，无法实现全球覆盖和国际漫游，所以第三代（3G）移动通信系统从20世纪80年代开始研发时就成为通信技术的一大亮点。第三代（3G）移动通信系统可同时提供高质量的语音业务，最高传输速率为2Mbit/s数据、图像业务，同时支持多媒体业务，能够全球无缝漫游。

进入21世纪，第三代（3G）移动通信系统进入快速发展时期，其中最具有代表性的是基于GSM技术的欧洲与日本提出的WCDMA、北美提出的基于IS-95CDMA技术的cdma2000和我国提出的TD-SCDMA。2001年，我国启动了3G技术的试验，在2006年我国将cdma2000、WCDMA及TD-SCDMA颁布为中国通信行业标准，并进行了大规模的3G网络试验。专家预计从2007年开始我国真正踏上3G建设与成熟的征程。

在3G技术之后，人们又开始研发4G、5G技术。固定网、移动网、计算机网络、广播电视网的融合成为发展的大趋势，以IP为基础的移动互联网业务将是未来的主流业务。

1.5 我国民用移动通信的频段分配方案

在国际上，频谱的划分由国际电信联盟（ITU）管理。在我国，国家无线电管理委员会管理着频段的使用。目前使用频段越来越高，已发展到了2000MHz，现在移动通信使用的频段主要在

150MHz、450MHz、900MHz和2000MHz频段。

根据国际电信联盟划分给移动通信使用的频段，国家无线电管理委员会制定了我国的民用移动通信的频段分配方案（单位为MHz）：29.7～48.5、64.5～72.5（与广播共用）、72.5～74.6、75.4～76、138～149.9、150.05～156.725、156.875～167、223～235、335.4～399.9、406～420、450～470、550～606、798～960（与广播共用）、1427～1535、1668.4～2690、4400～4990。

我国移动通信网络所使用的频段如下。

GSM900MHz：上行频率（移动台到基站）890～915MHz；下行频率（基站到移动台）935～960MHz。

DCS1800MHz：上行频率1710～1785MHz；下行频率1805～1880MHz。

CDMA网络所使用的频段如下。

CDMA800MHz：上行频率825～835MHz；下行频率870～880MHz。

习题

1. 简述移动通信的特点。
2. 移动通信按用户的通话状态和频率使用的方法可分为哪3种工作方式？
3. 什么是多普勒效应？有何影响？
4. 什么是远近效应？
5. 简述移动通信的发展历程。

第2章 移动通信的基本技术

在移动通信中，由于传输信道和通信用户是动态的，不固定的，所以，各种移动通信技术是围绕着如何适应信道和用户的动态特性而发展的。主要的数字移动通信技术包括以下几个方面。

（1）信道技术：语音压缩编码技术、信道编码技术、数字调制技术等。

（2）数字传输技术：分集接收技术、扩频技术、均衡技术、交织编码技术等。

（3）网络技术：多址技术、功率控制技术、组网技术、越区与漫游等。

本章重点介绍语音压缩编码、信道编码、数字调制这些可以提高移动通信系统有效性和可靠性的数字移动通信技术，同时介绍基本网络技术，如多址技术、组网技术等，其他的技术将结合具体的移动通信系统在后续章节中陆续介绍。

2.1 语音压缩编码技术

移动通信系统的重要性能指标之一就是有效性。有效性指通信系统传输消息的“速率”问题，即快慢问题。提高有效性的手段之一是通信系统的信源编码技术。在数字移动通信中，信源编码技术是语音数字化的重要技术之一。

信源编码技术的主要任务是通过降低数字信号的码元速率，压缩频带，达到提高信号传输有效性的目的。第二代（2G）数字蜂窝移动通信系统以语音业务为主，所以信源编码主要是指语音压缩编码。第三代（3G）数字蜂窝移动通信系统不仅提供语音业务，还提供高速数据、图像业务，同时支持多媒体业务，所以信源编码除了语音编码外，还有图像压缩编码、多媒体数据压缩编码等。数字移动通信中，语音的数字化是其重要标志，所以本书主要介绍第二代（2G）和第三代（3G）数字蜂窝移动通信系统都应用的语音压缩编码技术。

由于数字蜂窝移动通信系统传输信号是数字信号，在通信系统的发送端必须将信源发出的模拟语音信号转换成有规律的、适应信道传输的数字信号，这就是语音编码技术。

2.1.1 模拟信号数字传输系统

图 2-1 所示为模拟信号数字传输系统组成框图。信源编码器用于将模拟信号源输出的模拟信号变换为数字随机序列。信源解码器用来将经过数字通信系统传输后的数字随机序列再还原为模拟信号。

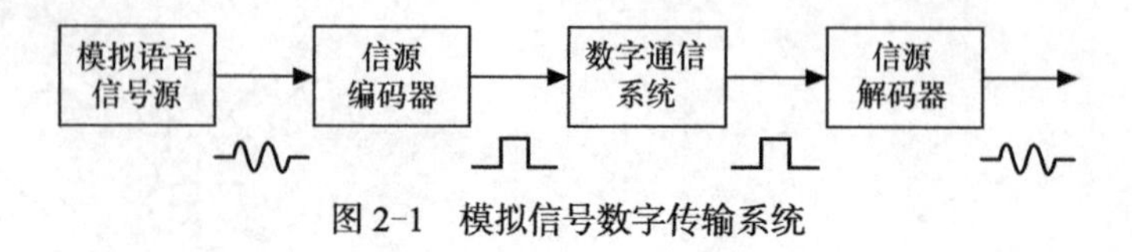

图 2-1 模拟信号数字传输系统

2.1.2 语音编码技术的分类

语音编码技术可分为波形编码技术、参量编码技术、混合编码技术 3 类。对移动通信系统而言，衡量一种编码技术的好坏主要从信号的数码率、语音质量、数字语音编码的处理时延等方面考虑。信号的数码率越低，通信系统的有效性越高，误码率越小，语音质量越好。另外，数字语音编码技术中要求语音编码的处理时延应尽量小，要求在 40ms 以内。波形编码的处理时延几乎为 0，是这 3 类编码技术最短的。

1. 波形编码技术

波形编码是利用 A/D 变换技术，通过对模拟语音波形进行采样、量化，然后用二进制码表示出来的编码方式。因为波形编码能够在接收端精确再现模拟语音波形，得到语音质量较好的信号，因而被经常采用。这种技术包括脉冲编码调制（PCM）、脉码增量调制（DPCM）和自适应增量调制（ADPCM）。PCM 是基本的波形编码方法，一路语音信号经过抽样、量化、编码，输出的 PCM 信号的数码率为 64kbit/s。DPCM 是对相邻抽样值的差值序列进行量化编码的方法，DPCM 是在 PCM 的基础上发展起来的，但和 PCM 相比，因为是对较小的差值序列进行量化编码，所以每秒传输的码元数（或数码率）即可降低，从而提高了传输效率。

ADPCM 是在 DPCM 的基础上，再采用自适应预测功能和自适应量化功能，把自适应技术和差分脉冲编码调制结合起来的波形编码技术，可在保证通信质量的基础上，进一步压缩数码率。ADPCM 技术使信号数码率降为 32kbit/s，传输效率提高了一倍。

2. 参量编码技术

参量编码不是直接对语音波形进行编码，而是在发送端直接提取模拟语音信号的一些特征参量，并对这些参量进行编码的一种方式。参量编码的数码率比波形编码低，数码率常在 4.8kbit/s 以下，但接收端重建的信号质量不好，有明显的失真，因为在接收端收到的语音信号是根据发送的特征参量人工合成得到的，实现参量编量的系统称为声码器。

3. 混合编码技术

混合编码是波形编码和参量编码方式的混合，在参量编码技术的基础上附有一些波形编码的

特征，吸取波形编码的高质量与参量编码的低速率的优点。混合编码是移动通信系统使用最多的编码技术。

目前混合编码的改进技术有很多种，GSM 系统，IS-95、WCDMA 和 cdma2000 系统就采用了改进的混合编码技术，如 GSM 系统采用的是规则脉冲激励长期预测混合编码（RPE-LTP），IS-95、WCDMA 和 cdma2000 系统采用了基于码激励线性预测混合编码。

2.2 信道编码技术

移动通信中存在的加性正态白噪声是由系统中的无源器件的分子运动和有源器件的电子发射所引起的，仅有这类噪声的信道称为随机独立差错信道（恒参信道）；如果信道中的噪声是由多径效应引起的，则这类信道称为突发差错信道（变参信道）。实际的数字移动通信信道具有突发差错信道和随机独立差错信道的两重性，移动通信信道中的干扰和噪声具有随机性和突发性，即随机差错和突发差错。

鉴于移动通信信道恶劣的传输特性，必须采用有效的技术措施，提高信号传输的可靠性。可靠性是通信系统的重要性能指标之一，是指通信系统传输消息的“质量”问题，即好坏问题。信道编码技术是在语音编码后进行的信号处理技术，主要任务是克服信道中的噪声和干扰，提高信号传输的可靠性，保证移动通信系统在多径和衰落信道条件下正常工作，是移动环境下进行通信必不可少的技术。

信道编码的基本方法是根据一定的校验关系在发送端的信息码元中加入一些监督码元，在接收端根据信息码元和监督码元之间建立的这种校验关系来检错和纠错，从而提高数字信号传输的可靠性，降低误码率，所以信道编码也称作纠错编码。由于监督码元的加入，增加了信号的冗余度，即可靠性的提高是以带宽为代价的，所以信道编码技术的目的是如何以最少的监督码元获得最大的纠错和检错能力。

2.2.1 信道编码技术的分类

信道编码技术从功能上分有以下几类。

（1）检错信道编码：线性分组循环冗余码 CRC、奇偶效验码。

（2）前向纠错（FEC）信道编码：线性分组循环码、线性卷积码、线性级联码、重复迭代的并行级联码 Turbo 码。

（3）既有检错又有纠错的信道编码：混合自动请求重发 HARQ 码。

线性分组循环码和线性分组循环码主要纠正信道中的随机差错。

级联码和 HARQ 码纠正信道中的随机差错和突发差错，但移动通信信道上，突发差错经常是成串发生的，在突发长度太长时，上述信道编码将不适用。

数字通信经常突发差错，一般用交织编码技术降低信道中的突发差错。交织编码是一种信道改善方法：将突发差错信道（变参信道）改造成随机差错信道（恒参信道），这样就可以充分利用前面所介绍的纠正随机差错的编码方法，克服传输干扰。

交织编码技术的一般原理如下。

交织编码不加入监督码元，交织后数码率不变。在交织之前先进行信道分组编码，得到

（1234123412341234）分组码，如图 2-2（a）所示，每个码字（1234）是 4bit，共 4 个码字，然后将这些分组码输入发送端的交织存储器进行交织编码，交织编码的过程是：把 4 个分组中的第 1bit 取出来，并让这 4 个第 1bit 组成一个新的 4bit 分组，称作新一组；同样将 4 个相继分组中的第 2bit 取出来组成一个新的 4bit 分组，称作新二组；第 3bit、第 4bit 照此类推，组成新三组、新四组，这时交织存储器输出的是一个新的分组码（1111222233334444），即交错码，如图 2-2（b）所示。

假设在突发差错信道中收到一个突发干扰，影响了新二组（$2_{\text{扰}}2_{\text{扰}}2_{\text{扰}}2_{\text{扰}}$），在接收端将受干扰的信号送入去交织存储器（和交织存储器作用相反）去交织后，输出的的分组码是：（$12_{\text{扰}}3412_{\text{扰}}3412_{\text{扰}}3412_{\text{扰}}34$），可见，原来信道中的突发连续差错，经交织与去交织后变成了随机差错。

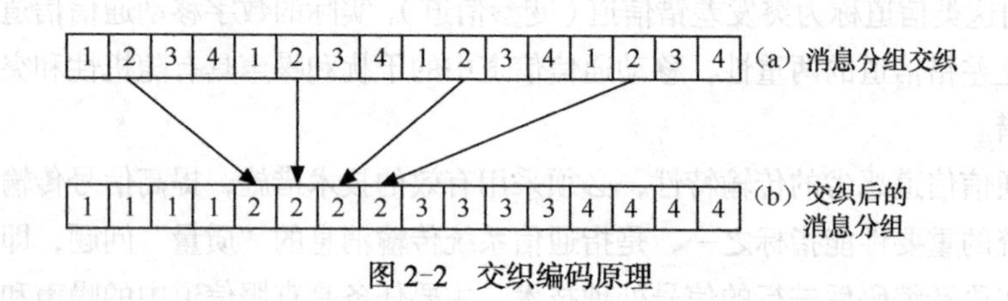

图 2-2　交织编码原理

上述举例中参与交织的码字个数是 4 个，参与交织的码字个数越多，抗突发差错能力越强，故参与的码字个数称为交织深度，但交织深度越大，交织编码处理时间越长。一般情况下，移动通信系统的交织编码处理时间控制在 40ms 内，以保证通信质量。

2.2.2　移动通信系统中的信道编码

1. GSM 系统

GSM 系统的信道分为两大类：业务信道（TCH）和控制信道（CCH），两种信道涉及信道编码方法是分组码、卷积码和交织编码。

2. IS-95 系统

IS-95 系统涉及的信道编码方法是检错 CRC、前向纠错（FEC）和交织编码。

IS-95 系统的下行信道分为导频信道、同步信道、寻呼信道、业务信道。其中，导频信道不需要信道编码；同步信道、寻呼信道、业务信道采用检错 CRC 码、纠错卷积码和交织编码。

IS-95 系统的上行信道分为接入信道、业务信道，采用比下行信道纠错能力更强的卷积码和交织编码。

3. 第三代数字移动通信系统——cdma2000 和 WCDMA

cdma2000 和 WCDMA 的上行信道和下行信道采用的信道编码方法是检错 CRC 码、前向纠错（FEC）码和交织编码。所采用纠错码又分为：卷积码，主要用于实时语音业务；重复迭代的并行级联码 Turbo 码，主要用于非实时的数据通信业务。

2.3 数字调制技术

上节讨论的信道编码技术是提高通信系统可靠性的主要手段之一，数字调制技术是另一个提高通信系统可靠性的主要手段，也是提高频谱利用率的方法之一。

2.3.1 数字调制/解调的分类

数字调制技术是用数字基带信号改变高频正弦载波信号的某一参数来传递数字信号的过程，目的是使在信道上传送的信号特性与信道特性相匹配。

根据所控制的高频正弦载波信号的参数不同，数字调制技术可分为频移键控（FSK）调制、相移键控（PSK）调制、振幅键控（ASK）调制 3 类。

1. 频移键控调制

频移键控（FSK）调制是指数字基带信号控制的是载波的频率。若基带信号是二进制信号，“1”和“0”分别用两个不同频率的正弦载波来传送，而载波振幅不变，则频移键控记为 2FSK，如图 2-3、图 2-4 所示。基带信号是多进制信号，则频移键控记为 MFSK。

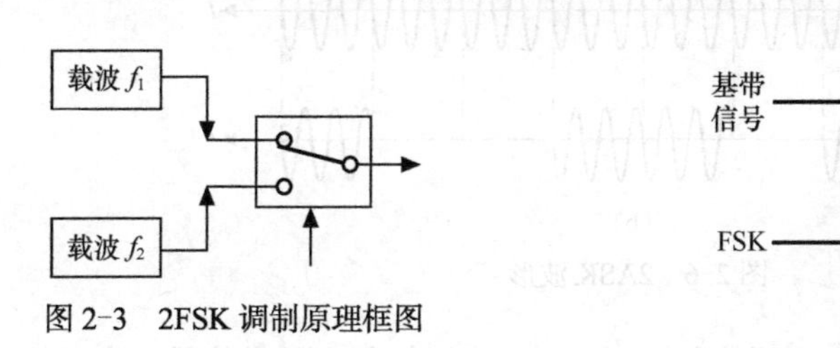

图 2-3　2FSK 调制原理框图

图 2-4　2FSK 波形

2. 相移键控调制

相移键控（PSK）调制是指数字基带信号控制的是载波的相位。若基带信号是二进制信号，正弦载波相位按照“1”和“0”变化而对应地变化，而其振幅和频率保持不变，则相移键控记为 2PSK，其波形如图 2-5 所示；若基带信号是多进制信号，则相移键控记为 MPSK。

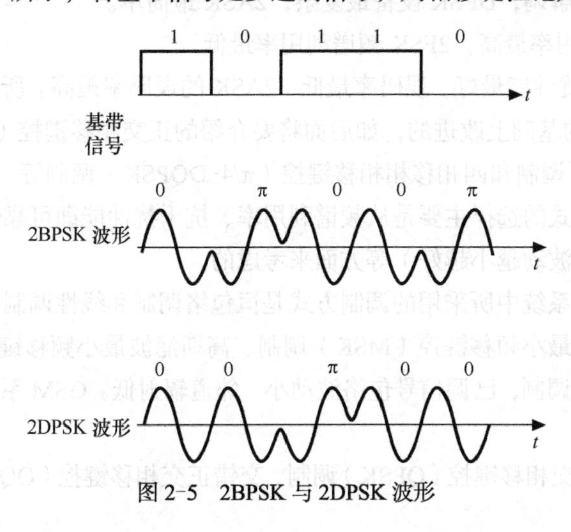

图 2-5　2BPSK 与 2DPSK 波形

2PSK 又分为绝对相移键控（2BPSK）和相对相移键控（2DPSK）。

2BPSK 解调时存在相位模糊问题，DPSK 不存在 2BPSK 的相位模糊问题。

3. 振幅键控调制

振幅键控（ASK）调制是指基带数字信号控制的是载波的振幅，正弦载波的幅度随着调制信号的变化而变化，而其相位和频率保持不变。若基带信号是二进制信号，则振幅键控记为 2ASK，其波形如图 2-6 所示；若基带信号是多进制信号，则振幅键控记为 MASK。

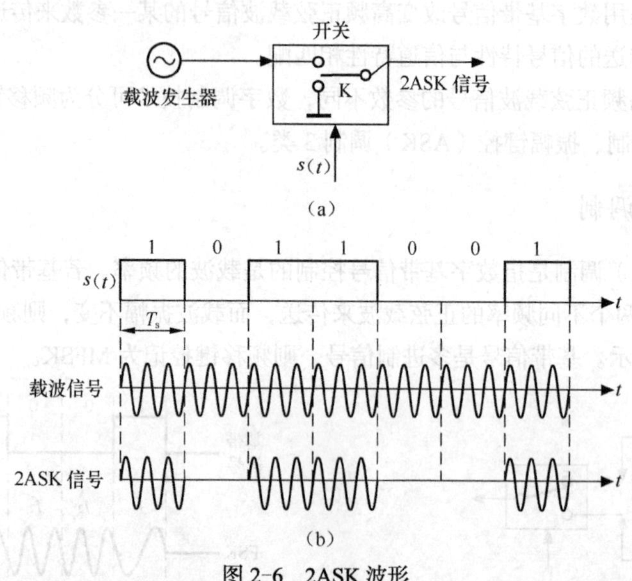

图 2-6 2ASK 波形

基带信号在发送端经过调制后，到了接收端还要经过解调恢复出基带信号，常见的解调方法分为非相干解调（又称为包络检波法）和相干解调两种。相干解调是一种常见的解调方法，它是在接收端利用本地载波与接收信号进行相乘，后通过检波器滤除无用频率分量得到基带信号。对于同一调制方式来讲，相干解调的误码率低于非相干解调，但设备比非相干设备复杂。

上述 3 种二进制调制（2FSK、2PSK、2ASK）各有优缺点。

（1）若都采用相干解调，DPSK 设备最复杂，2ASK 最简单。

（2）BPSK 频谱利用率最高，2FSK 频谱利用率最低。

（3）BPSK 的抗干扰性能最好，误码率最低，2ASK 的误码率最高。所以，移动通信中的调制方式多数是在 BPSK 的基础上改进的，如后面将要介绍的正交相移键控（QPSK）调制、交错正交相移键控（OQPSK）调制和四相移相相移键控（π/4-DQPSK）调制等。

移动通信中调制方式的选择主要是从频谱利用率、抗干扰性能即可靠性、设备的复杂度、已调信号包络波动（包络波动越小越好）等方面来考虑的。

目前，在移动通信系统中所采用的调制方式是恒包络调制和线性调制两种。

恒包络调制：包括最小频移键控（MSK）调制、高斯滤波最小频移键控（GMSK）调制等，恒包络调制属于非线性调制，已调信号包络波动小、邻道辐射低。GSM 系统中采用 7GMSK 调制方式。

线性调制：包括正交相移键控（QPSK）调制、交错正交相移键控（OQPSK）调制、π/4-QPSK

调制、π/4-DQPSK 调制等。线性调制的频谱利用率比恒包络调制高，但需要使用线性要求较高的高功率放大器。IS-95CDMA 系统采用了 QPSK 调制，北美的 IS-54 和日本的 PDC、PHS 移动通信系统采用了π/4-DQPSK 调制。

下面分别对上述调制方式一一介绍。

2.3.2 最小频移键控和高斯滤波最小频移键控

1. 最小频移键控（MSK）调制

在实际应用中，需要调制信号包络波动小，高频分量小，邻道辐射低。如果调制信号在码元转换时刻信号相位是不连续的、突变的，就会使得系统产生较大的带外辐射，如果采用滤波器去抑制，又会使得信号包络波动变大，对信道的线性度要求会变高，工程上不易实现。

最小频移键控（MSK）调制可以有效地解决上述矛盾。最小频移键控（MSK）的调制信号相位不存在突变点，在码元转换时刻是保持连续的，且信号包络波动小。

图 2-7 所示为实现 MSK 调制的框图。其工作过程是：将输入的基带信号进行差分编码后，经串/并转换电路，将其分成 I、Q 两路信号，并相互交错一个码元宽度 T_b，再用加权函数 $\cos(\pi t/2T_b)$ 和 $\sin(\pi t/2T_b)$分别对 I、Q 两路信号加权，最后将两路信号分别对正交载波 $\cos\omega_c t$ 和 $\sin\omega_c t$ 进行调制，将所得到的两路已调信号相加，通过带通滤波器，就得到 MSK 信号。MSK 解调可采用相干、非相干两种方式。

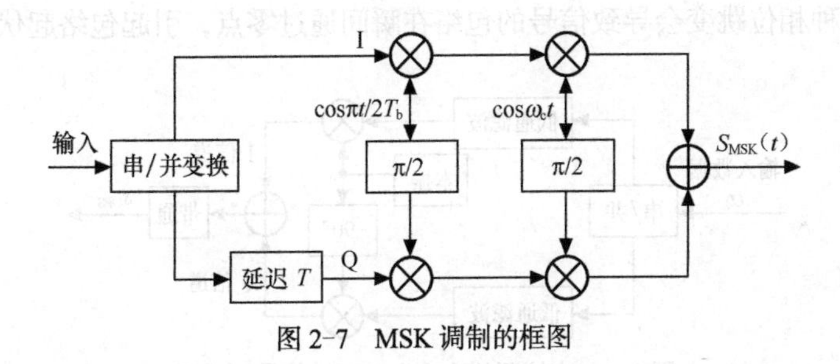

图 2-7　MSK 调制的框图

虽然 MSK 信号相位不存在突变点，但相位却呈折线变化，使 MSK 信号的带外邻道辐射相对较大，影响了频谱利用效率，所以在 MSK 基础上产生了 GMSK 调制方法。

2. 高斯滤波最小频移键控（GMSK）调制

高斯滤波最小频移键控 GMSK 调制的基本原理是在 MSK 调制器之前加入一个高斯低通滤波器，进一步抑制高频分量，使基带信号变成高斯脉冲信号后再进行 MSK 调制。所以，GMSK 的抗干扰性能与最优的 BPSK 差不多，对高功率放大器的线性度要求低，因而得到了广泛应用。GSM 系统采用的是 GMSK 调制。

2.3.3 正交相移键控（QPSK）调制

在 1986 年后，实用线性高功率放大器取得了突飞猛进的发展，使得线性调制技术在移动通信

中得到实际应用。这类调制技术频谱利用率较高，但对调制器和功率放大器的线性要求非常高。目前移动通信系统采用的线性调制技术都是在 BPSK 和 QPSK 的基础上发展起来的。正交相移键控（QPSK）调制也称作四相相移键控。

QPSK 调制的基本信号是四进制信号，即 00，01，10，11，对应于载波的 4 种不同相位。

QPSK 信号常用的产生方法有相位选择和直接调相两种。

相位选择法原理框图如图 2-8 所示。图中，四相载波发生器产生 QPSK 信号所需的 4 种不同相位的载波，输入的二进制数码经串/并变换器输出双比特码元。

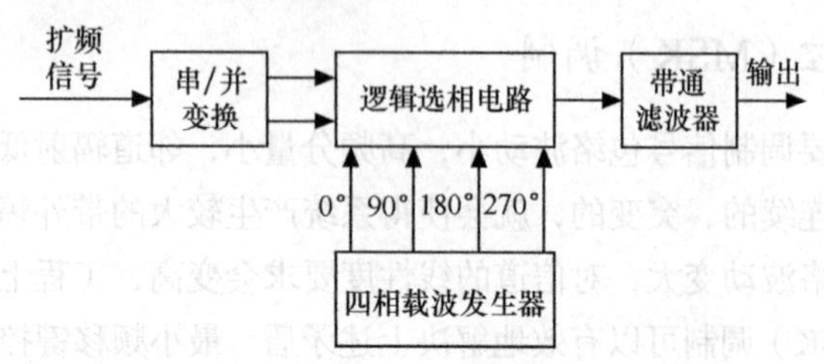

图 2-8　相位选择法产生 QPSK 信号原理图

QPSK 调制也可看成是两路信号同时进行 BPSK 调制，只是两路的载波 $\cos\omega_c t$ 和 $\sin\omega_c t$ 相互正交，其原理框图如图 2-9 所示。输入的基带信号经串/并转换电路，将其分成 I、Q 两路信号，将两路信号分别用正交载波 $\cos\omega_c t$ 和 $\sin\omega_c t$ 进行 BPSK 调制，将所得到的两路已调信号相加，通过带通滤波器，就得到 QPSK 信号。由于 QPSK 的 I、Q 两路数据流在时间上是一致的（即码元的沿是对齐的），当两路数据同时改变极性时（I、Q 两路码元同时转换），QPSK 信号的相位将发生 180° 跳变。这种相位跳变会导致信号的包络在瞬间通过零点，引起包络起伏。

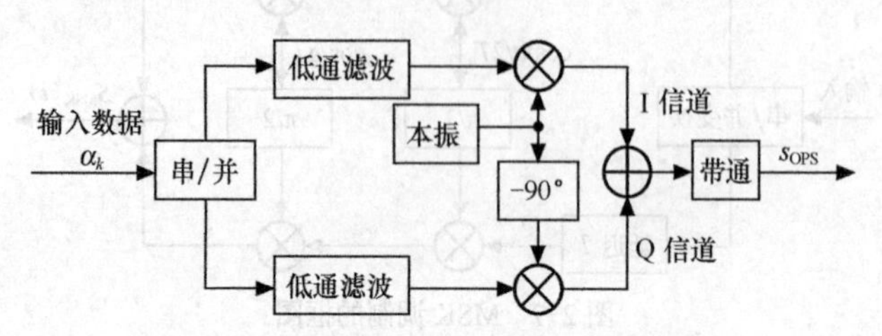

图 2-9　直接调相法产生 QPSK 信号原理图

2.3.4　交错正交（或四相）相移键控（OQPSK）

为了进一步减小 QPSK 已调波的相位突变值，降低已调信号的包络波动，在 QPSK 基础上提出了改进的交错正交（或四相）相移键控（OQPSK）调制。

OQPSK 调制框图如图 2-10 所示。OQPSK 调制是将输入的基带信号经串/并转换电路，将其分成 I、Q 两路信号，并使其在时间上相互错开一个码元间隔，然后再对两路信号进行正交 BPSK 调制，叠加成为 OQPSK 信号。由于 OQPSK 调制将两路信号在时间上错开一个码元的时间（T_b）进行调制，不会发生像 QPSK 两路数据同时改变极性的现象，每次只有一路码元可能发生极性翻转，因此，OQPSK 信号相位最大突变±90°，不会出现 180° 的相位跳变。OQPSK 频谱特性比 QPSK 好，其信号包络起伏比 QPSK 信号小，故 OQPSK 性能优于 QPSK。

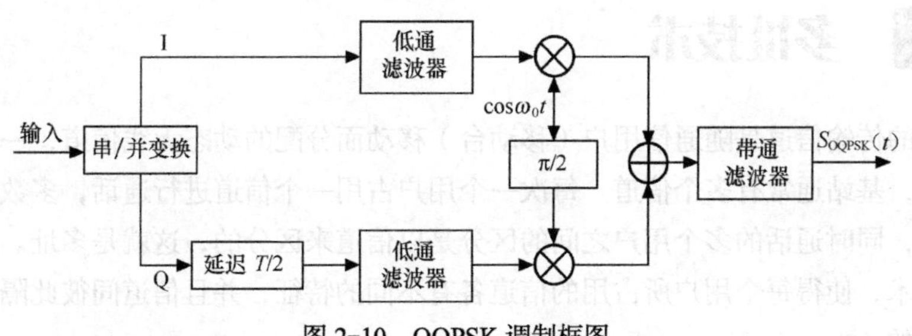

图 2-10　OQPSK 调制框图

2.3.5　π/4-DQPSK 调制

π/4-OQPSK 调制是在移动通信上获得较多应用的一种调制，也是一种正交相移键控调制技术，π/4-DQPSK 信号最大相位突变介于 OQPSK 和 QPSK 之间：±135°，所以其包络起伏比 QPSK 小但比 OQPSK 大，但π/4-DQPSK 最大的优势在于它能够非相干解调，而 OQPSK 和 QPSK 最大的缺点是只能采用相干解调，这使得π/4-DQPSK 接收设备大大简化。π/4-DQPSK 调制过程和 QPSK 相比多了一个差分相位编码电路，π/4-DQPSK 调制框图如图 2-11 所示。

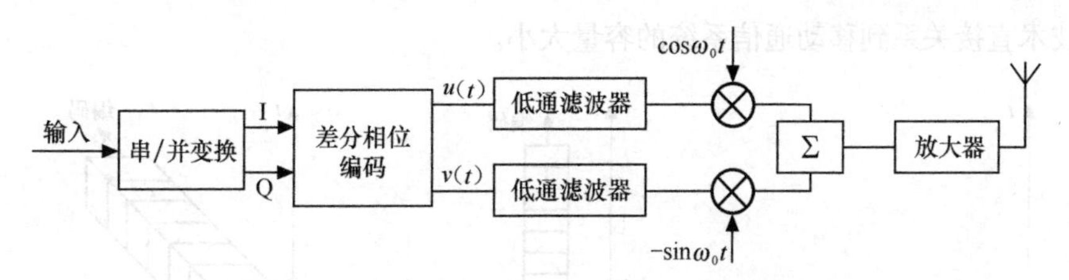

图 2-11　差分相位编码π/4-DQPSK 调制框图

2.3.6　正交复四相相移键控调制

第三代移动通信系统 WCDMA 与 cdma2000 系统采用的是正交复四相相移键控（CQPSK）调制。

CQPSK 也是在 QPSK 基础上改进的正交相移键控调制技术，CQPSK 分别对 I、Q 两路信号进行正交相移键控（QPSK）调制，相当于 I 路信号分别用正交载波 $\cos\omega_c t$ 和 $\sin\omega_c t$ 进行正交调制，Q 路信号分别用正交载波 $\cos\omega_c t$ 和 $\sin\omega_c t$ 进行正交调制，每路都有 QPSK 的性能，因此它的频谱利用率比 QPSK 高一倍。

随着移动通信的发展，高速数据业务已成为移动通信的主要业务，需要更高的频带利用率，在 QPSK 进一步推广的基础上产生的正交振幅调制（QAM），一般用于高速数据传输系统中。QAM 又称正交双边带调制。将 I、Q 两路基带信号分别对两个相互正交的同频载波进行振幅调制，所得到的两路调幅信号相加，就是 QAM 信号。

上述介绍的 QPSK，OQPSK 等属于多进制调制。多进制调制提高了信号频带利用率，但是降低了系统信号传输的可靠性。在多进制数字调制方式下，力争达到各信号状态之间相互正交。

2.4 多址技术

移动通信的传输信道是随通信用户（移动台）移动而分配的动态无线信道，一个基站同时为多个用户服务，基站通常有多个信道。每次一个用户占用一个信道进行通话，多数情况下是多个用户同时通话，同时通话的多个用户之间的区分是以信道来区分的，这就是多址。移动通信系统采用了多址技术，使得每个用户所占用的信道各有不同的特征，并且信道间彼此隔离，从而达到信道区分的目的。

多址技术就是基站能从众多的用户信号中区分出是哪一个用户发来的信号，而移动台能从基站发来的众多的信号中识别出哪一个是发给自己的，避免用户间的互相干扰。移动通信中的多址技术也是射频信道的复用技术，这和数字通信中所学过的多路复用不同：在发送端各路信号不需要集中合并，而是各自利用高频载波进行调制送入无线信道中传输；接收端各自从无线信道上取下已调信号，解调后得到所需信息。多址技术的应用，将使系统容量大为增加，便于网络管理和信道分配，并且使信道切换更加可靠。多址技术的基本类型有频分多址（FDMA）、时分多址（TDMA）、码分多址（CDMA）和空分多址（SDMA），如图 2-12 所示。对于移动通信系统而言，由于用户数和通信业务量激增，一个突出的问题是在频率资源有限的条件下，如何提高通信系统的容量。由于多址方式直接影响到移动通信系统的容量，所以一个蜂窝移动通信系统选用什么类型的多址技术直接关系到移动通信系统的容量大小。

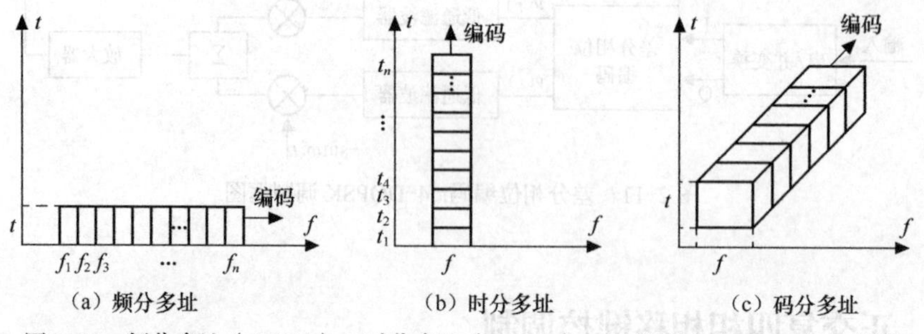

图 2-12 频分多址（FDMA）、时分多址（TDMA）、码分多址（CDMA）示意图

2.4.1 频分多址

频分多址（FDMA）技术是把移动通信系统的总频段划分成若干个等间隔的频道，每个频道就是一个无线信道，在采用频分多址技术的通信系统中，频道就是信道，信道也称作频道，所以频道宽度应能保证传输一路语音信号。这些频道互不重叠，并按要求分配给请求通信的用户，上述分配给用户的频道并不是固定指配给某一用户的，通常是在通信建立阶段由系统的控制中心临时分配给某一用户的，在呼叫的整个过程中，其他用户不能共享这一频道，在通信结束后，该用户释放它占用的频道，系统重新分配给需要通信的用户使用。为了实现双工通信，每次通信时，基站和移动台占用一对频道，一个用作上行（反向）信道，一个用作下行（前向）信道，如图 2-13 所示。

FDMA 的频道分割如图 2-14 所示。上行信道占有较低的频带，下行信道占有较高的频带，

中间为保护频带。为了在有限的频谱中增加信道数量，希望频道间隔越窄越好，FDMA 信道的相对带宽较窄（25kHz 或 30kHz），但在频道之间必须留有足够的保护频隙 F_g，同时，在接收设备中使用带通滤波器，限制邻近频道间的干扰。

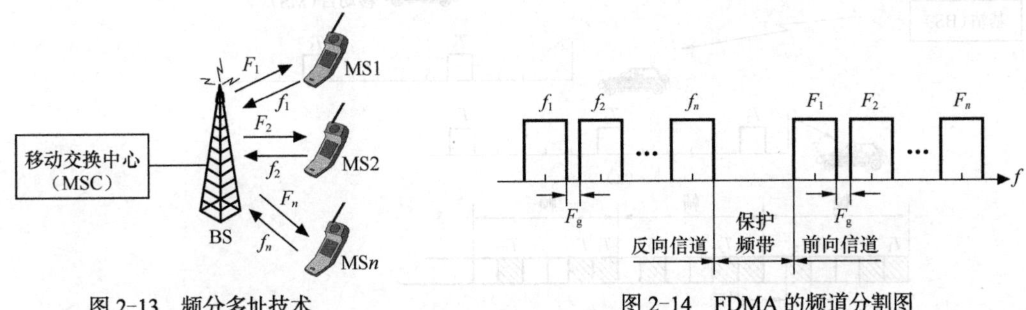

图 2-13　频分多址技术　　图 2-14　FDMA 的频道分割图

FDMA 技术的缺点是：基站需要多部不同载波频率的发射机同时工作，设备复杂；系统中存在多个频率的信号，容易产生信道间的互调干扰，因此通信质量较差，保密性较差；因为频道数是有限的，所以系统容量小，不能容纳较多的用户。FDMA 主要用于模拟蜂窝移动系统中，在数字蜂窝移动系统中，更多采用的是 TDMA 和 CDMA。

2.4.2　时分多址

时分多址（TDMA）技术（如图 2-15 所示）是把一个频道按等时间分成周期性的帧，每一帧再分割成若干时隙，一个时隙就是一个信道，每个用户占用不同的时隙进行通信，在时隙内传送的信号叫作突发（bust），不同通信系统的帧长度和帧结构是不一样的，GSM 系统采用的是 TDMA 技术，其帧长为 4.6ms（每帧 8 个时隙），关于 GSM 系统将在第 3 章中介绍。

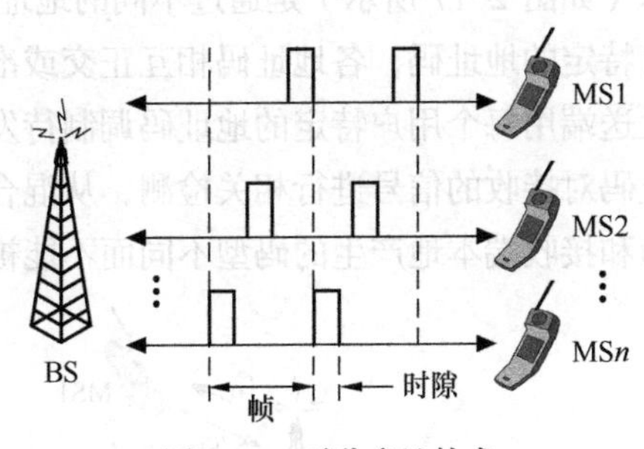

图 2-15　时分多址技术

图 2-16 所示为 TDMA 通信系统的工作示意图。每次通信时，每个用户在每帧内指定的时隙按顺序向基站发射信号，基站在相应的时隙中接收发给它的信号；同样，基站在指定的时隙按顺序向不同用户发射信号，用户只要按顺序在相应的时隙中接收发给它的信号，就能在众多的信号中把发给它的信号区分出来，为了正确识别并接收信号，同时保证各用户发送的信号不会在基站发生重叠或混淆，TDMA 通信系统设备必须有精确的定时和同步。TDMA 和 FDMA 通信系统相比，TDMA 通信系统在同样的频道数下，能容纳更多的用户，频率利用率高；每个用户占用不同的时隙进行通信，用户间不会串扰，基站只需一部收发信机，互调干扰小，并且对时隙的管理和分配通常要比对频率的管理与分配更容易而且经济，便于动态分配信道。

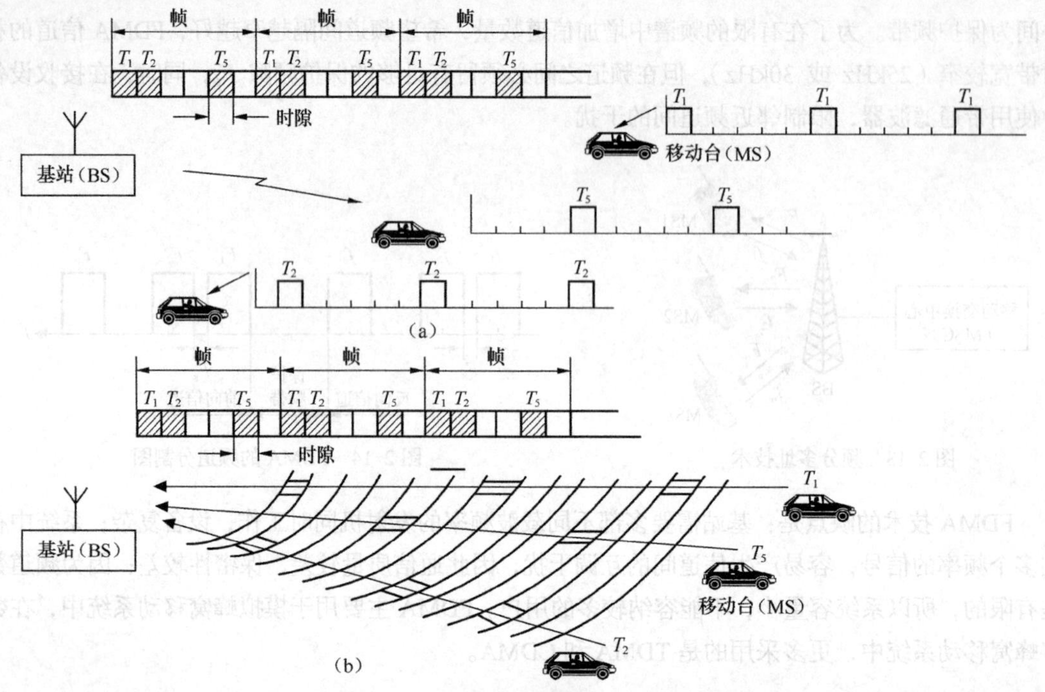

图 2-16　TDMA 通信系统的工作示意图

有的移动通信系统，FDMA 和 TDMA 技术是同时采用的，如 GSM、IS-136 移动通信系统，先进行频道划分，再将每个频道分成若干个时隙，称为 TDMA/FDMA 方式。

2.4.3　码分多址

码分多址（CDMA）技术（如图 2-17 所示）是通过不同的地址码来区分用户的。CDMA 通信系统为每个用户分配了各自特定的地址码，各地址码相互正交或准正交，地址码间要有良好的自相关特性和互相关特性。发送端用每个用户特定的地址码调制待发送的用户信号，在接收端用与发送端完全一致的本地地址码对接收的信号进行相关检测，从混合信号中解调出相应信号，而其他使用不同码型的信号因为和接收端本地产生的码型不同而不能被解调。

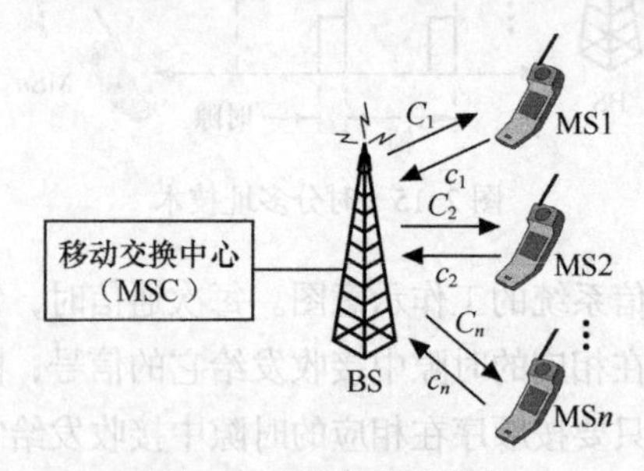

图 2-17　码分多址技术

CDMA 通信系统的用户既不分频道又不分时隙，各个用户可占用相同的频段同时发送或接收信号，不同用户传输信息所用的信道不是靠频率不同或时隙不同来区分，而是用不同的码型来区分，一个正交的地址码相当于一个信道，所以 CDMA 通信系统要有足够多的地址码；地址码间要良好地相互正交或准正交；接收端必须产生与发送端一致的本地地址码，且在相位上完全同步。

相应的控制交换功能就比较复杂。虽然如此，但小区制众多的优点是现代移动通信网广泛采用小区制的重要理由。

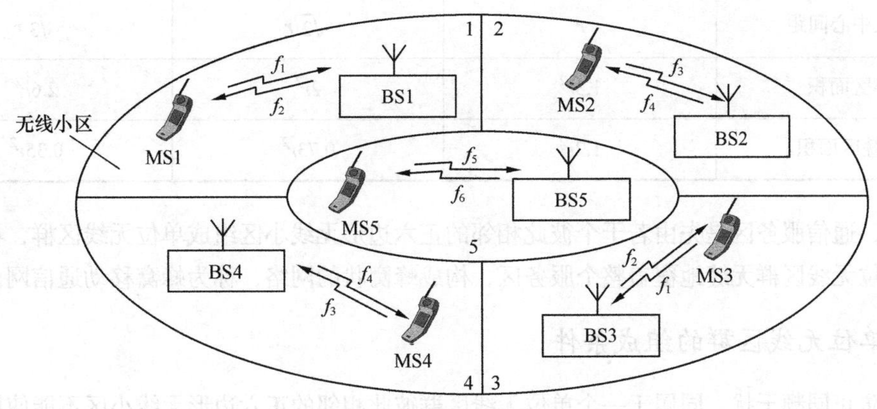

图 2-20　小区制移动通信示意图

2.6.2　无线区群的组成

1. 无线小区形状的选择

我们知道，采用全向天线的无线小区，其覆盖面是以天线为中心的圆形，为了在整个服务区实现无缝覆盖，各圆形的无线小区会相互重叠，在重叠区必定会产生干扰，所以，在理论上常用圆内接正多边形代替圆表示无线小区形状。那么，采用什么形状的正多边形是最合适的呢？下面我们讨论这个问题。

代替圆表示无线小区形状的圆内接正多边形可取的形状一般分为正三角形、正方形、正六边形 3 种，如图 2-21 所示。

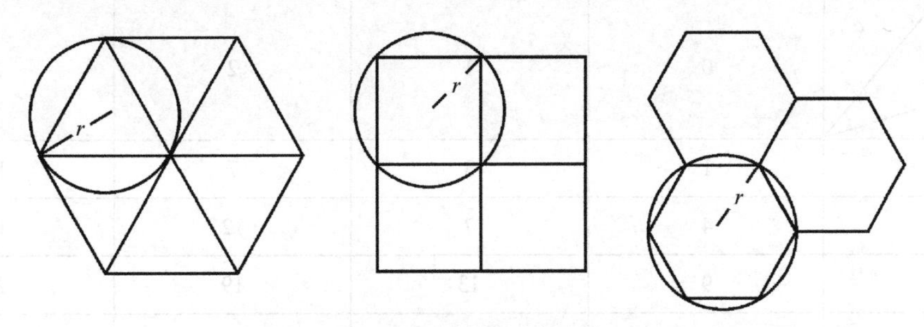

图 2-21　圆内接正多边形

假设无线小区半径都是 r，这 3 种圆内接正多边形的邻区中心间距、小区面积、重叠区面积 3 种参数见表 2-1，比较后发现：正六边形小区的邻区中心间距最大、小区面积最大也最接近理想的圆形、重叠区面积却最小。这意味着对于同样面积的服务区域，采用正六边形构成小区所需的小区数最少，基站数最少，也最经济，所需信道数最少，频率利用率较高。所以服务区的无线小区采用正六边形结构是最佳选择。

表2-1　　3种圆内接正多边形参数

小区形状	正三角形	正方形	正六边形
邻区中心间距	r	$\sqrt{2}\,r$	$\sqrt{3}\,r$
小区面积	$1.3r^2$	$2r^2$	$2.6r^2$
重叠区面积	$1.2r^2$	$0.73r^2$	$0.35r^2$

通常，通信服务区是先由若干个彼此相邻的正六边形无线小区组成单位无线区群，再由彼此邻接的单位无线区群无缝地覆盖整个服务区，构成蜂窝状的网络，称为蜂窝移动通信网。

2. 单位无线区群的组成条件

为了防止同频干扰，同属于一个单位无线区群彼此相邻的正六边形无线小区不能使用相同的频率，共用一个信道。分属于不同单位无线区群中，相隔一定距离的两个无线小区可以使用相同的频率（同频复用）。同频复用的目的是节省频率资源，提高频率利用率。使用相同频率的无线小区之间必须相隔一定的距离，以使同频干扰足够小。

一个单位无线区群由多少个无线小区组成比较合适？在何种条件下，无线区群才可以同频复用？这些问题都属于移动蜂窝网的组网问题。

单位无线区群组成的基本条件：一是无线区群能彼此邻接，且无缝隙、无重叠地覆盖整个服务区；二是相邻单位无线区群中各使用相同频率的无线小区的中心间距一定相等。满足上述条件的单位无线区群内的无线小区个数满足下例公式：

$$N=a^2+ab+b^2$$

式中，a、b 为≥0 的整数，但不能同时为 0，N 为单位无线区群中的小区数。由此可算出 N 的可能取值见表2-2。

表2-2　　小区数的取值

N（b \ a）	0	1	2	3
1	1	3	7	13
2	4	7	12	19
3	9	13	19	27
4	16	21	28	37

不同的 N 值得到各不相同的无线区群形状，如图2-22所示。

设 r 是无线小区的半径（即正六边形外接圆的半径），图中 D_g 是邻接的无线区群中同频无线小区的中心间隔距离，可见无线区群中的小区数 N 越大，D_g 越大；r 越大时，D_g 也越大。D_g 越大同频干扰就越小。例如，在 r 取相同值时，N=3，D_g/r=3；N=7，D_g/r=4.6；N=9，D_g/r=5.2，在实际应用中，只要同频干扰在允许范围内，N 取值越小，频率复用率就越高。

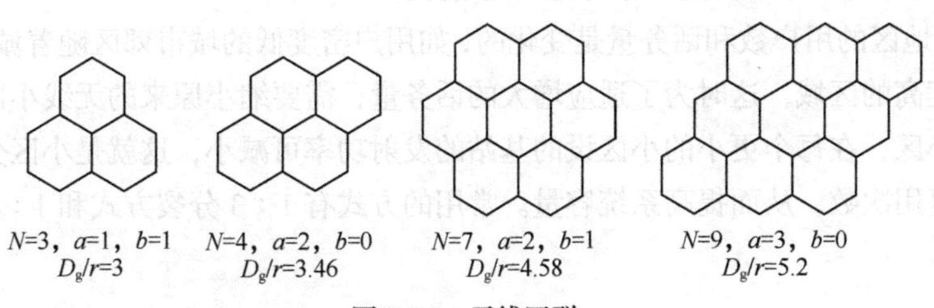

图 2-22　无线区群

3. 无线小区的激励方式

无线小区中的基站如果设在小区的中心位置，采用圆形辐射的全向天线覆盖无线小区，这就是所谓的“中心激励”方式，如图 2-23 所示。

如果基站设在每个正六边形小区的 3 个顶点上，并且每个基站采用 3 副辐射角是 120° 的扇形定向天线，分别覆盖 3 个相邻无线小区的各 1/3 区域，每个 1/3 区域称作扇区，即一个无线小区分为 3 个扇区，这就是“顶点激励”方式。由于采用了定向天线，天线发射功率小，对同频干扰有一定的抑制作用，且同频复用距离小，频率复用率较高，但是由于每个基站覆盖面积减小，频率切换次数增加。顶点激励方式也可以用 6 副辐射角是 60° 的扇形定向天线。

若以 7 个无线小区形成一个区群，采用 120° 定向天线的顶点激励方式，每个基站配置 3 组信道，则每个区群共需 21 个信道组，信道配置如图 2-24 所示。

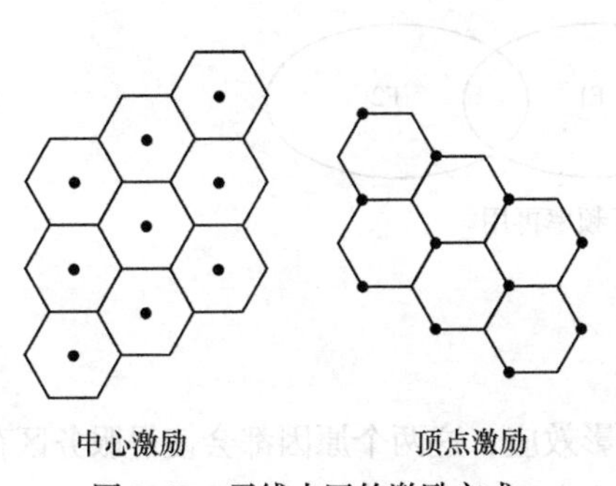

图 2-23　无线小区的激励方式

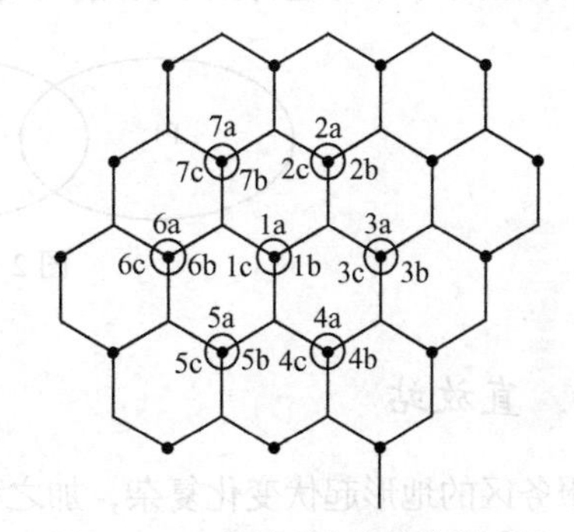

图 2-24　7 基站顶点激励信道配置

2.6.3　不同情况下无线小区的划分

1. 用户密度不同时

如果整个服务区的地理环境一致，用户密度分布均匀，则所采用的无线小区大小相同。而实际上，在整个服务区内，建筑物分布复杂，用户密度也是不均匀的，如在城市中心，用户密度高，话务量大，而城市郊区的用户密度相对较低，所以小区的划分应随外界环境而灵活变化，如在用户密度高的市中心，可使无线小区的面积小一些，在用户密度低的城市郊区可使无线小区的面积大一些。

图 2-25 所示为用户分布密度不等时的区域划分。

另外，一个地区的用户数和话务量是变化的，如用户密度低的城市郊区随着城市建设的发展，变成了用户密度高的区域，这时为了适应增大的话务量，需要缩小原来的无线小区的面积，将小区分成更小的小区，在每个更小的小区设的基站的发射功率可减小，这就是小区分裂，小区分裂能提高信道的复用次数，从而提高系统容量。常用的方式有 1∶3 分裂方式和 1∶4 分裂方式，如图 2-26 所示。

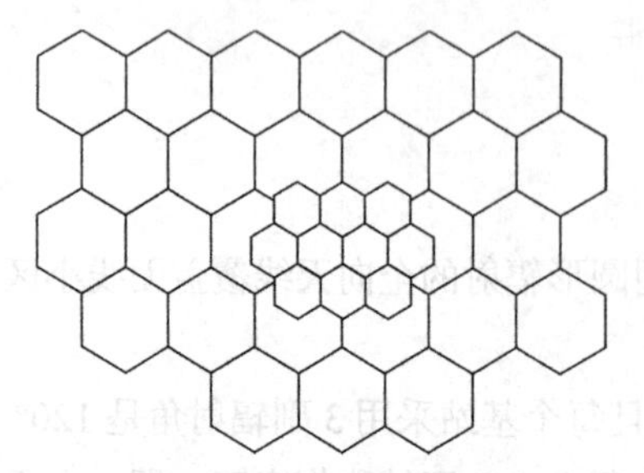

图 2-25 用户分布密度不等时的区域划分

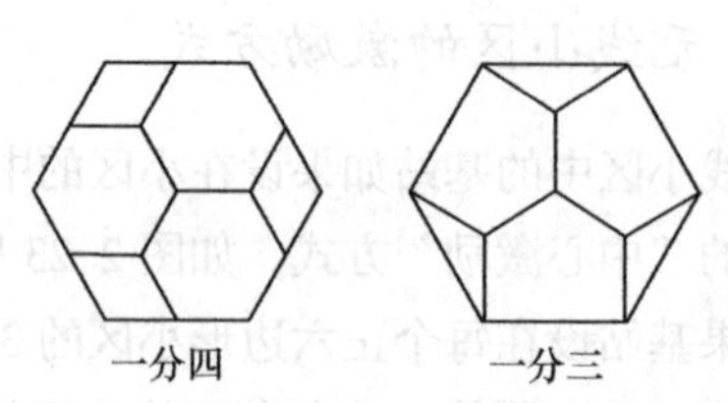

图 2-26 小区分裂

2. 带状服务区

前面介绍的正六边形无线区群适合服务区的地形是宽广的平面，也称为面状服务区。如果服务区是狭长的区域，如铁路、公路、海岸等，则无线小区需采用定向天线，按狭长的区域形成带状网络，相邻小区可进行频率再用，如图 2-27 所示。

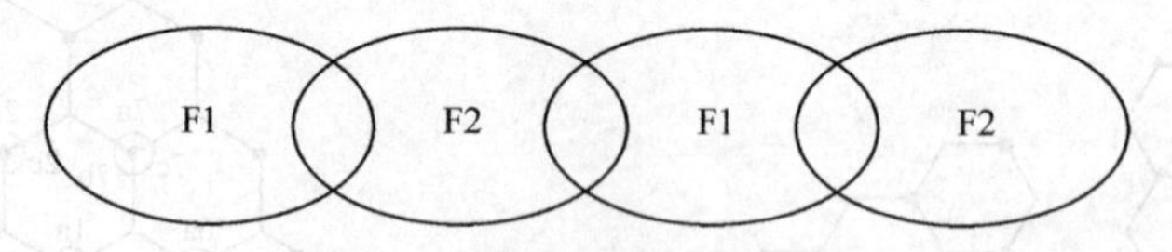

图 2-27 带状服务区频率再用

3. 直放站

服务区的地形起伏变化复杂，加之移动通信的阴影效应，这两个原因都会使得服务区存在信号很弱或基站覆盖范围达不到的地方，这些地方称之为盲区。为了使信号有效地到达盲区，最大限度地满足用户对于通话服务的要求，通常在适当的地方建立直放站，用来对移动通信基站起延伸距离范围和覆盖重要盲区的作用。直放站是具有小型基站功能的设备，它的成本低、架设简单，所以广泛应用于隧道、偏远的矿区、建筑物内部，如图 2-28 所示。

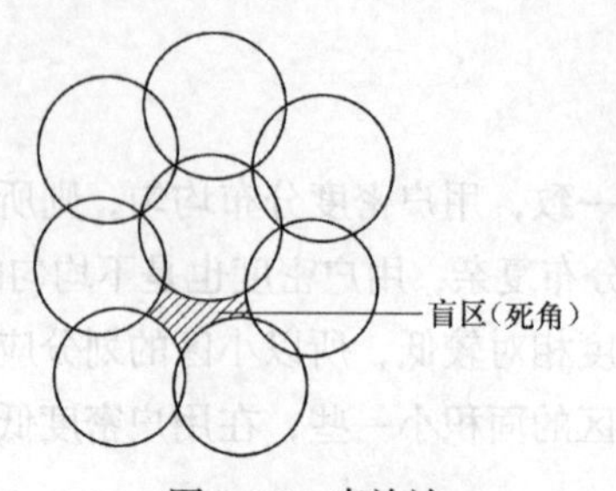

图 2-28 直放站

2.6.4　数字蜂窝移动通信的基本网络结构

彼此邻接的无线小区无缝地覆盖整个服务区，构成蜂窝移动通信网。移动通信网采用分层组织结构，移动网的最基本组织是无线小区。若干个无线小区组成一个基站区；若干个基站区组成一个位置区；若干个位置区组成一个 MSC 区；若干个 MSC 区组成一个业务区，而一个移动通信网分成若干个业务区，如图 2-29 所示。如果采用顶点激励方式，则一个无线小区又被分成若干个扇区。

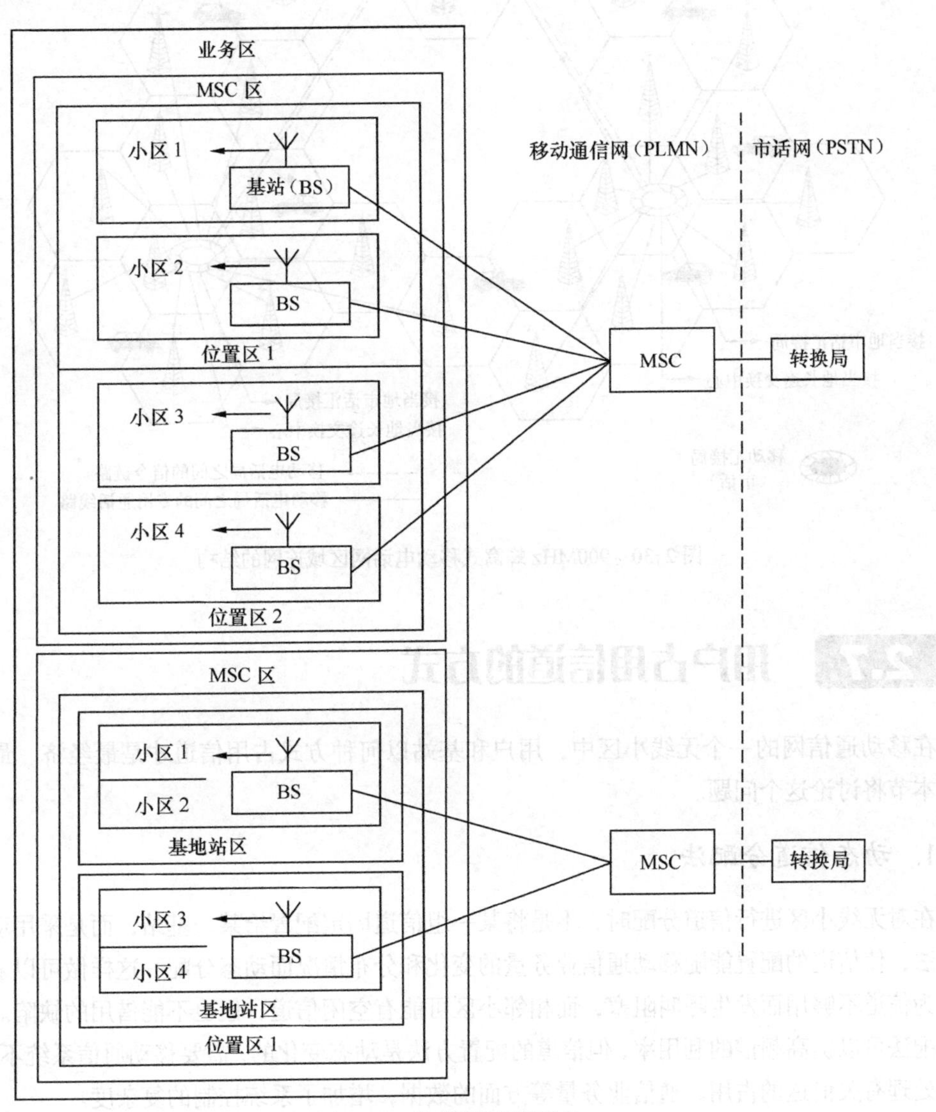

图 2-29　移动通信网的结构

位置区是指用户在移动中通信无需更改位置信息的区域。MSC 区是指只有一个移动业务交换中心所管辖的范围。MSC 称作移动业务交换中心，对用户之间的通信起着交换、连接与集中控制管理的作用。一个国家可以是一个业务区或几个业务区。

图 2-30 所示为 900MHz 蜂窝式移动电话网区域连网的结构示意图。

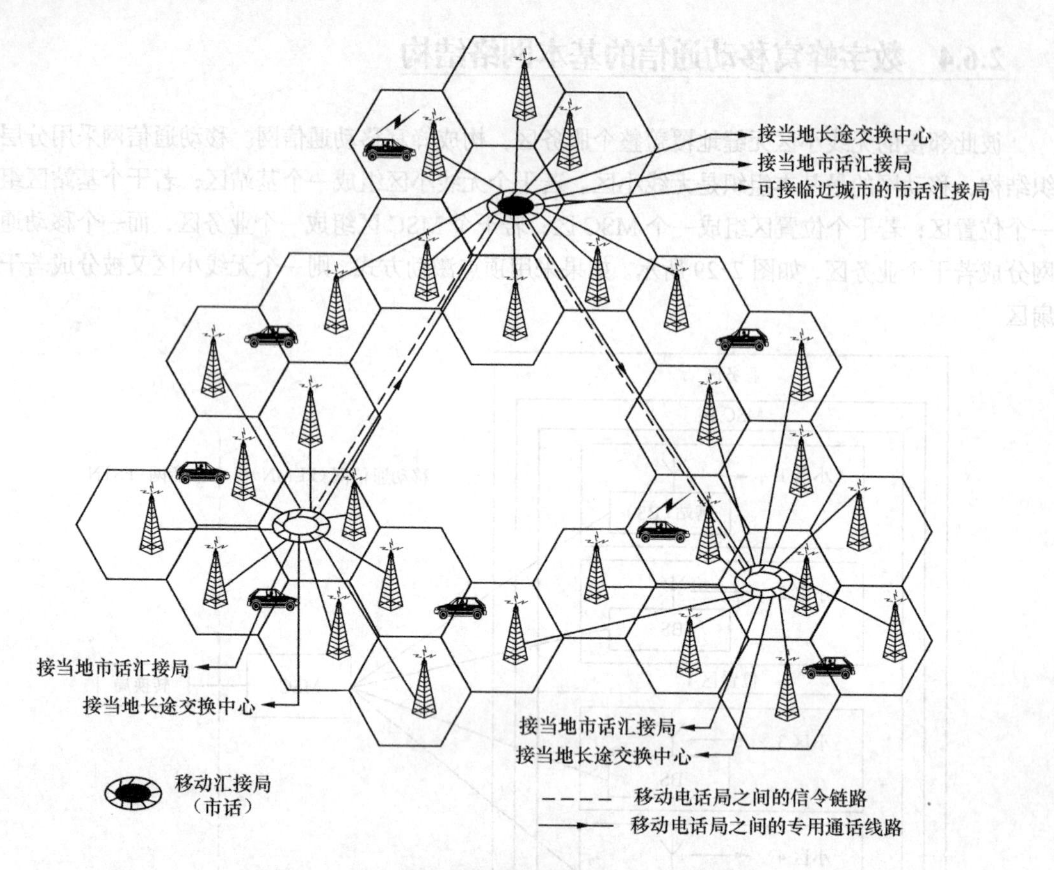

图 2-30　900MHz 蜂窝式移动电话网区域连网的结构

2.7 用户占用信道的方式

在移动通信网的一个无线小区中，用户和基站以何种方式占用信道才是最经济、最合适的呢？本节将讨论这个问题。

1. 动态信道分配法

在对无线小区进行信道分配时，不是将某一组信道固定配置给某一基站，而是采用动态信道分配法，使信道的配置能随移动通信业务量的变化和分布情况而动态分配，这样做可以避免某小区因为信道不够用而发生呼叫阻塞，而相邻小区可能有空闲信道，但也不能借用的缺陷。动态信道分配法可以提高频谱的利用率，但信道的配置方法是动态变化的，需要移动通信系统不断收集、计算处理有关信道的占用、通信业务量等方面的数据，增加了系统控制的复杂度。

2. 多信道共用

独立信道方式是指将 M 个用户分组，一组配置一个无线信道，不同信道内的用户不能互换或借用信道。多信道共用是指将 N 个无线信道供 M 个用户共用，用户可以选择和使用任意一个空闲信道，在相同的用户信道情况下，这种方式显然比独立信道方式降低了通话阻塞率，提高了无线

信道的利用率和通信服务质量。

采用多信道共用技术，N 个无线信道供 M 个用户共用，M 和 N 的值取多少才比较合适，即每个无线信道究竟分配多少个用户才算合理？这要由话务量和呼损率来决定。

（1）话务量：每小时内平均呼叫次数（C）与每次呼叫平均占用信道的时间（t）的乘积。话务量是度量通信系统通话业务量或繁忙程度的指标。

计算公式：

$$A=C\times t$$

t 的单位是 h；话务量 A 的单位是厄朗（Erlang）。

如果一个用户 1h 内连续地占用一个信道，话务量就是 1Erlang。

举例：设在一个信道上，平均每小时有 300 次呼叫，平均每次呼叫的时间为 6min，那么这个信道上的总呼叫话务量为

$$A=(300\times 6)\div 60=30(\text{Erlang})$$

（2）忙时话务量：是指每个用户最忙的那个小时的平均话务量（A'），一个服务区的忙时话务量可以采用统计的方法取得。

计算公式：

$$A'=CTK/3600$$

T 为每次呼叫平均占用信道的时间（单位为 s）；K 为集中系数，K=忙时话务量/全日话务量（24h）。

（3）呼损率：当用户请求通话，但信道却被其他用户占用时，该用户因无空闲信道而不能通话，呼叫失败，通信系统中，呼叫失败的概率称为呼损率。

呼损率的计算公式：

$$B=(A_L/A)\times 100\%=(C_L/C)\times 100\%$$

A_L：损失话务量 $A_L=A-A_0$，A_0 是呼叫成功而接通电话的话务量；C_L：呼叫失败次数。

呼损率还可以用第一厄朗公式计算：

$$B=\frac{A^n/n!}{\sum_{i=0}^{n}A^i/i!}$$

n 是信道数。

利用第一厄朗公式可以得出厄朗呼损表，在表中，已知 B、n 时，可以查出话务量 A。工程上常利用这个表查话务量 A。

可见，呼损率越小，成功呼叫的概率越大，用户就越满意。因此，呼损率也称为系统的服务等级，是系统的一个重要质量指标。降低呼损率的办法一般是减少系统容纳的用户数或增加信道数，这样会降低信道利用率，所以在系统设计时，必须选择合理的呼损率，既要保持一定的服务质量，又要尽量提高信道的利用率。

（4）每个信道所能容纳的用户数 m。

每个信道所能容纳的用户数的计算公式：

$$m=(A/n)/A'$$

系统所能容纳的用户数：

$$M=mn$$

A/n 为每信道平均话务量。

在一定呼损条件下，每个无线信道所能容纳的用户数 m 与信道平均话务量成正比，与用户忙时话务量 A' 成反比。

3. 信道的选择方式

多信道共用的通信系统，共用信道的分配大多采用移动台（用户）自动选择并占用空闲信道进行通话的方式。这种自动选择空闲信道方式常用的有下列 4 种。

（1）专用呼叫信道方式

专用呼叫信道方式是指在系统给定的多个信道中，选择一个或几个信道专门用来处理呼叫和为移动台指定语音信道，这些信道本身不作为语音信道用。对这种专用呼叫信道要求以最短的时间尽快处理一次呼叫，以便及时处理下一个呼叫。

平时，移动台开机后，它就自行对所有专用呼叫信道进行扫描，根据基站发出的空闲信号找出其中场强最强的那个专用呼叫信道，集中守候在专用呼叫信道上，以便随时准备接收来自基站控制中心发出的信令。有呼叫（主呼和被呼）时，基站通过专用呼叫信道给主叫或被叫移动台发出用于通话的信道指配信令，移动台根据指令，转入指定的通话信道上进行通话。

专用呼叫信道方式适合于大容量移动通信系统，如 GSM 和 CDMA 蜂窝电话系统，不适用于信道数目小于 12 的小容量移动通信系统。对于小容量系统，信道选择的方式适合采用循环定位方式、循环不定位方式、循环分散定位方式。

（2）循环定位方式

循环定位方式不设专用呼叫信道，而由基站临时指定一个信道作为呼叫信道，基站在这个信道上发出空闲信号，所有待呼的移动台守候在发空闲信号的信道上。一旦有呼叫成功，该信道就变成业务信道被用户占用，此时基站会临时另选一个信道作为呼叫信道，发空闲信号，所有待呼的移动台将自动切换到这条新的有空闲信号的信道上去守候。这种方式下，信道都可以用作业务信道，信道利用率大。但移动台对空闲信道的竞争激烈，同抢概率大。

（3）循环不定位方式

循环不定位方式是基站在所有空闲信道上都发空闲信号，待呼的移动台平时始终处于扫描搜索状态，随机停靠在就近的空闲信道上。如果移动台主呼，就用临近的空闲信道通话。当移动台被呼时，基站选择一个空闲信道，先发一个长时间的召集信号，未通话的移动台扫描到此信道时，就自动停靠在该信道上，基站再发一个选择呼叫信号，一旦呼叫成功，被呼的移动台占用该信道，该信道变成业务信道，其他待呼的移动台重新处于扫描搜索状态。循环不定位方式中，移动台被呼时接续时间较长，但减少了同抢概率。

（4）循环分散定位方式

循环分散定位方式是基站在所有空闲信道上都发空闲信号，待呼的移动台分散停靠在各空闲信道上。如果移动台主叫，就用自己停靠的空闲信道通话。当移动台被叫时，基站在所有的空闲信道上发出选择呼叫信号，并等待被叫移动台的应答信号，这一点和循环不定位方式不一样，基站不用先发一个召集信号，再发出选择呼叫信号，所通话接续速度快。

循环不定位方式和循环分散定位方式，移动台的同抢概率小，但基站在所有空闲信道上都发空闲信号，因此将造成功率浪费，引起严重的互调干扰。

习题

1. GSM 通信系统采用哪种调制技术？

2. 什么是多址技术？主要有哪几种方式？各有什么特点？

3. 设在 100 个信道上，平均每小时有 2000 次呼叫，平均每次呼叫时间为 2min，求这些信道上的呼叫话务量。

4. 分集技术的基本思路是什么？移动通信常用的分集技术有哪些？

5. 小区制结构的特点是什么？

6. 已知每天呼叫 8 次，每次的呼叫平均占用时间为 100s，忙时集中度为 10%（k=0.1），求每个用户忙时话务量。

7. 移动通信中信道自动选择方式有哪几种？选取其中一种说明其工作原理。

8. 目前在移动通信系统中所采用的线性调制有几种方式？恒包络调制有几种方式？无线小区的激励方式有哪几种？顶点激励有什么优点？

第3章 GSM数字蜂窝移动通信系统

由于各种模拟蜂窝移动电话系统的标准不同，没有统一的技术规范，系统之间互不兼容，移动用户无法实现漫游，所以1982年在欧洲成立的“移动特别小组（Group Special Mobile）”的主体任务是提出一种新的移动通信标准，以解决不同的模拟蜂窝移动系统之间互不兼容的问题，经过大量研究和试验，提出了全欧洲统一的第二代数字蜂窝移动通信系统标准——GSM标准。GSM采用窄带TDMA多址方式。1991年，在欧洲开通了第一个GSM系统，并将GSM更名为“全球移动通信系统”（Global System for Mobile communications）。GSM系统使用两个频段，900MHz和1800MHz，分别称作GSM900和DCS1800。在GSM标准中，对功能和接口做了统一规定，任何一家厂商提供的GSM数字蜂窝移动通信系统都必须符合GSM技术规范，在GSM系统覆盖到的地区均可提供自动漫游服务。

3.1 GSM数字蜂窝移动通信系统的结构

3.1.1 GSM系统的组成

GSM系统主要由4个子系统组成：移动台子系统（MS）、基站子系统（BSS）、网络子系统（NSS）和操作支持系统（OSS）。图3-1所示为GSM系统的典型结构，其中GSM系统的实体部分是MS、BSS和NSS，每一个实体部分又由其他各种功能实体构成，如NSS由移动业务交换中心（MSC）、归属（原籍）用户位置寄存器（HLR）、访问用户位置寄存器（VLR）、鉴权中心（AUC）、设备识别寄存器（EIR）组成；BSS由基站控制器（BSC）和基站收发信机（BTS）组成。OSS则提供运营部门一种手段，用来操作、管理和维护这些实体部分。GSM系统与其他通信网，如PSTN、ISDN、PSPDN等是通过MSC互连的。

下面分别介绍各子系统和功能实体的作用。

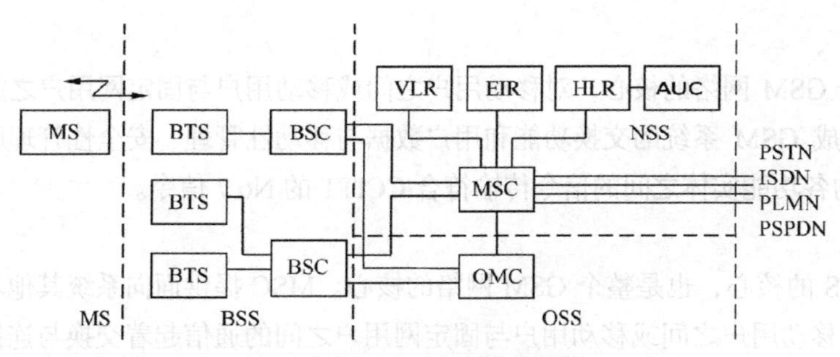

图3-1　GSM系统的典型结构

1. MS

MS是GSM移动通信网中用户使用的设备，它是通过无线接口接入GSM系统的，所以移动台是用户能够直接接触的整个 GSM 系统中的唯一设备，它分为车载型、便携型和手持型 3 种类型。

为了便于用户的使用，MS 必须提供话筒、扬声器、显示屏和按键等与用户之间的接口，或者提供与传真机和计算机等其他一些终端设备（TE）之间的接口。

MS的另外一个重要组成部分是用户识别卡（SIM卡），SIM（Subscriber Identity Module）卡是一种符合ISO标准的智能卡片，SIM卡是用户入网登记的凭证，具有防止窃用、鉴权和加密的功能，用户的全部资料几乎都存储在SIM卡内，供GSM系统对用户身份进行鉴别，同时，用户通过它完成与系统的连接和信息保存与交换。SIM卡存储的数据分为4类：用户身份认证的信息；安全保密信息；网络和用户的管理数据；用户的个人信息。SIM卡插入任何一部符合 GSM 规范的移动电话中就能实现通信，SIM卡的作用就好像一把用户入网获取服务的钥匙，当用户使用移动电话时，必须装入 SIM 卡，否则不能使用。只有当处理紧急呼叫时（如 119、110、120、122 等），才可以不插入SIM卡。

2. BSS

BSS 在整个 GSM 系统中担任无线发送接收和无线资源管理的任务。它通过无线接口直接与MS相连，并与NSS中的MSC相连，由MSC控制，实现移动用户之间或移动用户与固定网络用户之间的通信连接。

BSS是由基站控制器BSC和基站收发信台BTS这两部分功能实体构成。BTS和BSC的连接可以是直接连接方式，也可以通过基站接口设备采用远端控制的连接方式。

（1）BSC

BSC是BSS的控制部分，分别与BTS、MSC和操作维护中心相接，起着管理无线网络资源、无线参数及管理控制各种接口的作用。一个基站控制器根据话务量的需要可以控制一个BTS也可以控制多个BTS。

（2）BTS

BTS是基站子系统的无线接口设备，由 BSC 控制，通常设置在小区中心，实现 BTS 与 MS 之间接口的无线传输及相关的控制功能。

3. NSS

NSS 是整个 GSM 网络的核心，对移动用户之间或移动用户与固定网用户之间的通信起着管理作用，主要完成 GSM 系统的交换功能和用户数据与移动性管理、安全性管理所需的数据库功能。组成 NSS 的各功能实体之间的信令传输符合 CCITT 的 No.7 信令。

（1）MSC

MSC 是 NSS 的核心，也是整个 GSM 网络的核心。MSC 提供面向系统其他功能实体和固定网的接口，并对移动用户之间或移动用户与固定网用户之间的通信起着交换与连接的作用，并对系统的正常工作进行集中控制管理。

根据 MSC 的具体作用，MSC 分为 3 种：普通 MSC、网关 MSC（GMSC）和汇接 MSC（TMSC）。GMSC 具有与固定网和其他 NSS 实体互通的接口，TMSC 用于长途汇接。

为了建立固定网用户与 GSM 移动用户之间的呼叫，固定网用户呼叫首先被接入到 GMSC，由 GMSC 负责获取移动用户的位置信息，同时将呼叫转接到可向该移动用户提供即时服务的被访 MSC（VMSC）。移动业务交换中心 MSC 可从 3 种数据库，即 HLR、VLR 和 AUC 获取处理用户位置登记和呼叫请求所需的全部数据。反之，MSC 也根据其最新获取的信息请求更新数据库的部分数据。

（2）HLR

HLR 相当于 GSM 网络的中央数据库，每个首次入网的移动客户都应在其 HLR 注册登记，将移动用户相关的入网信息存储在 HLR 中，包括用户的识别号码、保密参数和注册的有关业务信息等静态数据，HLR 还存储着有关移动用户漫游时的动态信息数据，如移动台漫游号码等。

（3）VLR

VLR 是 GSM 网络的动态用户数据库，存储着进入其控制区域内已登记的来访移动用户的相关信息数据。当移动用户离开其注册登记的原籍地区漫游到其他地区时，被访地区的 VLR 从该移动用户的 HLR 处获取并暂时存储必要的数据，一旦移动用户离开该 VLR 的控制区域，则 VLR 将取消这些暂时存储的该移动用户数据。一个 VLR 可以负责一个或若干个 MSC 区域。

（4）AUC

鉴权和加密是解决移动通信系统信息安全的主要手段，AUC 存储着用于系统安全的鉴权信息和加密密钥，用来对移动用户鉴权认证，防止无权用户接入系统和对无线接口上的语音、数据和信号信息进行保密。

（5）EIR

移动设备管理是由 EIR 完成的，在 EIR 中存储了移动设备的设备识别码（IMEI），通过使用 EIR 中的 3 种设备清单——白色清单（准许使用的移动设备的识别号）、黑色清单（禁止使用的移动设备的识别号）和灰色清单（由于技术故障或误操作导致不能使用的移动设备的识别号），使得运营部门对移动设备进行正确识别，以确保网络内所使用的移动设备的唯一性和安全性。何时需要设备识别取决于网络运营者。

4. OSS

OSS 相当于一个服务管理中心，为运营部门提供一种手段，用来控制和维护 MS、BSS 和 NSS 这些实际运行部分，其任务是移动用户管理、移动设备管理及网路操作和维护。如对 GSM 系统

的 BSS 和 NSS 进行操作和维护的管理；网络的监视、告警、故障处理；话务量的统计和计费数据的记录与传递等。

3.1.2 GSM 网络接口

在前面的介绍中可知，GSM 系统由 4 个子系统组成，并与各种公用通信网（PSTN、ISDN、PDN 等）互连。在实际应用中，GSM 对各子系统之间及 GSM 系统与各种公用通信网之间的接口和信令标准都做了统一规定，使得有关接口和信令标准符合国际上建议的接口标准和协议要求，以保证任何厂商提供的 GSM 系统的设备都能互连互通。

GSM 网络接口如图 3-2 所示，其中 Um 接口、A 接口和 Abis 接口是 GSM 网络的主要接口，B、C、D、E、F、G 接口属于网络子系统内部接口。

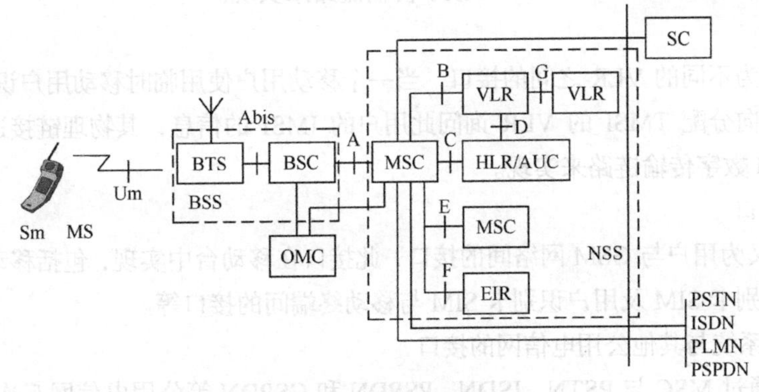

图 3-2　GSM 网络接口

（1）Um 接口

Um 接口（空中接口）定义为 MS 与 BTS 之间的无线通信接口，是 GSM 网络非常重要的无线接口，此接口传递的信息包括无线资源管理、移动性管理和接续管理等。

（2）A 接口

A 接口定义为 MSC 与 BSS 之间的通信接口，也是功能实体 MSC 与 BSC 间的互连接口，此接口传递的信息包括移动台管理、基站管理、移动性管理、接续管理等，其物理链接通过采用标准的 2.048Mbit/s PCM 数字传输链路来实现。

（3）Abis 接口

Abis 接口定义为基站子系统的两个功能实体 BSC 和 BTS 之间的通信接口，在 BTS 和 BSC 不是直接连接方式时，此接口用于 BTS 与 BSC 间的远端互连，此接口支持所有向用户提供的服务，并支持对 BTS 无线设备的控制和无线频率的分配，其物理链接通过采用标准的 2.048Mbit/s 或 64kbit/sPCM 数字传输链路来实现。

（4）B 接口

B 接口定义为 MSC 与 VLR 之间的接口，此接口用于 MSC 向 VLR 询问有关 MS 当前的位置信息或者通知 VLR 有关 MS 的位置更新信息等。

（5）C 接口

C 接口定义为 MSC 与 HLR 之间的接口，此接口用于传递路由选择和管理信息，其物理链接通过采用标准的 2.048Mbit/s PCM 数字传输链路来实现。

（6）D 接口

D 接口定义为 HLR 与 VLR 之间的接口，此接口用于交换有关移动用户的位置和用户管理的信息，保证移动台在整个服务区内建立和接收呼叫，其物理链接与 C 接口相同，通过采用标准的 2.048Mbit/s PCM 数字传输链路来实现。

（7）E 接口

E 接口定义为控制相邻区域的不同 MSC 之间的接口，此接口用于移动用户在 MSC 之间进行越区切换过程中交换有关切换信息，以启动和完成切换，其物理链接通过采用标准的 2.048Mbit/s PCM 数字传输链路来实现。

（8）F 接口

F 接口定义为 MSC 与 EIR 之间的接口，此接口用于交换移动设备识别码的管理信息，其物理链接通过采用标准的 2.048Mbit/s PCM 数字传输链路来实现。

（9）G 接口

G 接口定义为不同的 VLR 之间的接口，当一个移动用户使用临时移动用户识别号（TMSI）时，此接口用于向分配 TMSI 的 VLR 询问此用户的 IMSI 的信息，其物理链接通过采用标准的 2.048Mbit/s PCM 数字传输链路来实现。

（10）Sm 接口

Sm 接口定义为用户与 GSM 网络间的接口，此接口在移动台中实现，包括移动用户与移动台的接口、用户识别卡 SIM 及用户识别卡 SIM 与移动终端间的接口等。

（11）GSM 系统与其他公用电信网的接口

GSM 系统通过 MSC 与 PSTN、ISDN、PSPDN 和 CSPDN 等公用电信网互连，GSM 与其他公用电信网接口一般为 No.7 信令，物理链接通过采用标准的 2.048Mbit/s PCM 数字传输链路来实现。

3.1.3 号码识别与编号

通过上节 GSM 系统的组成和接口的学习，我们认识到 GSM 系统的复杂性，可以想象为了将一个呼叫接至某个移动用户，会调用 GSM 系统的大多数功能实体，所以为了识别不同的移动用户，不同的移动设备及不同的网络需要 GSM 系统有一套编号计划，用来正确寻址和识别身份。

下面介绍 GSM 系统的各种号码及用途。

1. 移动台国际 ISDN 号码 （MSISDN）

MSISDN 是指主叫用户呼叫 GSM 系统中某一个移动用户所需拨的号码。一个移动台可分配一个或多个 MSISDN，一个 MSISDN 总长不超过 15 位数字，其编号规则应与各国的编号规则相一致，其组成的格式如图 3-3 所示。

国家代码（CC）	国内地区码（NDC）	用户号码（SN）

图 3-3　移动台国际 ISDN 号码（MSISDN）

CC：国家代码，即移动台注册登记的国家代号，中国为 86。

NDC：国内地区码，每个 PLMN 有一个 NDC，NDC 包括数字蜂窝移动业务接入号（中国为 13×）和 HLR 识别号（$H_0H_1H_2H_3$），HLR 识别号表示用户所属的 HLR，也用来区别移动业务本地网。

SN：4 位移动用户号码（ABCD）。由 NDC 和 SN 两部分组成移动台国内有效 ISDN，其长度不超过 13 位数，中国为 11 位数。

所以，国内手机电话号码一般为 13× $H_0H_1H_2H_3$ABCD。

2. 移动台漫游号码（MSRN）

当移动台漫游到一个新的业务区后，为使 GSM 移动通信网能再进行路由选择，该移动台的 HLR 请求由 VLR 分配一个临时性的漫游号码，即 MSRN，并将 MSRN 送至 HLR，用于建立通信路由。一旦该移动台离开该服务区，此漫游号码即被收回，并可分配给其他来访的移动台使用。MSRN 的组成与移动台 ISDN 号码相同。

3. 国际移动用户识别码（IMSI）

在 GSM 系统中，每个移动用户均分配一个唯一的 IMSI 码，用来在整个 GSM 移动通信网中正确识别某个移动用户。IMSI 码存储在用户识别卡（SIM）、HLR、VLR 中，通常在呼叫建立和位置更新时需要使用 IMSI。

IMSI 的总长不超过 15 位数字，每位数字仅使用 0～9，其组成的格式如图 3-4 所示。

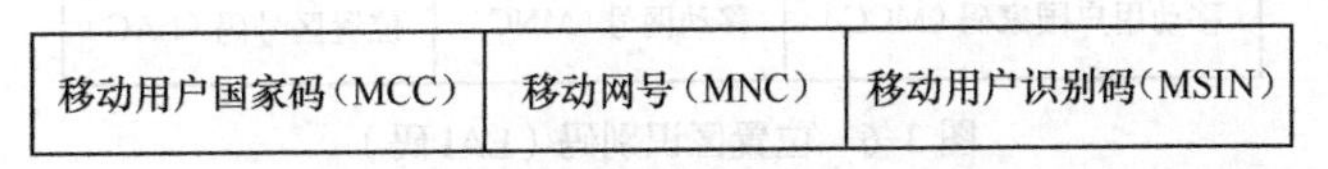

移动用户国家码（MCC）	移动网号（MNC）	移动用户识别码（MSIN）

图 3-4　国际移动用户识别码（IMSI）

MCC：移动用户所属国家代号，3 位数字，用于唯一地识别移动用户所归属的国家，中国的 MCC 为 460。

MNC：移动网号码，最多由两位数字组成，用于识别移动用户所归属的移动通信网。中国移动的 MNC 为 00，中国联通的 MNC 为 01。

MSIN：移动用户识别码，用于识别某一移动通信网（PLMN）中的移动用户，号码组成为 $H_0H_1H_2H_3$XXXX。

MNC 和 MSIN 两部分组成国内移动用户识别码（NMSI），用于唯一地识别国内 GSM 通信网中的移动用户。

4. 临时移动用户识别码（TMSI）

IMSI 码只在移动用户起始入网登记时使用，在后续的呼叫中用 TMSI 代替 IMSI，目的是对 IMSI 保密，避免通过无线信道发送其 IMSI，从而防止窃听者检测用户的通信内容，或者非法盗用合法用户的 IMSI。

TMSI 是 MSC/VLR 给每个来访的移动用户临时分配的号码。TMSI 与 IMSI 号码之间可按一定的算法互相转换。

5. 国际移动台设备识别码（IMEI）

IMEI 是分配给每一个移动台，用来唯一识别一个移动台设备的号码，可用于监控被窃或无效的移动设备。设备识别的作用就是确保系统中使用的移动台设备不是盗用的或非法的。设备的识别是在 EIR 中完成的。IMEI 号码为一个 15 位的十进制数字，组成为 TAC（6）+ FAC（2）+ SNR（6）+ SP（1），如图 3-5 所示。

型号批准码 TAC（6 位）	装配厂家号码 FAC（2 位）	产品序号 SNR（6 位）	备用数字 SP（1 位）

图 3-5　国际移动台设备识别码（IMEI）

TAC：型号批准码，由欧洲型号标准中心分配。

FAC：装配厂家号码，表示生产厂家及其装配地。

SNR：产品序号，用于唯一地识别同一个 TAC 和 FAC 中的每台移动设备。

SP：备用数字。

IMEI 可在手机待机状态下按“*#06#”读取，读取的 IMEI 码应与手机后盖板上的条码标签、外包装上的条码标签一致。

6. 位置区识别码（LAI）

在检测位置更新和信道切换时，要使用 LAI 码，其组成的格式如图 3-6 所示。

移动用户国家码（MCC）	移动网号（MNC）	位置区号码（LAC）

图 3-6　位置区识别码（LAI 码）

MCC 和 MNC 均与 IMSI 码的 MCC 和 MNC 一样。

LAC：位置区码，用于识别 GSM 移动通信网中的一个位置区，采用十六进制编码，最多不超过 2Byte。

7. 全球小区识别码（CGI）

在位置区识别标志（LAI）后面加上小区的标志号（CI），就可以组成 CGI，用于识别一个位置区内的小区。

8. 基站识别色码（BSIC）

BSIC 用于移动台识别采用相同载频且相邻的基站。BSIC 为一个 6bit 编码，其组成的格式如图 3-7 所示。

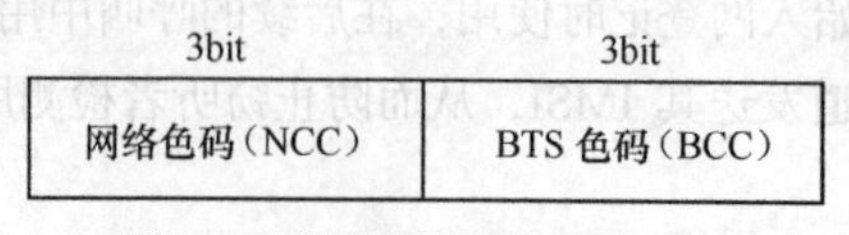

3bit	3bit
网络色码（NCC）	BTS 色码（BCC）

图 3-7　基站识别色码（BSIC）

NCC：网络色码，用来识别相邻的通信网络。

BCC：BTS 色码，用来识别采用相同载频的相邻基站。

9. MSC/VLR 号码

MSC/VLR 号码是在 No.7 信令消息中使用的，代表 MSC 的号码。

10. HLR 号码

HLR 号码是在 No.7 信令消息中使用的代表 HLR 的号码。

11. 切换号码（HON）

HON 是指当越区切换时，目标 MSC（即要求切换到的 MSC）临时分配给移动用户的一个号码，用于路由选择。

3.1.4 GSM 系统的业务

GSM 系统提供的业务是以 ISDN 的业务为基础的，GSM 系统和互连的其他通信网，如 PSTN 一起为用户提供通信服务，GSM 系统提供的业务类型可分成两种：基本电信业务和补充业务。

1. 基本电信业务

GSM 系统的基本电信业务分为 6 种类型，这些业务是 GSM 系统已经或即将提供的业务。

（1）电话业务：电话业务是 GSM 系统提供的最重要业务，提供两个移动用户之间、移动用户与固定网用户之间的实时双向通话。

（2）紧急呼叫业务：在紧急情况下允许移动用户免费拨打如我国的 119、110、120、122 等应急号码。紧急呼叫业务是一种最高优先权业务，优先于其他业务，在处理异常的紧急呼叫时，即使移动台没有插入 SIM 卡，移动用户也可使用。

（3）短消息业务：GSM 系统可提供在移动电话上直接发送和接收字符或数字消息的短消息业务，该业务包括移动台之间点对点的短消息业务，以及小区广播式短消息业务。

移动台之间点对点的短消息业务是通过短消息业务中心连接完成的，该中心是和 GSM 系统相分离的独立实体，所有短消息都由中心完成存储和转发，其信息量限制为 160 个字符。

小区广播式短消息业务是 GSM 通信网按一定间隔向小区范围内的所有移动台广播具有通用意义的短消息，如道路交通信息、天气预报等，用户可以在显示器上看到短消息内容，其信息量限制为 93 个字符。

（4）传真和数据通信业务：收发传真、阅读电子邮件、访问 Internet、登录远程服务器等数据业务，可提供 2.4、4.8 和 9.6kbit/s 的透明数据业务，还可提供 12.0kbit/s 的非透明数据业务。

（5）语音信箱业务：按声音信息归属的用户来存储声音信息，用户可根据需要随时提取。

（6）智能用户电报传送：智能用户电报传送能够提供智能用户电报终端间的文本通信业务。此类终端具有文本信息的编辑、存储、处理等能力。

2. 补充业务

补充业务是基本业务的增值业务，不能单独提供，必须和电信业务一起提供给用户。用户在使用补充业务前，应在归属局申请使用手续，在获得该项补充业务的使用权后才能使用。系统按用户的选择提供补充业务，用户可随时通过移动电话通知系统为自己提供或删除某项具体的补充业务。GSM的补充业务类似于ISDN业务，主要有以下几种。

（1）号码识别业务：主叫号码和被叫号码识别显示业务、主叫号码和被连号码识别限制业务。

（2）呼叫转移业务：呼叫转移是指将入局呼叫接到另一个号码，分为以下4种情况：无条件呼叫转移、用户遇忙呼叫转移、无应答呼叫转移、用户不可及呼叫转移。

（3）呼叫限制业务：呼叫限制分为以下5种情况：所有呼出禁止；国际呼出禁止；除归属PLMN国家外所有国际呼出禁止；所有呼入禁止；当漫游出归属PLMN国家后，呼入禁止。

（4）呼叫完成业务：当被叫用户处于忙状态时，让呼入处于等待状态，被叫用户决定何时接收这一等待的呼叫；用户暂时中断通话，需要时再恢复通话的呼叫保护业务。

（5）多方通信：一个用户和多个用户同时通话的业务，如三方通信。

（6）计费类补充业务：向用户提示计费信息和计费费用。

3.2 GSM系统的多址方式与频率配置

3.2.1 多址方式

移动通信系统目前所用到的多址方式有频分多址（FDMA）、时分多址（TDMA）、码分多址（CDMA）、空分多址（SDMA），习惯上把GSM系统采用的多址方式划分为TDMA方式，但实际上GSM系统采用的是FDMA和TDMA混合多址方式，即时分多址/频分多址（TDMA/FDMA）。

GSM900的工作频段是上行（MS发，BS收）890～915MHz；下行（BS发，MS收）935～960MHz。上行与下行采用双工通信方式，双工收发载频间隔为45MHz。首先将上行890～915MHz的25MHz频率范围采用FDMA技术，分成124个载波频率，各个载频之间的间隔为200kHz，下行935～960MHz的25MHz频率范围也同样分成124个载波频率，各个载频之间的间隔为200kHz，然后采用TDMA技术，将每个载频按时间分为8个时隙，这样的时隙叫作信道，或叫作物理信道。每个用户占用不同的时隙（信道）进行通信。因此，GSM系统共有124×8=992个物理信道。

3.2.2 频率配置

1. 频道编号

GSM900系统的整个上行与下行工作频段各分成124个载频，若频道序号用n表示，n=1～124，则上行与下行工作频段中序号为n的载频可以用下式计算：

$$F_L(n)=890\text{MHz}+0.2n\text{MHz}\quad（下频段）$$

$$f_H(n)=F_L(n)+45\text{MHz}\quad（上频段）$$

或

$$f_H(n)=935\text{MHz}+0.2n\text{MHz}$$

上行与下行载频是成对的，合起来共有124对载频。

DCS1800的工作频段是上行1710～1785MHz，下行1805～1880MHz，上行与下行载频共374

对载频，各个载频之间的间隔为 200kHz，频道序号为 n=512～885，序号为 n 的载频可以用下式计算：

$$F_L(n)=1710\text{MHz}+(n-512)\times 0.2\text{MHz}\text{（下频段）}$$

$$f_H(n)=F_L(n)+95\text{MHz}\text{（上频段）}$$

2. 频率复用方式

在数字蜂窝移动通信网中，频率复用的基本方式是 4×3 方式，即 4 小区 12 扇区的区群结构，在业务量较大的地区，可采用 3×3，2×6 等复用方式。

采用 3×3 复用方式，一般不需要改变现有网络结构，但容量增加有限，同时需要采用跳频技术降低干扰。2×6 频率复用方式，虽然可较大地提升系统容量（约是 4×3 方式的 1.6 倍），但为了保证载波干扰保护比（C/I）的指标要求，需要系统采用自动功率控制技术、不连续发射技术、跳频技术等，另外对天线系统要求较高。图 3-8 所示是典型的频率复用方式。

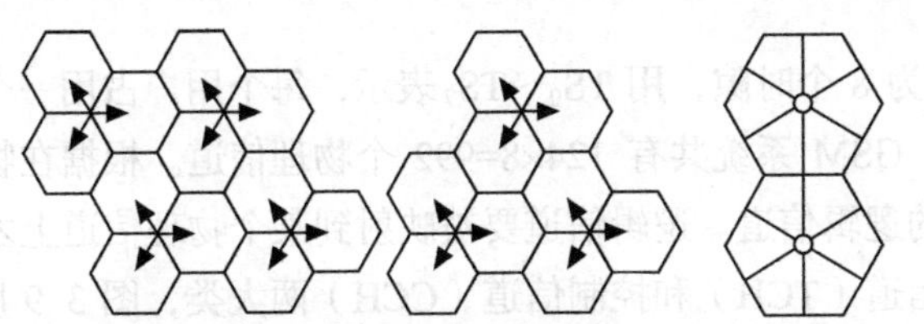

图 3-8　频率复用方式

3. 发射标识

GSM 系统的业务信道和控制信道发射标识为 271kF7W。

发射标识的具体含义如下。

271kHz：必要带宽。

F：主载波调制方式为调频。

7：调制主载波的信号性质。

W：被发送信息的类型，电报传真数据、遥测、遥控、电话和视频的组合。

4. 载波干扰保护比（C/I）

在移动通信网内，存在邻近频道干扰和同频干扰，这些干扰会影响语音信号的质量。载波干扰保护比（C/I）就是系统用来衡量干扰对语音信号影响程度的一个质量指标，它是指接收到的有用信号电平与干扰电平之比，可分为以下 3 类。

同频干扰载干比（C/I）：小区的载频功率与同频的无用信号对本小区所造成的干扰功率之比，GSM 规范中一般要求 C/I > 9dB，工程中一般要求大于 12dB。

邻道干扰载干比（C/A）：小区的载频功率与相邻或者邻近频道对本小区所造成的干扰功率之比，GSM 规范中一般要求 C/A > −9dB，工程中一般要求大于−6dB。

载波偏离 400kHz 时的载干比：当与载波偏离 400kHz 的频率电平远高于载波电平时产生干扰，小区的载频功率与此种干扰功率之比即为载波偏离 400kHz 时的载干比，GSM 规范中载波偏离 400kHz 时的干扰保护比大于−41dB，工程中一般要求大于−38dB。

5．保护频带

GSM系统使用的频率与其他无线系统的频率相邻时，两系统之间会存在相互频率干扰，所以两系统间应留出足够的保护频带（频道中心频率之间），保护频带一般约为400kHz，以保证移动通信系统能满足各种载干比要求。

3.3 GSM系统的信道类型

GSM系统为了传输用户信息和通信所需的各种信令和控制信息，设置了多种类型的信道，为系统控制提供了方便。

3.3.1 信道类型

GSM中每个载频分为8个时隙，用TS_0～TS_7表示，每个用户占用一个时隙传递信息。一个时隙就是一个物理信道，GSM系统共有124×8=992个物理信道。根据在物理信道所传输信息的种类，可人为定义不同的逻辑信道。逻辑信道要被映射到某个物理信道上才能实现信息的传输。

逻辑信道分为业务信道（TCH）和控制信道（CCH）两大类，图3-9所示为GSM系统的逻辑信道分类。

- 逻辑信道
  - TCH
  - CCH
    - BCH
      - FCCH
      - SCH
      - BCCH
    - CCCH
      - PCH
      - RACH
      - AGCH
    - DCCH
      - SDCCH
      - SACCH
      - FACCH

图3-9 GSM系统的逻辑信道分类

1．业务信道（TCH）

TCH是用于在MS和BS之间传送数字语音或数据等用户信息的双向信道。根据传输速率，语音业务信道分成两种类型：全速率语音业务信道（TCH/FS）和半速率语音业务信道（TCH/HS）。全速率语音信道信息速率是13kbit/s，半速率语音信道信息速率是6.5kbit/s。数据业务信道也分为全速率数据业务信道（TCH/F9.6，速率为9.6kbit/s；TCH/F4.8，速率为4.8kbit/s）和半速率数据业务信道（TCH/H4.8，TCH/H2.4）。

2．控制信道（CCH）

CCH用于传递信令或同步数据，控制信道的下行信道用于发送呼叫移动台的寻呼信号，上行信道用于移动用户主呼时发送主呼信号。

CCH一般分为3类：广播信道（BCH）、公共控制信道（CCCH）和专用控制信道（DCCH）。

（1）BCH

BCH 是从基站到移动台的单向下行信道，用于基站同时向多个移动台广播公用信息，信息内容为移动台入网和呼叫建立所需的相关信息。BCH 又分为以下 3 类。

频率校正信道（FCCH）：用于传输供移动台校正其频率的信息。

同步信道（SCH）：用于传输供移动台进行同步的帧同步（TDMA 帧号）和基站识别码（BSIC）的信息。

广播控制信道（BCCH）：用于广播系统的公用信息，如小区的识别信息、CCCH 的号码和移动台测量信号强度。

（2）公共控制信道（CCCH）

CCCH 是基站与移动台间的一点对多点的双向信道，分为以下 3 类。

寻呼信道（PCH）：用于广播基站寻呼（搜索）移动台的寻呼消息，是下行信道。

随机接入信道（RACH）：移动台在寻呼响应或主叫接入时，在此信道向系统申请分配一条独立专用控制信道（SDCCH），是上行信道。

接入允许信道（AGCH）：用于基站向入网成功的移动台分配一个 SDCCH，是下行信道。

（3）专用控制信道（DCCH）

DCCH 是呼叫接续和通信过程中，在基站与移动台间点对点传输必需的控制信息，是双向信道，分为以下 3 类。

独立专用控制信道（SDCCH）：用于在分配 TCH 之前，传送基站和移动台间的连接和信道分配的信令，如鉴权、登记信令等。

慢速随路控制信道（SACCH）：用于基站向移动台传送功率控制信息、帧调整信息和移动台向基站发送移动台接收到的信号强度数据和链路质量报告。SACCH 可与一个 TCH 或一个 SDCCH 联用。

快速随路控制信道（FACCH）：在没有分配 SDCCH 时，用 FACCH 传送与 SDCCH 相同的信息，通常在切换时使用。使用此信道（FACCH）时，要占用 TCH20ms 左右。

3.3.2　GSM 的帧结构

1. 帧结构

GSM 中每个载频分为 8 个时隙：TS_0～TS_7，这相同频率的 8 个时隙被称为一个 TDMA 帧，前述的一个物理信道就是一个时隙，一个 TDMA 帧长 4.615ms。

不同通信系统的帧长度和帧结构是不一样的，GSM 时隙帧结构有时隙、TDMA 帧、复帧（multiframe）、超帧（superframe）和超高帧 5 个层次。复帧是由若干个 TDMA 帧组成。由 26 个 TDMA 帧组成的复帧称作业务复帧，主要传输业务信道，帧长 120ms，用于 TCH、SACCH 和 FACCH；由 51 个 TDMA 帧组成的复帧称作控制复帧，帧长 235.385ms，主要用于 BCCH 和 CCCH 传输控制信息。超帧是由 51 个 26 帧的复帧或 26 个 51 帧的复帧构成，超帧等于 1326 个 TDMA 帧，帧长 6.125。超高帧由 2048 个超帧构成，等于 2715648 个 TDMA 帧。帧的编号是从 0～2715647 为一个周期。图 3-10 所示为 GSM 系统分级帧结构的示意图。

GSM 蜂窝系统规定，上行传输所用的帧号和下行传输所用的帧号相同，所以为避免移动台同一时隙收发，上行帧比下行帧在时间上推后 3 个时隙。

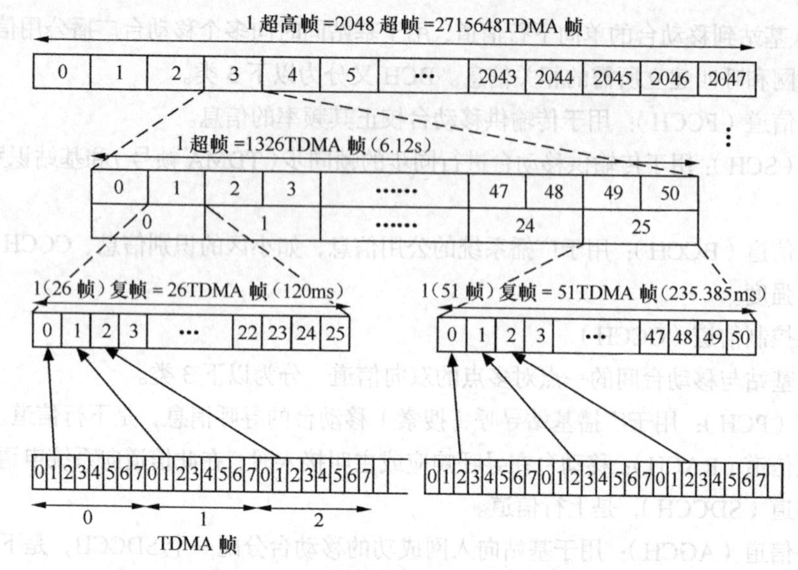

图 3-10　GSM 系统分级帧结构的示意图

2. 突发脉冲序列

在 TDMA 帧的一个时隙中发送的信息称为一个突发脉冲序列，共 156.25bit，长度为 577ms。TS 中传输的信息不同，对应的突发脉冲类型也不同。

（1）普通突发脉冲序列（NB）

NB 用于携带 TCH 及除 FCCH、SCH 和 RACH 以外的所有控制信道信息。普通突发脉冲序列的结构如图 3-11 所示。控制信道信息如下所示。

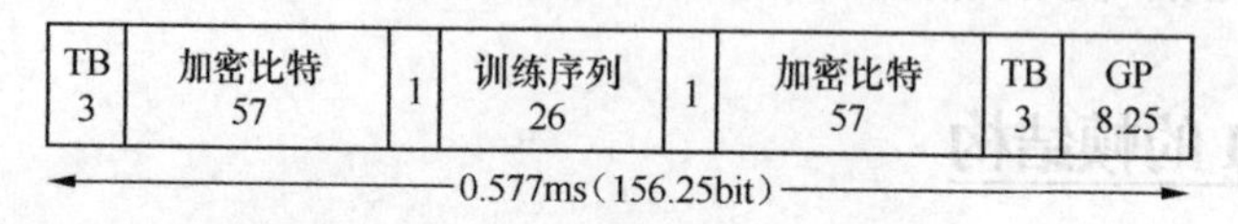

图 3-11　普通突发脉冲序列的结构

加密信息（2×57bit）：加密语音、数据或控制信息。

训练序列（26bit）：是一串已知比特，供信道均衡用。

尾比特 TB（2×3bit）：一般是 000，是突发脉冲开始与结尾的标志。

借用标志 F（2×1bit）：当业务信道被 FACCH 借用时，以此表示这个突发脉冲序列被 FACCH 信令借用。

保护时间 GP（8.25bit）：用来防止由于定时误差而造成突发脉冲间的重叠，防止各用户间因传播距离不同而在基站发生的信号交叠，故而采用 8.25bit 的空白保护间隔。

一个普通突发脉冲总计 156.25bit（如图 3-11 所示），因为每个比特的持续时间为 3.6923μs，所占用的时间为 0.577ms。

（2）频率校正突发脉冲序列（FB）

FB 用于构成 FCCH，并传送 142bit 的固定频率校正信息，用于校正 MS 的载频；另外还有尾比特 TB（2×3bit）和保护时间 GP（8.25bit），其作用与构成和普通突发脉冲序列（NB）一样。

（3）同步突发脉冲序列（SB）

SB 用于构成 SCH，并传送系统的同步信息，使 MS 获得与系统的时间同步。同步突发脉冲主要由携带 TDMA 帧号和基站识别码（BSIC）信息的加密信息（2×39bit）和一个易被检测的长同步序列（64bit）构成。

（4）接入突发脉冲序列（AB）

AB 用于构成移动台的 RACH，并传送随机接入信息。接入突发脉冲由同步序列（41bit）、加密信息（36bit）、尾比特 TB（8bit+3bit）和保护时间间隔（68.25bit）构成。其中保护时间间隔较长，这是因为 MS 首次接入或切换到一个新的 BS 时，由于 MS 和 BS 间的传输时间的长短不知道，为了不与正常到达的下一个时隙中的突发脉冲序列重叠，需要设置较长的保护时间间隔。当保护时间长达 252μs 时，允许小区半径为 35km，在此范围内可保证 MS 随机接入移动网。

（5）空闲突发脉冲序列（DB）

DB 的作用是当无用户信息传输时，用 DB（不携带任何信息，不发送给任何 MS）替代普通突出脉冲 NB 在 TDMA 时隙中传送。DB 的结构与 NB 的结构相同，只是将 NB 中的加密比特换成固定比特。

3.4 GSM 系统采用的有关技术和措施

GSM 系统采用了多种数字通信技术，目的就是保证移动通信系统在多径和衰落信道条件下正常工作，增加系统容量，提高系统在移动环境下的通信可靠性和通信质量。GSM 系统采用的有关技术可以从移动台发送和接收部分的电路组成框图（如图 3-12 所示）中体现。

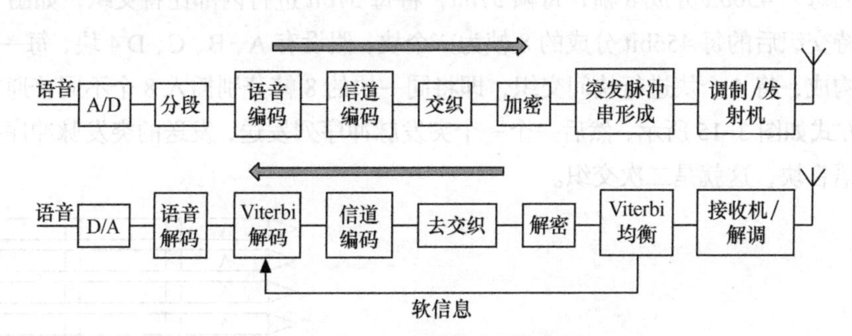

图 3-12　GSM 移动台原理框图

发送部分由信源编码、信道编码、交织、加密、突发脉冲串形成、调制、功率放大等功能电路组成。接收部分由高频电路、数字解调、均衡、去交织、解密、语音解码等功能电路组成，每一部分电路都是为实现相应的移动通信技术而设的。

3.4.1　数字移动通信的信道技术

GSM 系统采用了语音压缩编码技术、信道编码技术和数字调制技术等信道技术。语音压缩编码技术、信道编码技术、数字调制技术在第 2 章已讲述，下面仅对 GSM 系统采用的混合话音编码方式：规则脉冲激励长期线性预测（RPE-LTP）的工作过程做一介绍。

GSM 系统的载频间隔是 200kHz，为了有效地利用频带，数字语音编码技术要求在保证话音

质量前提下，每个语音信道的编码速率尽可能低，GSM系统采用混合编码方式——规则脉冲激励长期线性预测（RPE-LTP），可以实现较低的语音编码速率，得到较高的语音质量的要求。图3-13所示为GSM系统规则脉冲激励长期线性预测（RPE-LTP）编码框图。图中LPC+LTP为实现参量编码的声码器，RPE为波形编码器，再通过复用器混合完成模拟语音信号的数字编码。声码器的作用是将语音信号分成20ms的语音段，然后分析这一语音段波形来产生激励语音波形的基本参量，LTP将当前语音段与前一语音段进行比较，相应的差值被低通滤波后进行一种波形编码，每语音信道的编码速率为13kbit/s。

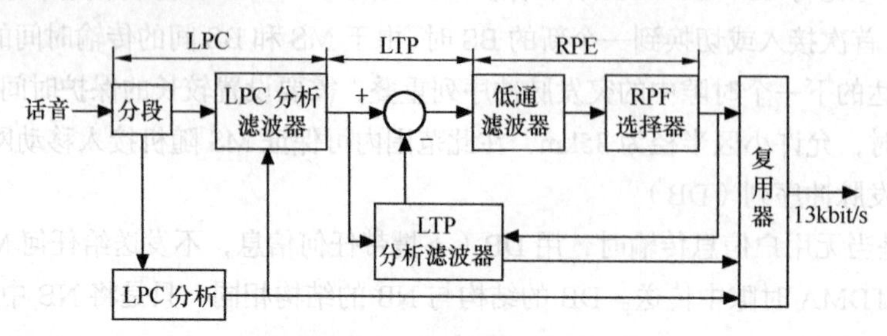

图3-13　GSM系统规则脉冲激励长期线性预测（RPE-LTP）编码框图

3.4.2　交织技术

为了加强抗突发差错能力，在GSM系统中所采用的交织是一种既有块间交织又有内部比特交织的两次交织技术。第一次交织为内部交织，第二次交织为块间交织。其过程是：首先将语音编码器输出的每一456bit分成8帧，每帧57bit，将每57bit进行内部比特交织，如图3-14所示。再把内部比特交织后的每456bit分成的8帧为一个块，假设有A、B、C、D 4块，每一块由456bit分成的8帧构成，将4个块进行块间交织，即将同一块的8帧分别插入8个不同普通突发脉冲序列中，插入方式如图3-15所示，然后一个一个突发脉冲序列发送，发送的突发脉冲序列首尾相接处不是同一语音块，这就是二次交织。

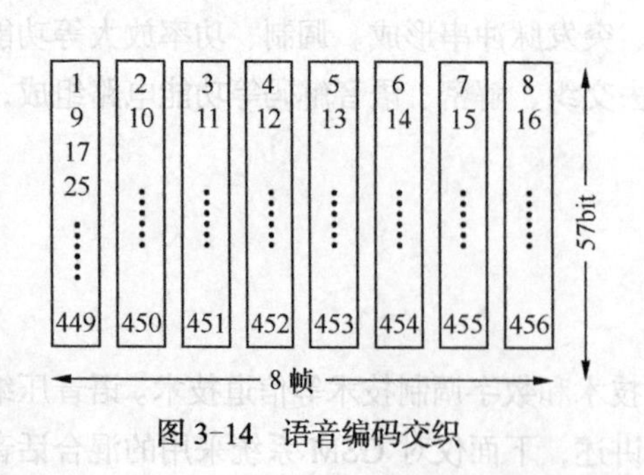

图3-14　语音编码交织

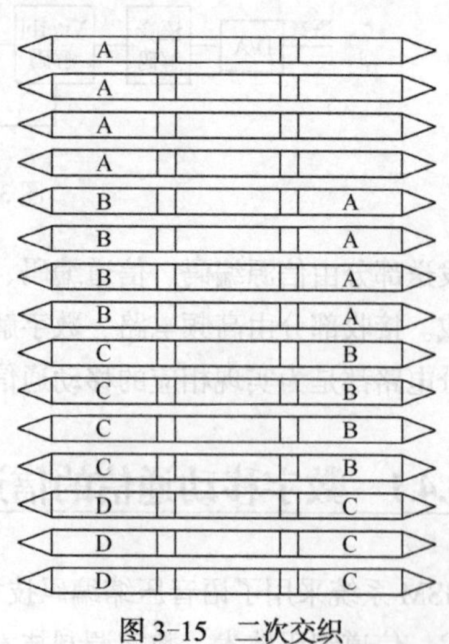

图3-15　二次交织

GSM系统中采用两次交织编码会增加系统的处理时间，产生通话回音，所以在MS和中继电路上设置了回波抵消器，消除通话回音。

3.4.3 跳频技术

1. 利用跳频扩展频谱

跳频技术是指语音信号的发射频率在很宽的频率范围内按某种频率序列在几个频点上跳变。采用跳频技术是为了确保通信的保密性和抗干扰性，可大大改善处于多径环境中的慢速移动的移动台的通信质量。跳频分为慢跳频和快跳频，慢跳频的速率低于信息比特率，每帧跳频一次，跳频速率为 217 次/秒；快跳频的速率高于或等于信息比特率，一般跳频速率越高，跳频系统的抗干扰性就越好，但相应的设备复杂性和成本也越高。

GSM 系统中采用慢跳频技术，分为基带跳频和射频跳频两种。基带跳频是指语音信号的发射使用不同发射频率的发射机，跳频的频率数受限于收发信机的数目，其原理图如图 3-16 所示。射频跳频是语音信号使用固定的发射机，但发射频率按某种频率序列跳变。

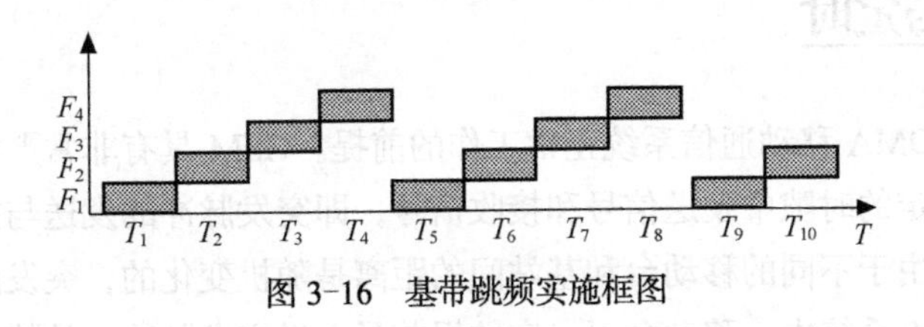

图 3-16　基带跳频实施框图

2. 信道均衡技术

移动通信的电波传输特点是存在严重的多径衰落，在数字移动通信系统中，由于信号传输系统特性不理想会引起各码元波形失真，而使前后码元波形相互重叠，产生所谓的码间串扰现象，码间串扰会最终导致接收端信号失真。GSM 系统中存在比较严重的码间串扰现象，所以必须使用自适应均衡技术，以减少码间干扰，从而改善数字信号的传输质量。

均衡技术分为频域均衡和时域均衡。GSM 系统采用的是时域均衡，就是直接从时间响应考虑，预测信道的冲激响应，根据预测来补偿信道失真，使包括均衡器在内的整个系统的冲激响应满足无码间串扰的条件。GSM 时域均衡系统的主体是时变滤波器，它可以根据信道的随机变化，动态地调整其参数和特性，使均衡器能够跟踪信道的变化，对失真做出更精确补偿，所以 GSM 采用的是自适应均衡技术。自适应均衡器有快速初始收敛特性，跟踪信道时变特性好，运算量低。

3. 语音间断传输技术（DTX）

由于人的讲话过程是不连续的，即语音是间断传输的，所以在 GSM 系统中还采用了语音间断传输技术（DTX），该技术是指在语音的间隙关闭发射机，仅在包含有用信息帧时打开发射机的一种传输模式。在关闭发射机之前，必须把发端背景噪声的参数传递给收端，收端利用这些参数合成与发端相类似的噪声，这样在发射机关闭、收端无语音时，舒适的背景噪声使通话者不会关闭发射机而产生通话中断的误会。

采用 DTX 可以节省移动台电源，延长电池使用时间，减少空中平均干扰电平，提高频谱利用率。图 3-17 所示是 DTX 工作原理图。图中发送端的语音活动检测器（VAD）的作用是在语音

的间隙能给出指示，表明是无声段；舒适噪声估计的作用是产生发端背景噪声的参数。接收端的舒适噪声发生器根据发端的背景噪声估计参数，产生类似于发端的背景噪声；语音帧置换的作用是当语音编码数据的某些重要码位受到干扰而解码器又无法纠正时，用前面未受到干扰影响的语音取代受干扰的语音，从而保证通话质量。

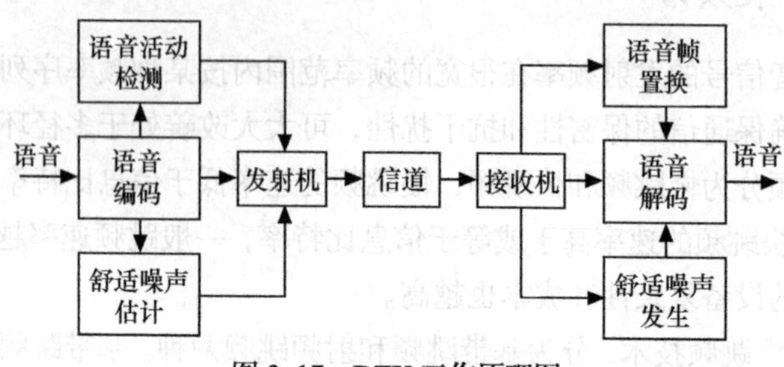

图 3-17　DTX 工作原理图

3.4.4　同步与定时

同步和定时是 TDMA 移动通信系统正常工作的前提。GSM 具有非常严格的时间同步系统，通信双方只允许在规定的时隙中发送信号和接收信号，即突发脉冲的发送与接收必须严格地在相应的时隙中进行，但由于不同的移动台和基站间的距离是随机变化的，突发脉冲的传输延时也是变化的。所以在 GSM 系统中，移动台以一定的提前量发送突发脉冲，补偿增加的延时，以克服由突发脉冲的传输延时所带来的定时的不确定。例如，要求远离基站的移动台发射信号时间要比离基站近的移动台发射早，使到达基站的信号保持时间同步。

3.4.5　鉴权和加密技术

衡量一个移动通信系统质量的指标主要有 3 个：有效性、可靠性、安全性。安全性是指信号在传输过程中的防止非法用户的各类安全攻击，如防窃听，防伪造等。鉴权和加密是解决移动通信系统信息安全的主要手段。在 GSM 系统设计中采用了很多安全保密措施，主要有用户入网鉴权、信息传输加密、移动设备的识别、临时移动用户识别码（TMSI）更新，这些安全保密措施需要利用用户识别卡（SIM 卡）来完成，SIM 卡里存储着用于鉴权和加密的用户数据：鉴权和加密密匙 Ki；加密密匙生成算法 A5；用户密匙（Kc）生成算法 A8；国际移动用户号（IMSI）；IMSI 认证算法 A3；临时移动用户识别码（TMSI）等。所以 SIM 卡最重要的一项功能是进行加权和加密，SIM 卡很难仿造，可确保用户侧的信息安全。下面详细介绍鉴权和加密技术。

1．鉴权技术

鉴权的主要目的是确定移动用户（MS）和网络的合法性，当用户拨打电话时，网络都要对用户进行鉴权，以确定是否为合法用户。这时，MS 侧的 SIM 卡和网络同时利用鉴权算法，对鉴权密匙 Ki 和随机数字 RAND 进行计算，其过程是鉴权中心（AUC）产生的随机数 RAND 送至网络侧的 A3 算法运算器与鉴权密钥 Ki 进行加密算法 A3 运算，计算出网络侧的符号响应 SRES，同时 AUC 将产生的随机数字 RAND 通过公共控制信道送给移动终端，在 SIM 卡中与鉴权密钥 Ki

进行加密算法 A3 运算，计算出用户侧的符号响应 SRES，并传送到 VLR 中，将网络侧的符号响应 SRES 与用户侧的符号响应 SRES 在 VLR 中进行比较，计算结果相同的，SIM 卡被承认，用户是合法用户可以入网，否则 SIM 卡被拒绝，用户是非法用户，不能入网。鉴权原理框图如图 3-18 所示。而 GSM 系统采用的是单向认证，只有网络对用户的鉴权认证，而没有用户对网络的鉴权认证。在每次登记、呼叫建立尝试、位置更新及在补充业务的激活、去活、登记或删除之前均需要鉴权。

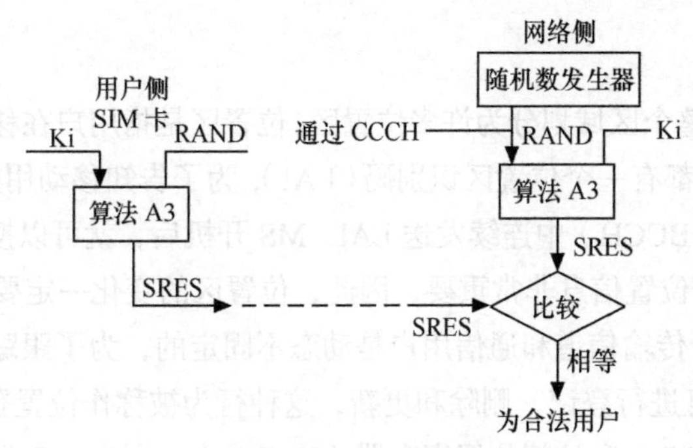

图 3-18　鉴权原理框图

2. 加密技术

加密是对在无线路径上传输的用户的通话内容、数据和信令保密，防止窃听。其过程是 MS 侧的 SIM 卡和基站侧同时对 Ki 和 RAND 进行 A8 运算产生密钥 Kc，根据 MSC/VLR 发出的加密启动指令，SIM 卡开始用 Kc 和 TDMA 帧号进行 A5 运算产生加密序列，用模二加对无线路径上传送的用户信息数据流进行加密，同时在基站侧，用 Kc 和 TDMA 帧号产生加密序列，用模二加对从无线信道上收到加密信息数据流进行解密。加密原理框图如图 3-19 所示。

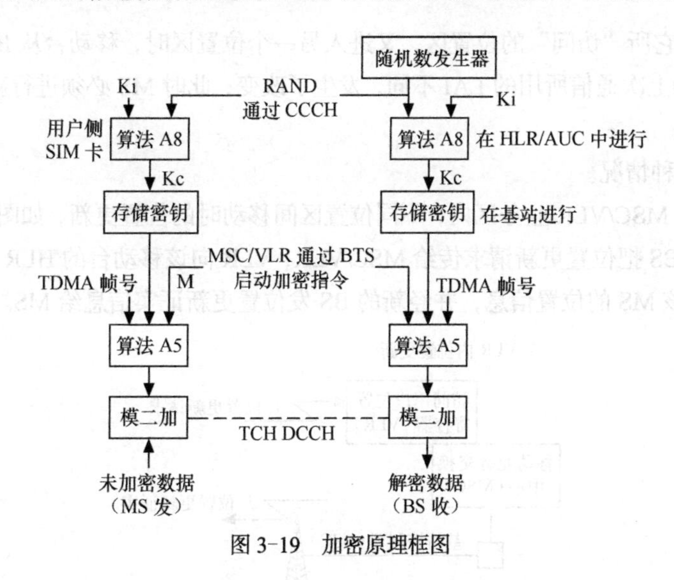

图 3-19　加密原理框图

3.5 GSM 系统的运行与管理

移动网络运行的主要功能是能够支持该移动通信系统业务的正常运行，即建立移动用户之间

及移动用户与市话用户之间的正常通信。移动网络的运行会涉及系统中的各种设备，所有设备的运行需要统一的控制与管理，下面介绍移动网络运行中必须解决的基本功能与技术。

3.5.1 位置登记与更新

1. 位置登记

GSM 网络所覆盖的整个区域划分为许多位置区。位置区是指用户在移动中通信无需更改位置信息的区域，每个位置区都有一个位置区识别码（LAI），为了告知移动用户所在的实际位置信息，系统要在广播控制信道（BCCH）中连续发送 LAI，MS 开机后，就可以搜索此 BCCH，从中获取所在位置区的 LAI。由于位置信息非常重要，因此，位置区的变化一定要通知网络进行登记。

在移动通信中，由于传输信道和通信用户是动态不固定的，为了跟踪 MS 的位置变化，通信网必须对 MS 的位置信息进行登记、删除和更新，这种行为被称作位置登记。MS 的位置信息储存在原籍位置寄存器（HLR）和访问位置寄存器（VLR）中，通常 MS 经过位置登记才能进行通信。当一个移动用户首次进入 GSM 移动通信网时，它必须在入网当地（原籍）进行位置登记，通过 MSC 把用户的有关数据：原籍位置信息、MSISDN 及 IMSI 等存放在 HLR 中。

MS 的位置是不断变化的，这种变动的位置信息由 VLR 登记存放，即 MS 在所访问的新位置区的 VLR 进行位置登记，HLR 也需要随时登记 MS 的位置信息，所以 HLR 与 VLR 要时时交换 MS 的当前位置信息，即 HLR 要临时保存该 VLR 提供的 MS 当前的位置信息，以便为其他用户呼叫此移动台提供所需的路由，该 VLR 所存储的位置信息是临时性的。

2. 位置更新

当 MS 离开了它所“访问”的位置区，又进入另一个位置区时，移动台从 BCCH 中获取的位置区识别码 LAI 和上次通信所用的 LAI 不同，发生了改变，此时 MS 必须进行新的位置登记，即位置更新。

位置更新有两种情况。

一种是在同一 MSC/VLR 业务区内，不同位置区间移动时的位置更新，如图 3-20 所示。过程如下：MS 通过新 BS 把位置更新请求传给 MSC/VLR，VLR 向该移动台的 HLR 查询其有关数据，并通知 HLR 修改该 MS 的位置信息，并经新的 BS 发位置更新证实信息给 MS。

2. VLR 内位置更新
访问用户位置寄存器（VLR）
1. 位置更新请求
移动业务交换中心（MSC）
3. 位置更新证实
基站控制器（BSC）

图 3-20　同一 MSC/VLR 业务区内的位置更新

另一种是在不同的两个 MSC/VLR 业务区内，不同位置区间移动时的位置更新，如图 3-21 所示。过程如下：MS 通过新 BS 向新的 MSC/VLR 提出位置更新请求，新的 MSC/VLR 向该移动

台的 HLR 查询其有关数据并通知该移动用户的 HLR 修改该 MS 的位置信息，并经新的 BS 发位置更新证实信息给 MS，同时，HLR 通知 MS 原来访问的 VLR 删除该 MS 的位置信息，并收回原来的漫游号码。当移动台进入一个新的业务区后，新业务区的 MSC/VLR 给移动台分配一个漫游号码（MSRN），一旦移动台离开该 MSC/VLR 业务区，此漫游号码即被收回，并在原 HLR 和 VLR 中删除漫游号码。

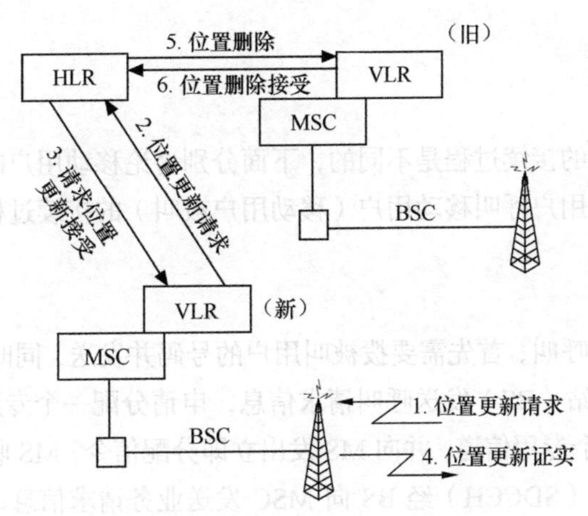

图 3-21　不同 MSC/VLR 业务区间的位置更新

图 3-22 给出的是涉及两个 VLR 的位置更新流程。

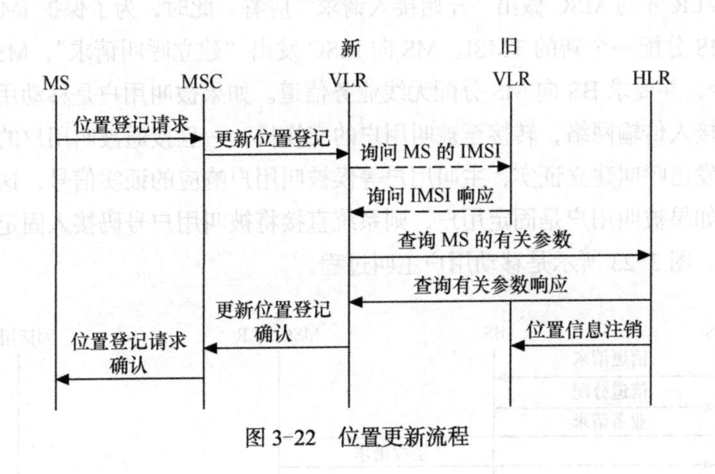

图 3-22　位置更新流程

3. 周期性的位置更新

平时，MS 可能处于激活（开机）状态，也可能处于非激活（关机）状态。当 MS 开机后，进行位置登记与更新，这时，MSC/VLR 就认为此移动用户被激活，对移动用户的 IMSI 做出附着标记，称之为“IMSI 附着”。用户的 MS 关机时，需要向网络发送最后一次消息，通知网络不再对该用户做寻呼，MSC/VLR 会在该用户对应的 IMSI 上做分离标记，称之为“IMSI 分离”。

移动用户向网络发送 IMSI 分离的消息时，若无线链路质量很差，有可能造成错误：系统会误以为移动用户仍处在附着状态，若有呼叫该用户的信息，网络会对该用户做盲目寻呼，浪费无线资源。

为了解决这个问题，系统采取了新的强制登记方式，要求移动用户每隔一定时间向系统登记一次，这种位置登记过程就叫作周期位置更新。网络通过 BCCH 通知移动用户其周期性登记的时间周期，当登记的时间到时，移动用户便向网络发送位置更新请求，周期性登记程序中有证实消息，MS 只有接收到此消息后才停止发送登记消息。若网络在一定时间内没有收到某移动用户的周期性登记信息，该用户所处的 VLR 就对该用户做分离标记。

3.5.2 呼叫接续

移动用户主叫和被叫的接续过程是不同的，下面分别讨论移动用户向固定用户发起呼叫（即移动用户为主叫）和固定用户呼叫移动用户（移动用户被叫）的接续过程。

1. 移动用户主叫

移动用户要建立一个呼叫，首先需要拨被叫用户的号码并发送，同时移动台（MS）在随机接入信道（RACH）上向基站（BS）发送呼叫请求信息，申请分配一个专用控制信道（SDCCH），MSC/VLR 便分配给它一个专用信道，并向 MS 发出立即分配信令，MS 收到“立即分配”信令后，通过分配的专用控制信道（SDCCH）经 BS 向 MSC 发送业务请求信息，接着，MSC 向 VLR 发送请求认证信息，对移动台（MS）进行鉴权，若 MS 通过鉴权，系统承认此 MS 的合法性，之后 MSC 经 BS 向 MS 发送“置密模式”指令，MS 完成加密后，向 MSC 发送“加密模式完成”的响应信息。此时，VLR 才向 MSC 做出“开始接入请求”应答。此时，为了保护 IMSI 不被监听或盗用，VLR 将给 MS 分配一个新的 TMSI。MS 向 MSC 发出“建立呼叫请求”，MSC 即向 MS 发送“呼叫开始”指令，并要求 BS 向 MS 分配无线业务信道。如果被叫用户是移动用户，则系统直接将被叫用户号码接入传输网络，转接至被叫用户的交换机，一旦接通被叫用户的链路准备好，网络便向主叫用户发出呼叫建立证实，主叫用户等候被叫用户响应的证实信号，这便完成了移动用户的主叫过程。如果被叫用户是固定用户，则系统直接将被叫用户号码接入固定网络，转接至被叫用户的交换机。图 3-23 所示是移动用户主叫过程。

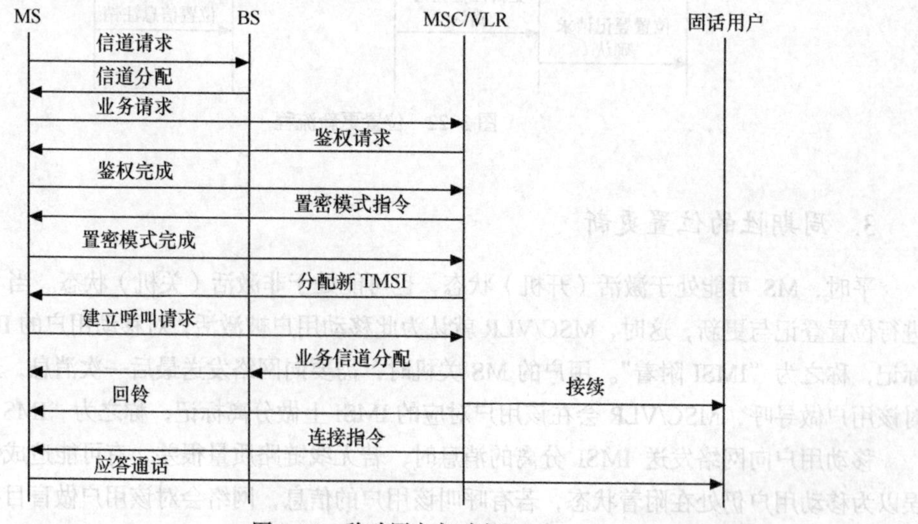

图 3-23　移动用户主叫流程

2. 移动用户被叫

下面以固定用户呼叫移动用户为例，说明移动用户被叫的呼叫接续过程。

固定用户向移动用户拨出号码后，固定网络把呼叫接续到就近的移动网络 GMSC 入口局，GMSC 分析被叫用户号码，向相应的 HLR 查询路由信息，查出被叫 MS 所在的地区，HLR 将所拨的移动用户号码转换为 GSM 用户识别码 IMSI，向该区 VLR 发出被叫的 IMSI，请求分配 MSRN，VLR 临时分配给被叫用户一个漫游号码（MSRN），并告知 HLR，HLR 再转发给 GMSC；GMSC 把入局呼叫接到被叫 MS 所在地区的移动交换中心，记作 VMSC。由 VMSC 向该 VLR 查询有关的“呼叫参数”，查出被叫用户的位置区 LAI 后，MSC/VLR 将寻呼消息发送给位置区内所有的基站，这些基站通过寻呼信道（PCH）向位置区内所有 MS 发送寻呼消息。被呼叫的 MS 收到寻呼信息后，在信道 RACH 上向 BS 发寻呼响应，同时，申请分配一个 SDCCH，MS 用分配的 SDCCH 与 BS 建立起信令链路，并向 VMSC 发回寻呼响应，即完成移动用户被呼过程。系统开始进行鉴权和加密模式的过程，VMSC 向被呼 MS 发送“呼叫建立”的信令，被呼 MS 收到此信令后，向 VMSC 发回“呼叫证实”信息，表明呼叫建立完成，MS 已可进入通信状态，此时 BS 给 MS 分配无线 TCH，通过无线链路接通移动用户，移动台转入 TCH，开始通话。图 3-24 所示是移动用户被呼过程。

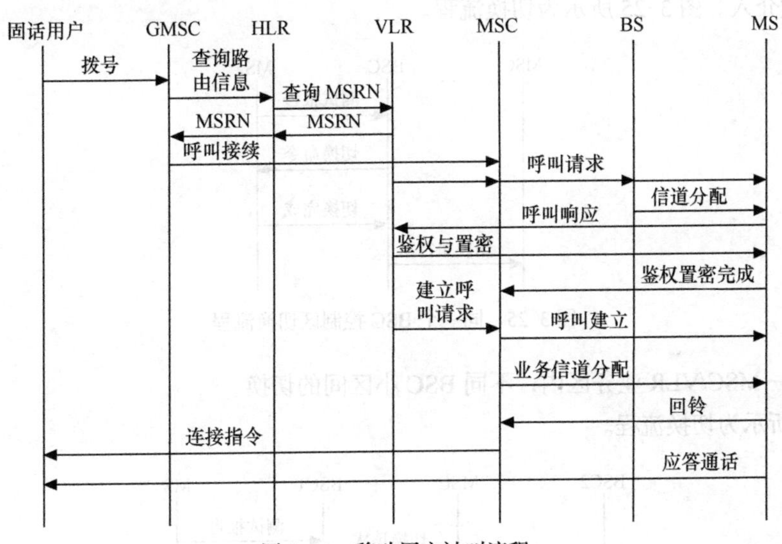

图 3-24　移动用户被叫流程

3.5.3　越区切换

越区切换是移动通信系统非常重要的网络控制功能之一。由于用户的移动性，在通话过程中，移动用户有可能离开原小区进入一个新的小区时，系统就会将移动用户从原小区的业务信道转换到新小区的业务信道，并保证通话不间断，这种信道转换叫越区切换。切换的操作不仅包括识别新的小区，而且需要分配给移动台在新小区的业务信道和控制信道。如果小区采用扇区定向天线，当移动台在小区内从一个扇区进入另一扇区时，也要进行信道的切换。

系统是如何判断一个移动用户是否应该进行越区切换及越区切换的时间的呢？平时移动用户

周期地对周围的基站小区的广播控制信道（BCCH）载频进行信号强度的测量，当发现它的接收信号变弱，达不到或已接近信干比的最低门限值而又发现周围某个 BS 的信号很强时，它就可以发出切换到信号强度较强的相邻小区的越区切换请求，但是切换能否实现还应由 MSC 结合其他测量数据如 MS 占有的业务信道（TCH）的信号强度和传输质量测量数据等做出切换决定，如果不能进行切换，BS 会向 MS 发出拒绝切换的信令。还有一种可能发生越区切换的情况是：由于目前小区业务信道容量全被占用或几乎全被占用，这时 MS 被切换到有空闲业务信道的相邻小区。

由于 GSM 系统采用的是 TDMA 接入的方式，它的切换不仅改变频率而且是在不同时隙之间进行的，即在切换过程中移动台首先断掉与旧的链路的连接，然后再接入新的链路。人们称这种“先断后接”的切换为“硬切换”。与此相应的，若 MS 和相邻的两个 BS 同时保持联系，当新的链路建立之后，才断开旧的链路的联系，期间没有中断通话，称这种“先接后断”的切换为“软切换”。

GSM 系统的越区切换主要有下列 3 种不同的情况，下面分别予以介绍。

1. 同一个 BSC 控制区内小区间的切换（包括不同扇区之间的切换）

在这种情况下，由 BSC 发出切换命令，并在新的小区基站（BS）分配一个业务信道（TCH）给 MS，MS 切换到新 TCH 后告知 BSC，由 BSC 向 MSC/VLR 发一个切换执行报告，网络系统对这种切换不做介入。图 3-25 所示为切换流程。

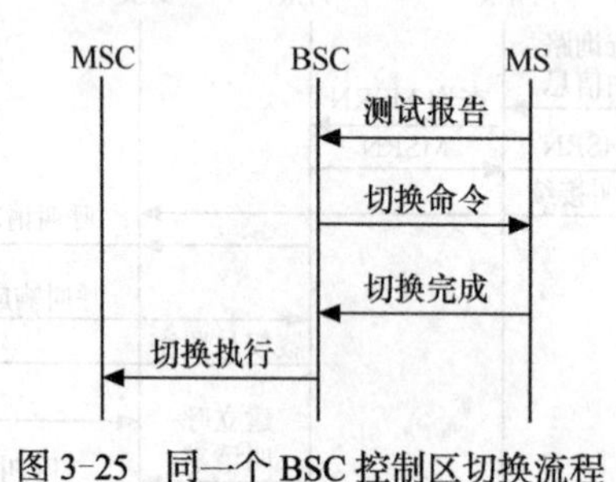

图 3-25 同一个 BSC 控制区切换流程

2. 在同一 MSC/VLR 业务区内，不同 BSC 小区间的切换

图 3-26 所示为切换流程。

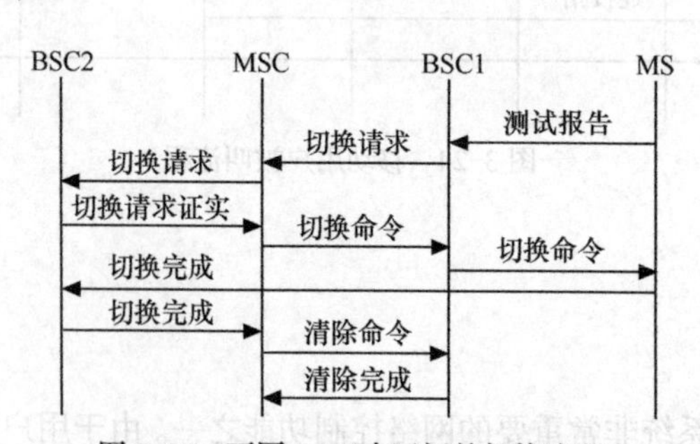

图 3-26 不同 BSC 小区间的切换流程

在这种情况下，网络参与切换过程。原 BSC 先向 MSC 请求切换，MSC 向新 BSC2 发送切换指令，并在得到新 BSC2 切换证实消息后，MSC 通过原信道命令 MS 切换到新 TCH 上，待切换完成后，释放原占用的信道。若 MS 所在的位置区也变了，那么在呼叫完成后还需要进行位置更新。

3. 不同 MSC/VLR 业务区间小区间的切换

这是一种最复杂的切换情况，原 BSC（BSC1）先向原 MSC（MSC1）请求切换，原 MSC（MSC1）向新 MSC（MSC2）转发此切换请求，MSC2/VLR 给出该 MS“分配切换号码”，并通知新 BSC2 分配“无线信道”，向原 MSC/VLR 传送“切换号码”，在建立了两个 MSC/VLR 间的链路后，向 BS2 发出“切换指令”（HB）。而 MSC1 向 MS 发送“切换指令”（HA），MSC2 收到后向 MSC1 发出“结束”信息，MSC1 收到后，即可释放原来占用的信道，于是整个切换过程结束。图 3-27 所示为切换流程。如果在上述过程中，新 MSC/VLR 发现无空闲信道可用，即通知新 MSC/VLR 结束此次切换过程，这时 MS 现用的通信链路将不被拆除。

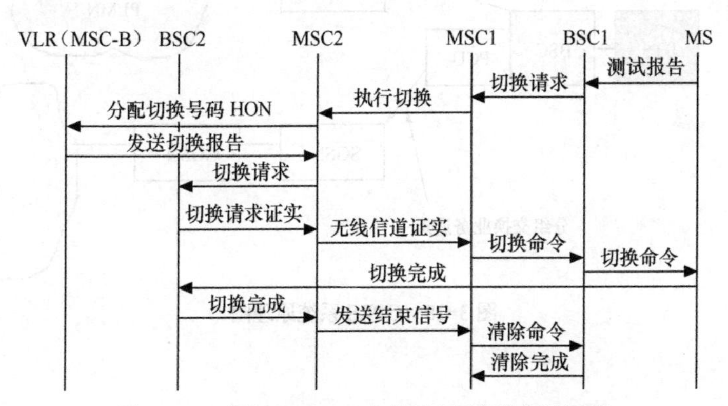

图 3-27　不同 MSC/VLR 业务区小区间的切换流程

3.6 GPRS 的概念和主要特点

GPRS（General Packet Radio Service，通用无线分组业务）是一种按 GSM 标准定义的封包交换协议，可快速接入数据网络。它在移动终端和网络之间实现了“永远在线”的连接，网络容量只有在实际进行传输时才被占用。GPRS 是第一个实现移动互联网即时接入的标准，也是迈向 3G/UMTS 的过程。

3.6.1 GPRS 的概念

GPRS 作为第二代移动通信技术 GSM 向第三代移动通信 3G 的过度技术，是由英国 BT Cellnet 公司早在 1993 年提出的，是 GSM Phase2+（1997 年）规范实现的内容之一，是一种基于 GSM 的移动分组数据业务，能提供比现有 GSM 9.6kbit/s 更高的速率。GPRS 采用与 GSM 相同的频段、频带宽度、突发结构、无线调制标准化、跳频规则，以及相同的 TDMA 帧结构。因此，在 GSM 系统的基础上构建 GPRS 系统时，GSM 系统中的绝大部分部件都不需要做硬件改动，只需做软件升级。

构成 GPRS 系统的方法如下。

1. 在 GSM 系统中引入 3 个主要部件

（1）GPRS 服务支持节点（Serving GPRS Supporting Node，SGSN）

（2）GPRS网关支持节点（Gateway GPRS Supporting Node，GGSN）

（3）分组控制单元（Packet Control Unit ，PCU）

2. 对GSM的相关部件进行软件升级

GPRS系统原理图如图3-28所示。

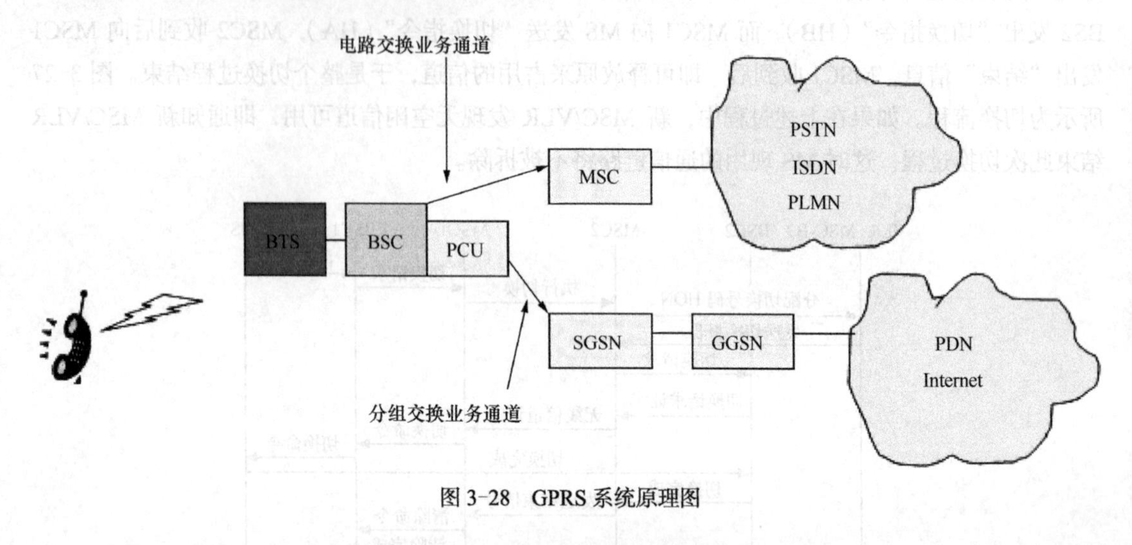

图3-28 GPRS系统原理图

3.6.2 GPRS的特点

（1）从无线部分到有线部分，提供端到端的分组数据传输模式。一个GPRS终端用户可以同时占用8个无线信道，多个GPRS终端用户可以共享一个无线信道。无线部分可按需分配话音和分组信道，从而可以更有效利用资源。

（2）向用户提供更高的接入速率（160kbit/s）和更短的接入时间。

（3）终端用户可永远在线，无需拨号上网。

（4）底层基于TCP/IP协议，可与Internet无缝连接。

（5）可提供按时间、流量、内容等更加灵活的计费方式。

（6）依靠GSM的广阔覆盖，可提供随时随地的数据接入。

（7）具有前后兼容能力。

（8）作为一种多种新兴移动数据业务提供服务的承载业务，可更为有效地提供短消息、WAP等业务。

GPRS引入了分组交换的传输模式，使原来采用电路交换模式的GSM传输数据方式发生了根本性的变化，这在无线资源稀缺的情况下显得尤为重要。分组交换接入时间缩短为少于1s，能提供快速即时的连接，可大幅度提高一些事务（如远程监控等）的效率，并可使已有的Internet应用（如E-mail等）操作更加便捷、流畅。按电路交换模式来说，在整个连接期间，用户无论是否传输数据，都将独占信道。而对于分组交换模式，用户只有在发送或接收数据期间才占用信道，这意味着多个用户可高效率地共享一条无线信道，从而提高了资源的利用率。GPRS用户的计费以通信的数据流量为主要依据，体现了“多占多付”的原则。实际上，GPRS用户的连接时间可

能长达数小时，却只需支付相对低廉的连接费用。

GPRS通信系统可提供高达115kbit/s的传输速率（最高值为171.2kbit/s，不包括FEC）。这意味着通过笔记本电脑，GPRS用户可以和ISDN用户一样快速地上网浏览，同时也使一些对传输速率敏感的移动多媒体应用越来越广泛。

3.7 GPRS的网络结构和主要业务

3.7.1 GPRS网络结构

1. GPRS网络总体结构

GPRS通用网络结构如图3-29所示。

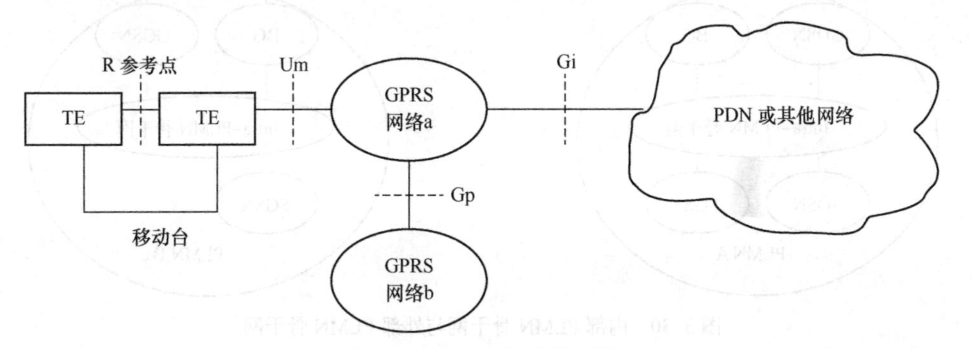

图3-29　GPRS通用网络结构

每个GPRS PLMN到其他分组网络是通过Gi参考点连通的，而到其他GPRS网络是通过Gp接口连通的。另外，每个GRPS PLMN均有两个接入点，其中Um用于移动台的接入；R为参考点，用于消息的发起和接收。移动终端通过Um接口计入到GPRS PLMN，R参考点则是MT（如手机）和TE（如笔记本）之间的参考点。接口与参考点的区别在于：在接口上，要交换特定的GPRS信息，并且需要完全知道信息格式。

对于具有GPRS业务功能的移动终端，它本身具有GSM和GPRS业务运营商提供的地址，这样，分组公共数据网的终端利用数据网识别码即可向GPRS终端直接发送数据。另外，GPRS支持与基于IP的网络互通，当在TCP连接中使用数据报时，GPRS提供TCP/IP报头的压缩功能。

2. GPRS网络的主要实体

GPRS网络包括GPRS支持节点、GPRS骨干网、本地位置寄存器、短消息业务网关、具有短消息业务功能的移动交换中心和短消息业务互通移动交换中心、移动台、移动交换中心、访问位置寄存器和分组数据网络。

（1）GPRS支持节点

GPRS支持节点（GPRS Supporting Node，GSN）有两种类型：SGSN和GGSN

① SGSN（Serving GPRS Supporting Node，GPRS服务支持节点）是为移动终端提供业务节

点，即 Gb 接口有 SGSN 支持。它的主要作用是记录移动台当前位置信息，并且在移动台和 SGSN 之间完成移动分组数据的发送和接收。

② GGSN（Gateway GPRS Supporting Node，GPRS 网关支持节点）主要起到网关的作用，它可以和多种不同的数据连接，如 ISDN 和 LAN 等。另外，GGSN 还起到 GPRS 路由器的作用。GGSN 将 GSM 网中的 GPRS 分组数据报进行协议转换，从而可以将这些分组数据报传送到远端的 TCP/IP 或 X.25 网络。

（2）GPRS 骨干网

GPRS 有内部 PLMN 骨干网和外部 PLMN 骨干网两种，结构如图 3-30 所示。

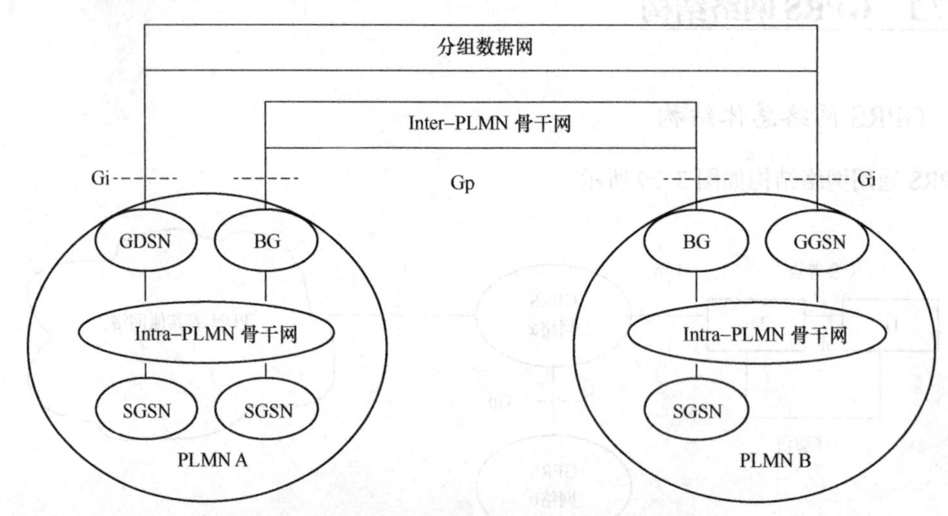

图 3-30　内部 PLMN 骨干网与外部 PLMN 骨干网

① 内部 PLMN 骨干网是指位于同一个 PLMN 上，并与多个 GSN 互连的 IP 网。每一个内部 PLMN 骨干网都是一个 IP 专网，并且仅用于传送 GPRS 数据和 GPRS 信令。

② 外部 PLMN 骨干网是指位于不同的 PLMN 上，并与 GSN 和内部 PLMN 骨干网互连的 IP 网。两个内部 PLMN 骨干网是使用边界网关（Border Gateway，BG）和一个外部 PLMN 骨干网并经 Gp 接口相连的。外部 PLMN 骨干网可以是一个 PDN。

（3）本地位置寄存器

本地位置寄存器（Home Location Register，HLR）中有 GPRS 用户数据和路由信息。从 SGSN 经 Gn 接口或 GGSN 经 Gc 接口均可以访问 HLR。对于漫游的 MS 来说，HLR 可能位于另一个不同的 PLMN 中，而不是当前的 PLMN 中。

（4）短消息业务网关

具有短消息业务功能的移动交换中心（Short Message Service-Gateway Mobile Service Switching Center，SMS-GMSC）和短消息业务网关是互通的。MSC、SMS-GMSC 和 SMS-IWMSC（SMS-Inter Working MSC，短消息业务互通移动交换中心）经 Gd 接口连接到 SGSN 上，这样就能让 GPRS MS 通过 GPRS 无线信道收发短消息（Short Message，SM）。

（5）GPRS 移动台

GPRS MS 能以 3 种运行模式中的一种模式进行操作，其操作模式的选定由 MS 所申请的服务决定。

① A 类（Class-A）操作模式：MS 申请有 GPRS 和其他 GSM 服务，而且 MS 能同时运行 GPRS 和其他 GSM 服务。

② B 类（Class-B）操作模式：一个 MS 可同时监测 GPRS 和其他 GSM 业务的控制信道，但同一时刻只能运行一种业务。

③ C 类（Class-C）操作模式：MS 只能应用于 GPRS 服务。

（6）移动业务交换中心和访问位置寄存器

移动业务交换中心（Mobile Service Switching Center，MSC）

访问位置寄存器（Visitor Location Register，VLR）

在需要 GPRS 网络与其他 GSM 业务进行配合时选用 Gs 接口，如利用 GPRS 网络实现电路交换业务的寻呼，GPRS 网络与 GSM 网络联合进行位置更新，以及 GPRS 网络的 SGSN 节点接收 MSC/VLR 发送来的寻呼请求等。同时 MSC/VLR 存储 MS 的 IMSI（International Mobile Subscriber Identity，国际移动用户识别码）及 MS 相连接的 SGSN 号码。

（7）分组数据网络

分组数据网络（Packet Data Network，PDN）提供分组数据业务的外部网络。移动终端通过 GPRS 接入不同的 PDN 时，采用不同的分组数据协议地址。

3.7.2 GPRS 主要业务

1. GPRS 业务概述

GPRS 是一组新的 GSM 承载业务，是以分组模式在 PLMN 和外部网络互通的内部网上传输。在有 GPRS 承载业务支持的标准化网络协议的基础上，GPRS 网络管理可以提供一系列的交互式电信业务。

（1）承载业务

支持在用户与网络接入点之间的数据传输的性能，提供点对点（Point To Point，PTP）、点对多点（Point To Multipoint，PTM）两种承载业务。

① PTP。点对点业务是在两个用户之间提供一个或多个分组的传输。

② PTM。点对多点业务是将单一信息传送到多个用户。GPRS PTM 业务能够提供一个用户数据发送给具有单一业务需求的多个用户的能力。PTM 业务包括以下 3 种。

① 点对多点多播（Point To Multipoint Multicast，PTM-M）业务：是将信息发送给当前位于某一地区的所有用户的业务。

② 点对多点群呼（Point To Multipoint Group Call，PTM-G）业务：是将信息发送给当前位于某一区域的特定用户子群的业务。

③ IP 多点传播（IP Multicast，IP-M）：是定义为 IP 协议序列一部分的业务。

（2）用户终端业务

GPRS 支持电信业务，提供完全的通信业务能力，包括终端设备能力。用户终端可以分为基于 PTP 的用户终端业务和基于 PTM 的用户终端业务。

1）基于 PTP 的用户终端业务。

① 会话。

② 报文传送。

③ 检索。

④ 遥信。

2）基于 PTM 的用户终端业务。

① 分配。

② 调度。

③ 会议。

④ 预定发送。

⑤ 地区选路。

（3）附加业务

GSM 第 2 阶段附加业务支持所有 GPRS 基本 PTP-CONS（PTP-Connection Orientated Network Service，PTP 面向连接网络业务）、PTP-CLNS（PTP-Connectionless Network Service，PTP 面向无连接网络业务）、IP-M 业务和 PTM-G 的 CFU（Call Forwarding Unconditional，无条件呼叫前转）。GSM 第 2 阶段附加业务不适用于 PTM-M。GPRS 提供的附加业务如下。

1）CLIP（Calling Line Identification Presentation，主叫线识别提示）。

2）CLIR（Calling Line Identification Restriction，主叫线识别限制）。

3）COLP（COnnected Line Identification Presentation，连接线路识别提供）。

4）COLR（COnnected Line Identification Restriction，连接线路识别限制）。

5）CFU（Call Forwarding on Unconditional，无条件呼叫前转）。

6）CFB（Call Forwarding on Busy，遇忙呼叫前转）。

7）CFNRy（Call Forwarding when No Reply，无应答呼叫前转）。

8）CFNRc（Call Forwarding when No Reachable，无法达到呼叫前转）。

9）CW（Call Waiting，呼叫等待）。

10）HOLD（呼叫保持）。

11）MPTY（Multi Party Supplementary Service，多用户补充业务）。

12）CUG（Closed User Group，封闭用户群）。

13）AOCI（Advice of Charge Information，资费信息通知）。

14）BAOC（Barring of All Outgoing Calls，禁止所有呼叫）。

15）BOIC（Barring of Outgoing International Calls，禁止国际呼出）。

16）BAIC（Barring of All Incoming Calls，禁止所有呼入）。

2. GPRS 无线业务的应用特征

GPRS 非常适用于突发数据应用业务，能高效率利用信道资源，但对大量数据应用业务 GPRS 网络要加以限制，主要原因如下。

（1）数据业务量小

GPRS 网络依附于原有的 GSM 网络之上，但目前 GSM 网络还主要提供电话业务，电话用户密度大，而 GPRS 数据用户密度小。在一个小区内，不可能有更多的信道用于 GPRS 业务。

（2）无线信道的数据速率低

采用 GPRS 推荐的 CS-1 和 CS-2 信道编码方案时，数据速率仅为 9.05kbit/s 和 13.4kbit/s。但是这两种编码方案在能保证实现小区的 100%和 90%覆盖时，能满足同频信道干扰的要求。

（3）信道分配

当采用静态业务信道方式时，初期一个小区一般考虑分配一个频道，即 8 个信道时隙用于分组数据业务。

多时隙信道一般用于 Web 浏览业务和 FTP 传送业务。由于多时隙信道数量有限，因此 GPRS 网络要对大量数据应用业务加以限制，允许每小时出现几次。

（4）GPRS 业务和 GSM 业务共享

当 GPRS 业务和 GSM 业务共享信道，采用动态信道分配方式时，电话有较高的优先级。可利用任何一个信道的两次通话间隙，传送 GPRS 分组数据业务。如果某个信道用于 GPRS 业务，一个分组数据信道可以实现多个 GPRS 移动台用户共享，即多个逻辑信道可以复用到一个物理信道，因此，GPRS 特别适用于突发数据的应用，它可以提高信道利用率。

习题

1. GSM 系统为什么要对用户数据进行加密？
2. 简述 GSM 系统中位置更新的过程。
3. 什么是语音间断传输技术 DTX？GSM 系统为什么采用信道均衡技术？
4. 说明 MSISDN、MSRN、IMSI、TMSID 的不同含义及各自的作用。IMSI 由哪 3 部分代码组成？
5. 说明 GSM 系统的业务分类。
6. 画出 GSM 网络的结构图（包括各功能模块之间的连接关系），简要说明各功能模块的作用。
7. 简述 GSM 专用控制信道的 3 种类型。
8. GSM 采用怎样的交织技术？
9. 试说明 MSISDN、MSRN、IMSI、TMSI 的不同含义及各自的作用。
10. GSM 的专用控制信道有哪 3 种类型？
11. 什么是载波干扰保护比（C/I），在工程中一般有什么要求？
12. 简述移动用户主叫过程和移动用户被叫过程。

第4章 CDMA数字蜂窝移动通信系统

20世纪80年代末期，人们将CDMA技术应用于数字通信领域。CDMA是码分多址（Code Division Multiple Access）技术的英文缩写，它是在数字技术的分支——扩频通信技术的基础上发展起来的一种崭新而成熟的无线通信技术，由于其频率利用率高、抗干扰能力强，因此第三代移动通信系统的主流标准，全部基于CDMA技术。早在1989年，美国的Qualcomm（高通）公司成功开发CDMA蜂窝系统。1993年7月，美国公布了由Qualcomm提出并由美国电信工业协会通过的基于CDMA的IS-95标准，称为“双模式宽带扩频蜂窝系统的移动台—基站兼容标准”，与采用时分多址技术（TDMA）的欧洲GSM标准并称为第二代移动通信系统中的两大技术标准。1995年11月，世界上第一个IS-95 CDMA系统在香港开通使用，到20世纪90年代末，IS-95已经在美国、中国香港、韩国等多个国家和地区投入商用。1999年3月，中国联通集团采用CDMA技术建设运营移动通信网络。

最初，IS-95 CDMA系统的工作频段是800MHz，载波频带宽度为1.25MHz，信道承载能力有限，仅能8kbit/s编码语音服务和简单的数据业务。随着技术的不断发展，在随后几年中，该标准经过不断修改，又出版了支持1.9GHz的CDMA PCS系统的STD-008标准，支持13kbit/s语音编码器的TS B74标准，其13kbit/s编码语音服务质量已非常接近有线电话的语音质量。

CDMA 1x是现在中国电信CDMA网络所采取的技术，它指的是cdma2000 1x，CDMA 1x是在IS-95基础上升级改造的，与IS-95相比，CDMA 1x具有数据传输速率高的明显优势，可向用户提供移动互联网等多媒体业务。同时CDMA 1x还具有系统容量大、与IS-95后向兼容、向3G平滑过渡等优点，但CDMA 1x与真正的cdma2000相比，只能支持到153.6kbit/s的数据速度，因此被称为是2.5G的技术，还不是真正3G的技术。

为了区别于后来的载波频带宽度为5MHz的第三代（3G）宽带码分多址蜂窝通信系统，第二代蜂窝通信系统IS-95 CDMA被人们称为窄带码分多址（N-CDMA）蜂窝通信系统。

本章主要介绍窄带码分多址（N-CDMA）系统，简称为CDMA系统。

4.1 CDMA 系统的特点

CDMA 系统采用的主要技术是扩频通信技术，因而它具有扩频通信系统所固有的优点，如抗干扰、抗多径、隐蔽、保密和多址能力等。

4.1.1 扩频通信技术

扩频（Spread Spectrum，SS）通信技术是一种信息传输方式，用来传输信息的信号带宽远远大于信息本身的带宽，其实现方法是在通信系统的发送端用一个带宽比信息带宽宽得多的扩频码（伪随机码）对信息数据进行调制，使信号所占的频带宽度远大于所传信息必需的带宽，且与所传信息数据无关。在接收端使用完全相同的扩频码（伪随机码），对接收到的扩展频谱信号进行解扩，以恢复所传信息数据，人们把传输扩频信号的通信系统为扩频通信系统。

扩频通信的理论基础源于香农定理，公式为：$C=W\log_2(1+S/N)$，式中，C 为信道容量；W 为信号频带宽度；S 为信号平均功率；N 为噪声平均功率。香农公式说明在保持信息传输速率不变的条件下，可以用不同的频带宽度 W 和信噪功率比 S/N（简称信噪比）来传输信息。也就是说，如果增加信号频带宽度，就可以在较低的信噪比的条件下以任意小的差错概率来传输信息。

扩频通信系统由于在发送端扩展了信号频谱，在收端解扩后恢复了所传信息，这一处理过程带来了信噪比上的好处，即接收信噪比相对于输入信噪比有较大改善，从而提高了系统的抗干扰能力。

CDMA 移动通信系统采用的基本扩频方法是直接序列扩频（DS-SS）。直接序列扩频是直接用伪随机发生器产生的扩频码（伪随机码）在发送端去扩展基带信号的带宽，而接收端用相同的扩频码（伪随机码）进行解扩，把展宽的扩频信号还原成原始信息。

直接扩频通信的基本原理框图如图 4-1 所示，在发送端输入信息码元，经语音编码调制后变为带宽为 B_1（即基带信号带宽）的信号，送入扩频调制器，用伪随机发生器产生的扩频码（伪随机码）去对基带信号做扩频调制，形成带宽为 B_2（$B_2 \gg B_1$）、功率谱密度极低的扩频信号，经过扩频的信号还要进行载频调制，再发射。在接收端，用与发端相同的扩频码（伪随机码）对接收到的扩频信号进行解扩，把宽带信号恢复成通常的基带信号，然后再经过常规的解调，即可恢复出所传输的信息，完成信息的传输。

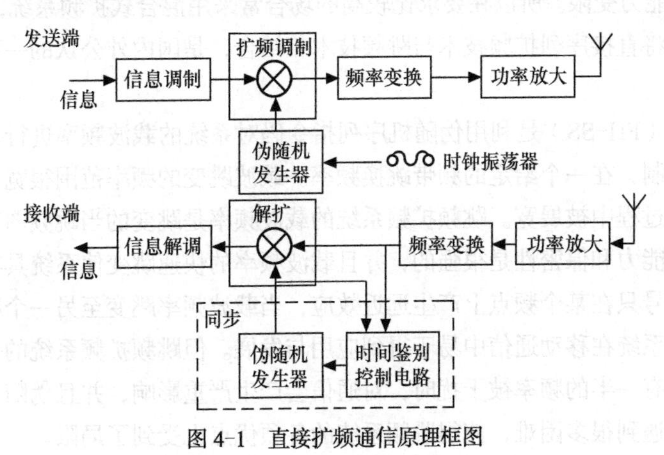

图 4-1　直接扩频通信原理框图

显然，在上述过程中，当扩频通信系统的接收端不知道发送的扩频信号所使用的扩频码（伪随机码）时，要进行扩频解调是很困难的，甚至可以说是不可能的，这样就实现了信息数据的保密通信。

描述扩频通信系统抗干扰能力的性能指标之一是系统处理增益 G_P。系统处理增益是指扩频信号带宽 B_2 与所有传送基带信号带宽 B_1 的比值 $G_P=\frac{B_2}{B_1}$，处理增益越大，系统接收端解扩后，在单位带宽内干扰信号的功率与有用信号的功率值差值越大，系统抗干扰能力就越强。工程上常以分贝（dB）表示处理增益，即

$$G_P=10\lg（B_2/B_1）$$

在一般情况下，只有当系统处理增益在 100 以上时才是扩频通信。扩频通信系统用 100 倍以上的信息带宽来传输信息，最主要的目的是提高通信的抗干扰能力，即使系统在强干扰条件下也能安全可靠通信。

扩频系统通过信息与扩频码相乘来实现扩频。扩频系统的抗干扰、保密、多址、捕获与跟踪等都与扩频码的设计密切相关，因此扩频码的生成和性能评估是扩频系统的关键核心技术，决定了系统的性能甚至成败。扩频系统对扩频序列的要求是：①尖锐的自相关特性，即每个扩频序列的自相关函数应该是一个冲激函数，即除零时延外，其值应处处为 0；②每对扩频序列的互相关函数值应该处处为 0；③足够多的序列数；④序列平衡性好；⑤工程上易实现。根据随机序列的特点，发现用纯随机序列做扩频码是最理想的。纯随机序列是具有白噪声统计特性的信号，但真正的纯随机序列是没有周期，无法复制的。更重要的是，这种不可复制再现的特性使得扩频通信无法完成。因为在扩频通信系统的接收机中为了解扩应当有一个同发送端扩频码同步的副本，系统必须复制出当初扩频时的那个扩频码，这样才能解扩，还原信息。因此，在实际扩频通信中只能使用有周期的伪随机序列作为扩频码。伪随机序列一方面它是可以预先确定的，并且是可以重复地生产和复制的，一方面它又具有良好的随机性和接近于白噪声的相关函数。这些特性使得伪随机序列在扩频通信系统中得到了广泛应用。通常采用的伪随机序列是 m 序列和 Gold 序列等多种伪随机序列。

直接序列扩频系统在隐蔽性、保密性、抗干扰能力、抗多径效应能力等方面有明显的优点，并且可以实现码分多址和精确的测距定位，具有通信和导航能力的综合信息系统中显示了直接扩展频谱系统的优势。但直接扩展频谱系统存在明显的远近效应，且处理增益受限，这意味着抗干扰能力受限，多址能力受限。所以在要求比较高的场合常采用混合式扩频系统，如直接序列扩频/跳频混合系统就是将直接序列扩频技术与跳频技术相结合，是国内外公认的一种抗干扰能力强的扩频通信系统。

跳频扩频系统（FH-SS）是利用伪随机序列指令码对系统的载波频率进行控制的，其载频受到一伪随机码的控制，在一个给定的频带跳换频率。载波跳变的频率范围很宽，从而使基带信号的带宽在载波调制过程中被展宽。跳频扩频系统的载波频率是跳变的当跳频图案足够复杂时，抗干扰能力、抗截获能力和保密性是很强的，并且载波频率的快速跳变使系统具有抗多径衰落的能力。另外，由于信号只在某个频点上产生远近效应，当载波频率跳变至另一个频点时可避免远近效应，这使得跳频系统在移动通信中易于得到应用与发展。但跳频扩频系统的信号隐蔽性差，当跳频的频率数目中有一半的频率被干扰时，对通信会产生严重影响，并且伪随机性好的跳频图案的跳频器在制作上遇到很多困难，使得跳频系统的各项优点也受到了局限。

跳频系统和直扩系统都具有很强的抗干扰能力，这两种扩频方式都具有自己的优点和不足之处，将两者有机地结合，形成直扩/跳频扩频系统（DS/FH），这就可以使系统的各项性能指标大大改善。直扩/跳频扩频系统是在直接序列扩展频谱系统的基础上增加载波频率跳变的功能，它的基本工作方式是直接序列扩频，因此系统的同步也是以直接序列的同步为基础的。采用 DS/FH 混合扩频系统后，不仅提高了系统的抗干扰能力，而且将跳频和直扩系统的优点集中起来，克服了单一扩频方式的不足，如直扩系统对同步要求高，"远—近"效应影响大等，但这些不足正是跳频系统的优点；跳频系统在抗频率选择性衰落、抗多径等方面的能力不强，直扩系统恰好弥补了它的不足。关于其他混合式扩频系统，读者有兴趣可以查阅相关资料，这里不再叙述。

4.1.2　码分多址技术

扩频通信具有较强的抗干扰性能，但付出了占用频带宽的代价。但是，如果让众多的通信用户同时使用带宽为 B_2 的同一频带，则可大大提高频带的利用率，但如何区分不同用户的信号是一个问题。在 CDMA 系统中，采用码分多址技术（2.4.3 节中已介绍）与扩频通信技术相结合来区分不同的用户信号，并达到将各用户间干扰降到最低的目的。例如，在系统的发送端，对用户信号先进行地址调制，再进行扩频，在接收端先解扩，再利用地址码进行相关检测，只区分和得到不同的用户信号。地址码是一组正交或准正交的码，用于码分多址的实现，每个用户分配一个地址码，而扩频码在系统中是一个伪随机序列码。另一种码分多址技术与扩频技术的结合方式是在扩频通信系统中，不同用户的信号使用不同的伪随机码进行扩频调制，这些伪随机码具有优良的自相关和互相关特性，彼此正交或准正交，在接收端利用伪随机码的正交性，用相关检测技术进行解扩，并区分不同用户的信号，完成对移动用户的识别。既进行地址调制的同时又进行扩频调制，伪随机码既作码分多址的地址码又作扩频码来使用的。

CDMA 码分多址方式与利用频带分割的频分多址（FDMA）或时间分割的时分多址（TDMA）通信的概念类似，即利用不同的码型进行分割，所以称为码分多址（CDMA），但与 FDMA 和 TDMA 不同的是，CDMA 既不划分频带又不划分时隙，而是让每一个频道使用所能提供的全部频谱，虽然要占用较宽的频带，但平均到每个用户占用的频带来计算，其频带利用率是较高的。CDMA 系统的通信容量最大，为模拟蜂窝移动通信系统的 20 倍，是 GSM 系统的 4 倍。

对于 CDMA 码分多址通信系统，地址码的选择至关重要，不仅要有足够多的地址码，而且这些地址码要有良好的自相关特性和互相关特性。CDMA 系统常用 Walsh 函数作为地址码使用，Walsh 函数是一种同步正交码，具有良好的自相关特性和处处为零的互相关特性。此外，Walsh 函数生成容易，应用方便。

4.1.3　CDMA 系统的特点

在开发研制之初，对 CDMA 系统就提出了如下要求：系统的容量至少是模拟蜂窝移动通信系统（AMPS）的 10 倍；通信质量等于或优于现有 AMPS；易于过度并和模拟蜂窝移动通信系统兼容；较低的成本；蜂窝开放网络结构等。另外，CDMA 系统采用了诸如扩频通信、码分多址等一些特殊的技术，从而在某些方面优于 GSM 系统，如 CDMA 系统的通话质量要高于 GSM 系统，CDMA 系统可采用软切换技术等。下面对 CDMA 系统的特点进行介绍。

1. CDMA系统具有良好的抗干扰，抗衰落和隐蔽性功能

扩频系统有抑制干扰、提高输出信噪比的作用，且扩频通信系统扩展的频谱越宽，处理增益越高，抗干扰能力就越强。

由于有用信号被扩展在很宽的频带上，扩频信号的功率被非常均匀地分布在很宽的频率范围内，以致被传输信号功率密度很低，信号被淹没在噪声里，非法用户很难检测出信号，所以扩频系统有很好的隐蔽性。

移动信道属随参信道，传输环境恶劣，移动通信存在严重的多径效应。多径效应产生快衰落现象，其衰落深度可达30dB。扩频通信系统所传送的信号频谱已扩展很宽，频谱密度很低，如在传输中小部分频谱衰落时，不会使信号造成严重的畸变。扩频系统有很好的抗衰落性能。

2. CDMA系统可采用软切换技术

采用频分多址方式的模拟蜂窝系统移动台的越区切换必须改变信道频率，通常称作硬切换。在TDMA数字蜂窝系统中，移动台的越区切换不仅要改变时隙，而且要改变频率，因此也属于硬切换。在移动台从一个基站覆盖区进入另一个基站覆盖区时，所有的硬切换都是先断掉与原基站的联系，然后再寻找新覆盖区的基站进行联系，这就是通常所说的"先断后接"，这种切换方式会因手机进入屏蔽区或信道繁忙而无法与新基站联系时产生掉话现象。

CDMA的移动台可以采用"软切换"技术，既在越区切换时，由原小区的基站与新小区的基站同时为越区的移动台服务，当移动台确认已经和新基站联系后，原基站才中断它和该移动台的联系，也就是"先接后断"，掉话的可能近似于无。软切换只有在使用相同频率的小区之间才能进行，软切换是CDMA蜂窝移动通信系统所独有的切换方式，其管理与控制相对比较简单。上述所说的软切换是不同小区的多个扇区之间的切换。CDMA系统还有一种切换称为"更软切换"，是指同一小区内不同扇区之间的切换，在两扇区边界，基站和移动台通过分集技术可以同时在两个扇区传输信号。

由于软切换是"先接后断"，当移动台处于多个小区的交界处进行软切换时，会有多个基站同时向它发送相同的信息，同时会有多个基站同时收到一个移动台发出的信号，为实现分集接收提供了条件，从而能提高正向业务信道的抗衰落性能，提高语音质量。

CDMA系统还支持不同载频间的硬切换，硬切换一般发生在不同频率的CDMA信道间，其切换过程和GSM硬切换过程基本相似。

3. CDMA具有软容量特性

CDMA蜂窝系统采用了码分多址技术，信道之间靠所用码型的不同来区分，因此当蜂窝系统满负荷时，即使再增加少数用户，也只会引起通信质量的轻微下降，而不会出现没有信道不能通话的阻塞现象。与CDMA不同，FDMA蜂窝系统或TDMA蜂窝系统是固定分配资源，同时可介入的用户数是固定的，当全部频道或时隙被占满后，就不可能再增加任何一个用户。

相比较而言，CDMA系统单载频的容量不像FDMA、TDMA那样是固定的，FDMA系统是以频道来区分通信用户地址的，所以它是频道受限和干扰受限的系统。TDMA系统是以时隙来区分通信用户地址的，所以它是时隙受限和干扰受限的系统。由于CDMA系统是以码型来区分通信用户地址的，所以它仅是干扰受限的系统，任何干扰的减少都直接转化为系统容量的提高，CDMA

蜂窝系统的这种特性使系统容量与用户数之间存在一种“软”关系，这也就是我们常提到的 CDMA 系统的软容量。CDMA 系统在业务高峰期间，可以稍微降低系统的误码性能，以适当增加系统的用户数目，即在短时间内提供稍多的可用信道数。

另外，CDMA 系统小区覆盖范围的动态调整可以平衡各个小区的业务量，这对于解决通信高峰期的通信阻塞问题和提高用户越区切换的成功率无疑是非常有益的。例如，当某小区的用户数增加到一定程度时，可适当降低该小区的导频信号的强度，使小区边缘用户切换到周边业务量较小的区域。

4. CDMA 通信容量大

CDMA 系统容量大小主要取决于系统中干扰的大小，任何干扰的减少都可以直接转化为系统容量的提高。因此一些能降低干扰功率的技术，如语音间断传输技术和功率控制技术等，都有可能使系统容量得到提高。一般来说，在同样的条件下，采用 CDMA 方式的系统容量约是采用数字 TDMA 方式 GSM 系统容量的 4～6 倍，是模拟系统容量的 20 倍。关于功率控制技术将在下面介绍。

5. 频率规划简单

CDMA 系统用户按不同的地址码区分，所以相邻小区内的用户可以使用相同的频率，网络规划灵活，扩展简单。

6. 建网成本低

CDMA 网络覆盖范围大，系统容量高，在不降低话务量的情况下，所需基站少，降低了建网成本。

4.2 CDMA 系统采用的有关技术和措施

CDMA 系统采用了多种数字通信技术，除了前面介绍的扩频通信技术、码分多址技术外，还采用了功率控制技术、分集接收技术和语音间断传输技术等，目的就是保证系统在移动环境下的通信可靠性和通信质量，提高系统容量。

4.2.1 功率控制技术

功率控制技术是 CDMA 系统的核心技术，它是根据通信距离的不同，实时地调整移动台和基站的发射功率，从而克服“远近效应”，使系统既能维护高质量通信，又不对占用同一信道的其他用户产生不应有的干扰。

1. 远近效应

在 CDMA 蜂窝系统中，同一小区的许多用户及相邻小区的许多用户都采用相同的频谱进行上下行链路的数据传输，因而就频率再用方面来说，它是一种最有效的多址方式，但是用于区分用户的地址码之间互相关性不能处处为零时，每个用户的信号就成为其他用户的干扰，产生多址干扰，所以为了克服多址干扰，需要将每个用户的发射功率进行控制。而且当移动用户的发射功率

相同时，CDMA 系统的“远近效应”问题会特别突出。所谓“远近效应”，是指离基站远的用户到达基站的信号较弱，离基站近的用户到达基站的信号强，如果移动台发射功率固定不变，则由于信号在信道中传输距离的远近差异，近地强信号的功率电平会远远大于远地弱信号的功率电平，信号弱的用户信号完全有可能被信号强的用户信号淹没，把这种现象称为“远近效应”，因此，有必要采取措施对移动台的信号功率进行控制。另外，为了使基站发射的功率在到达每个用户终端时有个合理的值，节约基站的发射功率，也有必要对基站的发射功率进行控制。

2. 自动功率控制技术

CDMA 系统不但在反向链路上要进行功率控制，而且在正向链路上也要进行功率控制。所以 CDMA 系统功率控制分为正向功率控制和反向功率控制。

（1）反向功率控制

反向功率控制也称上行链路功率控制，就是控制各移动台的发射功率的大小，使任一移动台无论在什么位置上，其信号在到达基站时，都具有相同的功率，而且刚刚达到信干比要求的门限。实现反向功率控制的方法有两种：反向开环功率控制和反向闭环功率控制。

反向开环功率控制的实现方法是：移动台接收并测量基站发来的信号强度，估计正向信道的传输损耗，然后根据这种估计来自行调整移动台的反向发射功率，如果接收信号增强，就降低其发射功率；接收信号减弱，就增加其发射功率。开环功率控制的主要特点是不需要在移动台和基站之间交换反馈信息，方法简单、直接，因此在无线信道突然变化时，它可以快速响应变化，此外，它可以对功率进行较大范围调整。

实现反向开环功率控制的前提条件是假设上、下行传输损耗相同，但实际上行和下行链路的信道衰落情况是完全不相关的，不能认为移动台在下行信道上测得的衰落特性就等于上行信道上的衰落特性。这会导致开环功率控制的准确度不高，只能起到粗略控制的作用。为了解决这个问题，可采用反向闭环功率控制方法。

所谓反向闭环功率控制，即由基站检测来自移动台的信号强度或信噪比，并根据测得的结果形成功率调整指令，通知移动台调整其发射功率，使移动台保持最理想的发射功率。采用这种办法的条件是传输调整指令的速度要快，处理和执行调整指令的速度也要快。一般情况下，这种调整指令每 1ms 发送一次就可以了。为了使反向功率控制有效而可靠，开环功率控制法和闭环功率控制法可以结合使用。

由于 CDMA 系统采用了反向功率控制技术，CDMA 手机可以根据它本身在小区中接收功率的变化，迅速调节手机发射功率。正是由于这些精确的功率控制，才使 CDMA 手机能保持适当的发射功率，发射功率最高只有 200mW，普通通话功率可控制在零点几毫瓦，对人体健康没有不良影响，所以 CDMA 手机可谓是“绿色手机”。另外，手机发射功率的降低使得手机待机时间长，这对延长手机电池的寿命有好处。

（2）正向功率控制

正向功率控制也称下行链路功率控制或前向功率控制，其目的是对路径衰落小的移动台分派较小的前向链路功率，而对那些远离基站的和误码率高的移动台分派较大的前向链路功率。在前向功率控制中，移动台检测基站发来的信号强度，并不断地比较信号电平和干扰电平的比值，当比值小于预定的门限值时，移动台就向基站发出增加功率的请求；当比值超过了预定的门限值时，移动台就向基站发出减小功率的请求，基站根据移动台提供的测量结果调整基站对每个移动台发

射的功率，这种正向功率控制属于闭环方式。正向功率控制也可以采用开环方式，即由基站检测来自移动台的信号强度，以估计反向传输的损耗并相应调整其发给移动台的功率。

4.2.2　RAKE 接收技术

在移动通信中，由于城市建筑物和地形地貌的影响，电波传播必然会出现不同路径和时延，使接收信号出现起伏和衰落，采用分集合并接收技术是十分有效的抗多径衰落的方法。CDMA 系统中同时采用了多种分集技术，包括“宏分集”（多基站分集）和多种“微分集”，它们的目的都是要以最小的发射概率得到所需要的误码率。

宏分集是把多个基站设置在不同的地理位置上（如蜂窝小区的对角上）和不同方向上，同时和小区的一个移动台进行通信，移动台可以选用其中信号最好的一个基站进行通信。

微分集包括路径分集（或空间分集）、频率分集、极化分集和时间分集等。CDMA 系统采用扩频技术，属于宽带传输，而频率选择性衰落对宽带信号的影响是很小的，也就是说，CDMA 的宽带传输起到了频率分集的作用；CDMA 系统中采用的交织编码技术用于克服突发性干扰，从分集技术而言，属于时间分集。

在 CDMA 系统中，由于信号宽带传输，可以认为多径分量的衰落是相互独立的，即可以采用空间分集技术，亦即进行路径分集。CDMA 系统中，当两信号的多径时延相差大于 1μs 时，可以认为这两个信号是不相关的，或者说是路径可分离的。由于 CDMA 系统是宽带传输的，所有信道共享频率资源，所以 CDMA 系统可以使用 RAKE 接收技术，而其他两种多址技术（TDMA、FDMA）则无法使用。RAKE 接收技术也是 CDMA 系统的关键技术之一。

RAKE 接收机的基本原理就是将那些幅度明显大于噪声背景的多径分量取出，对它进行延时和相位校正，使之在某一时刻对齐，并按其强度成比例合并，从而把多径中的能量收集起来，有效地利用多径分量，提高多径分集的效果。

图 4-2 所示是 RAKE 接收机组成框图，图中 N 个多径时延信号，在接收端通过解调后，送入 N 个并行相关器检测，每个相关器只从总的接收信号中提取相应延时的那部分多径信号，解扩后加入积分器，经过相位校准后，N 个相关器于同一时刻输出信号到相加求和电路，最后经判决电路产生输出。由于各条路径加权系数为 1，因此为等增益合并方式。可见，RAKE 接收技术就是有效地利用多径分量，提高通信质量。这里多径信号不是一个不利因素，在 CDMA 系统中能变成一个可供利用的有利因素。

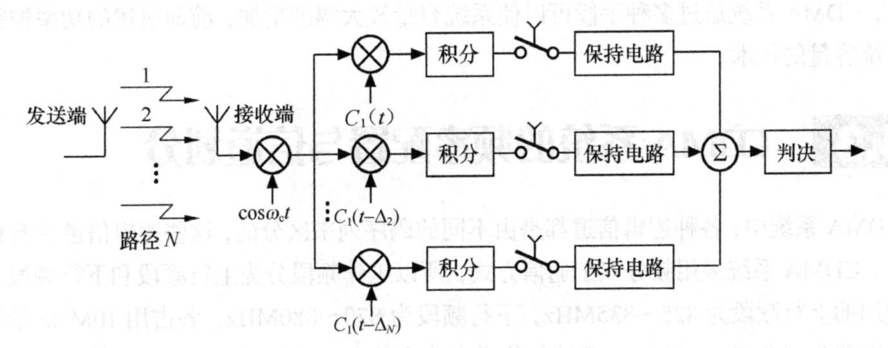

图 4-2　RAKE 接收机组成框图

分集接收技术和RAKE接收机都是移动通信系统中的重要技术，在第三代移动通信系统中，这两种技术得到了更加广泛的应用。

4.2.3 语音编码技术

CDMA系统的语音编码主要采用码激励线性预测编码方式（CELP），属于混合编码方式，也称为QCELP方式，其基本速率是8kbit/s。QCELP采用与脉冲激励线性预测编码相同的原理，只是将脉冲位置和幅度用一个矢量码表代替。这里不再叙述。

QCELP编码方式提供的8kbit/s语音编码的语音质量比其他模拟系统和数字系统的语音质量好，达到了GSM系统的13bit/s的语音水平甚至更好。并且QCELP编码系统采用了匀变速语音编码器，提供4种可选的速率，即8kbit/s、4kbit/s、2kbit/s、1kbit/s，以适应不同的传输要求，提高语音质量。

4.2.4 CDMA系统容量

在CDMA系统中，许多用户共用同一无线信道，这对提高CDMA系统的通信容量十分有利，但CDMA系统存在的干扰对通信容量的增加是一个限制，系统最多容许的用户数由信号功率与干扰功率的比值来决定，这也意味着任何干扰的减少都可以直接转化为系统容量的提高。

CDMA系统利用语音间断传输技术来减少共道干扰，增加系统容量。当许多用户共用同一无线信道时，任一用户停止话音都会使该信道内的所有其他用户由于干扰减小而得益，一般情况下，语音停顿可以使背景干扰减小65%，相当于增大实际容量近3倍。在CDMA系统中，由于各个用户共用同一频率，无需动态频率分配，所以其频率分配和频率管理十分简单。因此，CDMA系统在利用语音间断传输技术获得增加系统容量方面有其简便的优势。

另外，CDMA系统还可以利用扇区划分技术以减少干扰，达到直接增加系统容量的目的。在一个蜂窝小区中采用3个120°的定向天线将一个小区划分成3个扇区，平均每个扇区的用户是该小区的1/3，每副定向天线只从这1/3的用户接收到信号，从理论上讲相当于把各用户之间的背景干扰减小到原值的1/3，因而可以提高容量3倍。FDMA、TDMA系统中，扇区化主要是为了减小共道干扰，在减少干扰的同时提高系统容量，但其提高系统容量的效果不如CDMA系统直接和明显。

总之，CDMA系统通过多种手段可以使系统容量较大幅度增加，前面所述的功率控制也是一种提高系统容量的技术。

4.3 CDMA系统的频率配置与信道划分

在CDMA系统中，各种逻辑信道都是由不同的码序列来区分的，这些逻辑信道占有相同的频段和时间，CDMA系统采用频分双工通信方式，所以工作频段分为上行频段和下行频段。目前中国电信使用的上行频段为825～835MHz，下行频段为870～880MHz，各占用10MHz带宽，上下行频段间频差为45MHz。CDMA系统的信道也分为前向逻辑信道和反向逻辑信道，分别使用下行频段和上行频段。

任一个通信网络，除去要传输业务信息外，还必须传输相应的控制信息，所以系统要设置相应的信道。CDMA 系统在基站到移动台的传输方向上（前向逻辑信道）设置了导频信道、同步信道、寻呼信道和正向业务信道；在移动台到基站的传输方向上（反向逻辑信道）设置了反向接入信道和反向业务信道。图 4-3 所示为 CDMA 系统的示意信道图。

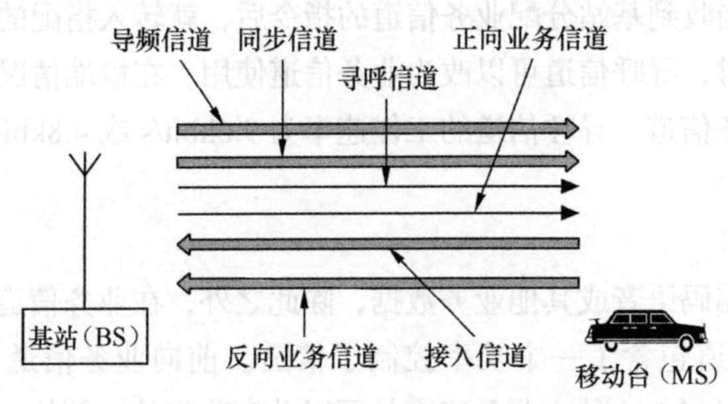

图 4-3　CDMA 系统的示意信道图

4.3.1　前向逻辑信道

CDMA 系统的前向信道共有 64 个，其中含 1 个导频信道、1 个同步信道、7 个寻呼信道和 55 个业务信道。为了使正向传输的各个信道之间具有正交性，在正向 CDMA 信道中传输的所有信号都要用 64 阶 Walsh 函数进行扩频。其中，号码为 0 的 Walsh 函数 W_0 分配给导频信道，号码为 32 的 Walsh 函数 W_{32} 分配给同步信道。号码在 1～7 的 Walsh 函数 W_1～W_7 分配给寻呼信道，其余 Walsh 函数分配给正向业务信道。

CDMA 系统定义的前向逻辑信道的组成如图 4-4 所示，W_0 导频信道；W_1～W_7 寻呼信道；W_{32} 同步信道；其余为前向业务信道。

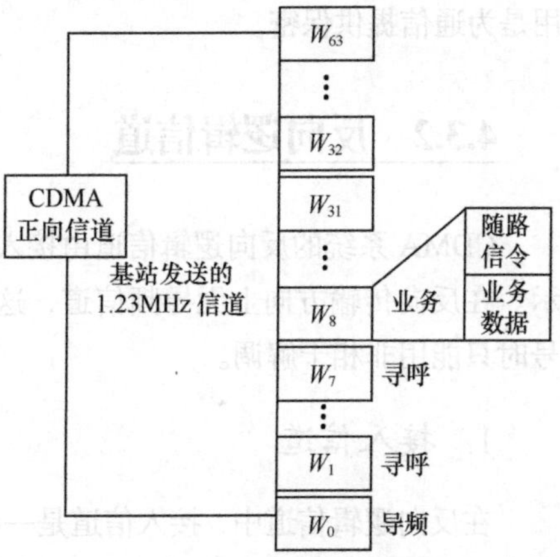

图 4-4　前向逻辑信道组成

1. 导频信道

导频信道用于传输由基站连续发送的导频信号。导频信号是一种无数据调制的直接序列扩频信号。导频信道的功率高于业务信道和寻呼信道的平均功率，便于小区内的移动台迅速而精确地捕获信道的定时信息，并提取相干载波以进行相干解调，同时，移动台通过对周围不同基站的导频信号进行检测，以比较相邻基站的信号强度和决定是否需要进行越区切换。

2. 同步信道

同步信道主要传输同步信息。在同步期间，各移动台可利用这些信息进行同步捕获。同步信道在捕捉阶段使用，一旦同步完成，它通常不再使用，但每次移动台重新开机时，还需要重新进行同步。当通信业务量很多，所有业务信道均被占用时，此同步信道也可临时改为业务信道使用。同步信道的工作速率为 1.2kbit/s。

3. 寻呼信道

寻呼信道供基站在呼叫接续阶段传输控制信息给移动台，每个基站有 1～7 个寻呼信道。移动台通常在建立同步后，就选择一个寻呼信道（或在基站指定的寻呼信道上）来监听由基站发出的寻呼信息和其他指令。当收到基站分配业务信道的指令后，就转入指配的业务信道中进行信息传输。在业务信道不够用时，寻呼信道可以改为业务信道使用，在极端情况下，7 个寻呼信道和一个同步信道都可改为业务信道。寻呼信道的工作速率为 9.6kbit/s 或 4.8kbit/s。

4. 业务信道

业务信道传输的是编码语音或其他业务数据，除此之外，在业务信道中，还要插入链路功率控制指令，所以业务信道包含了一个功率控制子信道。前向业务信道工作速率有 9.6kbit/s、4.8kbit/s、2.4kbit/s 和 1.2kbit/s 4 种。业务速率是可以动态改变的。例如，发音时传输速率提高，停顿时传输速率降低，这在一定程度减少了 CDMA 系统的多址干扰。

在前向信道中传输的信息在传输之前都要进行卷积编码、码元重复和块交织（导频信道不携带任何用户信息，输入为全 0，无需经过编码和交织）。各前向信道的信息用对应信道的 Walsh 码扩展频谱，再进入正交扩频和正交调制电路进行扩频和射频调制，然后由天线发射出去。对于寻呼信道和正向业务信道传输的信息，还要把交织器输出的码元流用不同的长码进行数据扰码，其作用是为通信提供保密。

4.3.2 反向逻辑信道

CDMA 系统的反向逻辑信道由接入信道和反向业务信道组成。反向逻辑信道组成如图 4-5 所示。在反向传输方向上无导频信道，这样，基站接收反向传输的信号时只能用非相干解调。

1. 接入信道

在反向逻辑信道中，接入信道是一种分时隙的随机接入的信道，其作用是在移动台接续开始阶段提供通路，即在移动台没有使用业务信道时，提供由移动台至基站的传输通路，传输移动台发起呼叫、对基站的寻呼进行响应和向基站发送登记注册等短信息。接入信道与正向传输的寻呼信道相对应，每个寻呼信道可以对应多个接入信道，接入信道数 N 最多可达 32 个。在业务信道不够用时，接入信道可以改为业务信道，用于传输用户信息。接入信道的工作速率为 4.8kbit/s。

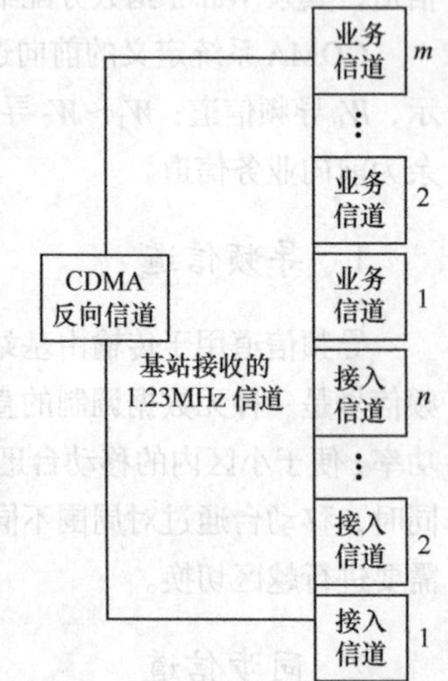

图 4-5 反向逻辑信道组成

2. 反向业务信道

反向业务信道与前向业务信道相对应，两者特点基本相同。

在反向信道中传输的信息在传输之前都要进行卷积编码、码元重复、块交织和 Walsh 码的正交调制，然后进入正交扩频和正交调制电路进行扩频和射频调制，接着由天线发射出去。

CDMA 系统采用 64 阶 Walsh 函数，它们在前向信道和反向信道中的作用是不同的。前者是为了区分信道，依据两两正交的 Walsh 序列，将前向信道划分为 64 个码分信道，码分信道与 Walsh 序列一一对应。而后者 Walsh 序列作为调制码使用，即每 6 位输入的码字符号调制后变成输出一个 64 码片的 Walsh 序列，以提高通信质量。

4.4 CDMA 系统的网络结构

CDMA 系统网络结构符合典型的数字蜂窝移动通信的网络结构，由移动台（MS）、基站子系统（BSS）、网络子系统（NSS）和操作支持子系统（OSS）4 部分组成。网络结构如图 4-6 所示。

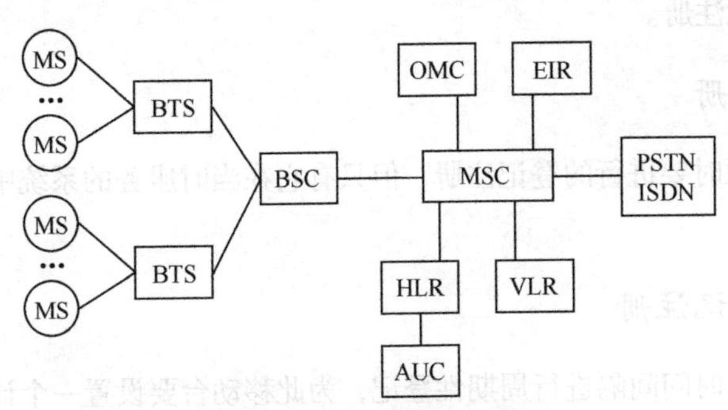

图 4-6　CDMA 系统网络结构

网络子系统又由移动交换中心（MSC）、访问位置寄存器（HLR）、归属（原籍）位置寄存器（VLR）、鉴权中心（AUC）和移动设备识别码寄存器（EIR）等构成。基站子系统由基站控制器（BSC）和基站收发信台（BTS）组成。

其各部分的功能与 GSM 系统基本相同，下面仅对 CDMA 系统的双模式移动台的功能做介绍。IS-95 标准兼容模拟蜂窝系统（AMPS）和 CDMA 数字蜂窝系统，即为双模式。IS-95 CDMA 系统的双模式移动台既可以在模拟 AMPS 中，也可以在数字 CDMA 蜂窝移动通信系统中呼叫和被叫，两种制式不同的蜂窝系统也均能向网中这种双模式移动台发起呼叫和接收其呼叫，而且这种呼叫无论在定点上或在移动漫游过程中都是自动完成的。CDMA 系统的双模式移动台在原有的模拟蜂窝移动台的基础上增加相应的数字信号处理电路便可以构成，如 PCM 编码、声码器、卷积编码、交织、扩频电路等。

移动台采用双模式工作方式时，码分多址蜂窝系统与模拟蜂窝系统在频率上可以兼容，即可以在同一频段上共存。双模 CDMA 蜂窝系统使用美国联邦通信委员会（FCC）分配给蜂窝通信系统使用的频率段。上行频段（移动台发向基站）是 824～849MHz，下行频段（基站发向移动台）是 869～894MHz，收发频差为 45MHz。

4.5 CDMA 系统的控制和管理功能

移动网络的运行会涉及系统中的各种设备，所有设备的运行需要统一的控制与管理。CDMA 系统的控制和管理功能与 GSM 系统基本相似，下面简要介绍 CDMA 系统的登记注册和漫游管理功能。

4.5.1 登记注册

登记注册就是移动台向基站报告它的位置状态、身份标识、时隙周期和其他特性的过程。通过登记注册，基站可以知道移动台位置、容量和通信能力，并让基站确定移动台在寻呼信道的哪个时隙中监听，从而有效地向移动台发出呼叫。CDMA系统支持以下9种登记注册。

1. 开机登记注册

移动台在开机时或从其他服务系统（如模拟系统）切换过来时进行的登记注册。一般情况下移动台开机后20s才能注册。

2. 关机登记注册

移动台在断开电源时要进行的登记注册，但只有它在当时服务的系统中已经注册过后，才进行关机登记注册。

3. 时间周期登记注册

移动台按照一定的时间间隔进行周期性登记，为此移动台要设置一个计数器，其最大值由基站控制。当计数值达到最大值时，移动台便进行一次登记。这样做的好处是能够保证系统及时掌握移动台的状况。登记注册的时间间隔应合理，以寻呼信道和接入信道的负荷大小为标准。

4. 基于距离登记注册

如果移动台联系的当前基站和它上一次登记的基站之间的距离超过一个门限时，移动台要进行登记注册。移动台根据两个基站的经纬度之差来计算它已经移动的距离，所以移动台要存储上一次进行注册的基站的纬度、经度和距离。

5. 基于区域登记注册

CDMA移动通信系统被分为3个层次：系统、网络和区域，网络归属于系统，区域归属于网络，区域由一组基站组成。当移动台进入一个新的区域时要进行登记注册。

上述5种登记方式属于移动台自动登记方式，除此之外还有下面4种登记方式。

6. 参数变化登记注册

当移动台修改其存储的某些参数时，需要进行登记注册。

7. 受命登记注册

基站发送请求指令，命令移动台进行登记操作。

8. 默认登记注册

当移动台成功地发送出启动信号或寻呼应答信息时，基站能够借此明白移动台的位置，称之为默认登记。

9. 业务信道登记注册

基站得到移动台已被分配业务信道的登记注册信息时，基站就可以通知移动台它已经被登记注册。

4.5.2　漫游管理

我们知道，CDMA 移动通信系统被分为 3 个层次：系统、网络和区域，这样做的目的是便于对通信进行控制和管理。其中不同的系统用系统标志（SID）区分；不同的网络用网络标志（NID）区分，共有 $2^{16}-1=65535$ 个网络识别码可供指配；区域用区域号区分。同一个系统的网络由系统/网络识别标志（SID，NID）来区分；同一个系统中某个网络的区域用区域号加上系统/网络识别标志（SID，NID）来唯一确定。有了这些识别标志，移动台的切换和漫游均可以用区域号和系统/网络识别标志（SID，NID）来指示。

当移动台进入一个新区域时，移动台要进行以区域为基础的漫游登记，登记的内容包括区域号与系统/网络标志（SID，NID）。

如果归属系统/网络识别标志（SID，NID）与当前所在区域的系统/网络识别标志（SID，NID）不同，说明该用户是漫游用户，若相同，则说明该用户不是漫游用户。系统之间及网络之间的移动台漫游分为两种形式：一种是同一个系统不同网络间的漫游，另一种是不同系统间的漫游。

习题

1. 什么是扩频通信技术？其基本原理是什么？这种通信方式有哪些优点？
2. 为什么是说 CDMA 系统是“软容量”？
3. 说明 CDMA 系统中功率控制的目的，并简述反向开环功率控制、反向闭环功率控制二者的作用有何不同。
4. 说明什么是 CDMA 系统移动台的登记注册，并列举出 CDMA 系统支持的 5 种自动登记注册方式。
5. 硬切换和软切换的区别是什么？软切换的优点有哪些？
6. 简述 RAKE 接收机的工作原理。

第5章 第三代移动通信系统

3G是英文The Third Generation的缩写，指第三代移动通信技术。相对第一代模拟制式手机（1G）和第二代GSM、TDMA等数字手机（2G），第三代手机是指将无线通信与国际互联网等多媒体通信结合的新一代移动通信系统。它能够处理图像、语音、视频流等多种媒体形式，提供包括网页浏览、电话会议、电子商务等多种信息服务。

5.1 第三代移动通信系统概述

5.1.1 从2G到3G的演进

第三代移动通信系统最早由国际电信联盟（International Telecommunication Union，ITU）1985年提出，当时被称为未来公众陆地移动通信系统（Future Public Land Mobile Telecommunication System，FPLMTS）。随着时间的推移，第三代移动通信的要求和目标愈加清晰，而FPLMTS这个名称含义不准确，ITU于1996年将其正式命名为IMT-2000（International Mobile Telecom System-2000）。名字的由来是因为ITU预期该系统在2000年左右投入商用，而且该系统的一期主频段又位于2GHz频段附近。IMT-2000系统包括地面系统和卫星系统，其终端既可连接到基于地面的网络，也可连接到卫星通信的网络。

1. IMT-2000系统的目标

现有第二代移动通信技术及其使用的频谱不能满足发展需求，IMT-2000系统应是频谱利用率更高、通信容量更大、通信质量更好的移动通信系统。第一代和第二代蜂窝移动电话以提供话音业务为主，只满足各国及部分区域性漫游；IMT-2000系统应能提供更广泛的业务，尤其是图、文、声、像的多媒体业务和接入高速因特网业务等，并能提供全球漫游。IMT-2000系统应是智能移动通信系统，电磁辐射小，能提供2Mbit/s甚

至更高的信息传输速率，具有兼容和扩展能力。

2. IMT-2000 系统的特点

（1）IMT-2000 具有全球性漫游的特点。IMT-2000 是一个全球性的系统，它包含多种系统，在设计上具有高度的通用性，该系统中的业务及它与固定网之间的业务可以兼容，能提供全球漫游。

（2）IMT-2000 能够提供多媒体业务。移动多媒体业务的功能是给移动用户提供在线的不间断的声音、影像或动画等多媒体播放，而无需用户事先下载到本地；多媒体还可以提供视频点播/音频点播，内容可以是电视节目、录像、娱乐信息、体育频道、音乐欣赏、新闻、动画等，是体现 3G 特色的主要业务；企业还可以享受移动多媒体会议电话、会议电视及高速企业接入，这项业务是利用 3G 网络采用 IP SEC 和 L2TP 等安全技术为企业移动办公、分支机构、出差人员提供安全的无线接入企业内部网络的解决方案。

（3）IMT-2000 系统包括卫星和地面两个网络，适用于多环境。3G 特色定位业务包括高精度定位和区域触发定位。高精度定位业务是利用卫星辅助定位 A-GPS 技术，定位精度可以达到 5~50m，可以开展城市导航、资产跟踪、基于位置的游戏、合法跟踪、高精度的紧急呼救等对精度要求较高的定位业务。

（4）IMT-2000 系统具有智能化，主要表现在优化网络方面和收发信机的软件无线电化。

（5）IMT-2000 系统还提供更高级的鉴权和加密算法，提供更强的保密性。

3. IMT-2000 系统结构

完整的 IMT-2000 系统由无线接入网和核心网两个子网再加上用户终端设备组成。系统结构如图 5-1 所示。

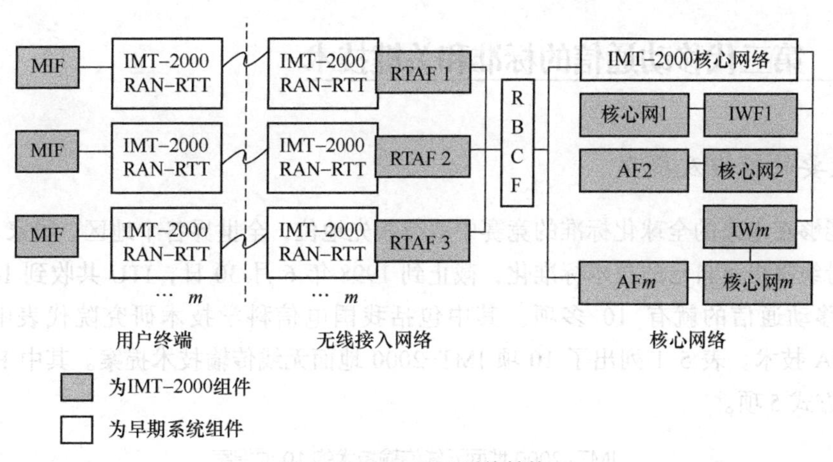

图 5-1　IMT-2000 系统结构

（1）无线接入网。

无线接入网由以下两部分组成。

1）无线载体通用功能（RBCF）：包括所有与采用的无线传输技术无关的控制和传输功能。

2）无线载体特殊功能（RTSF）：包括与传输技术有关的各项功能，可以进一步划分为无线传输技术和相关的无线传输适配功能（RTAF）。

（2）核心网

早期的核心网络（第二代移动通信系统）可以通过互通功能（IWF）单元与IMT-2000核心网相连；同时，IMT-2000的接入网也可以通过一定的适配功能（AF）模块接入早期的核心网。

（3）第三代移动通信终端

1）WCDMA终端。现在全球WCDMA终端市场飞速发展。全球市场上在售的WCDMA终端款数从2004年年底的90款增加到目前的600多款。全球主要的WCDMA终端生产厂家包括夏新、富士通、HTC、华为、LG、三菱、摩托罗拉、NEC、诺基亚、Novatel、朗讯、松下、Option、Pantech & Curitel、三星、三洋、夏普、西门子、Sierra Wireless、索尼爱立信、东芝、中兴、UT斯达康等，而诺基亚、摩托罗拉、LG、三星和NEC又是其中的佼佼者，并且摩托罗拉、诺基亚、西门子、索爱这些欧美厂商的产品主要以GSM/WCDMA双模手机为主。

WCDMA终端体形小巧，尺寸仅有96mm×50mm×23mm；功耗小，待机时间长达400小时，通话时间超过2小时；功能强大，具有移动多媒体功能等。

2）cdma2000终端。cdma2000终端的生产和研发主要由韩国厂商占据优势，其中三星、LG、SK Teletech这3家厂商生产的EV-DO机型多达400款以上，占全部EV-DO商用机型的77%。EV-DO手机在韩国和日本使用较为普遍，美国市场主要是以数据卡和个别几款智能手机为主。cdma2000标准的3G终端核心芯片供货商有National Semiconductor、Novatel Wireless、Qualcomm和Via Telecom 4家，其中以National Semiconductor和Qualcomm两家为主。

3）TD-SCDMA终端。目前，TD-SCDMA终端产品的数量已经超过200款，终端厂商主要有大唐、中兴、三星、LG、迪比特、英华达、华立、TCL、海信、夏新、波导、联想、海尔、中电赛龙、Simcom等。

TD-SCDMA终端不仅完全支持2G网络已有业务，也完全支持3G网络的各种新业务，包括CS 64kbit/s可视电话业务、PS 384kbit/s高速下载业务、多模等。

5.1.2 第三代移动通信的标准和关键技术

1. 主要的标准及提案

为了能够在未来的全球化标准的竞赛中取得领先地位，全世界各个地区、国家、公司及标准化组织纷纷提出了自己的技术标准化，截止到1998年6月30日，ITU共收到16项建议，针对地面移动通信的就有10多项。其中包括我国电信科学技术研究院代表中国提出的TD-SCDMA技术。表5-1列出了10项IMT-2000地面无线传输技术提案。其中FDD方式8项，TDD方式5项。

表5-1 IMT-2000地面无线传输技术的10项提案

序号	提交技术	双工方式	应用环境	提交者
1	J：WCDMA	FDD、TDD	所有环境	日本ARIB
2	UTRA-UMTS	FDD、TDD	所有环境	欧洲ETSI
3	WIMS WCDMA	FDD	所有环境	美国TIA

续表

序号	提交技术	双工方式	应用环境	提交者
4	WCDMA/NA	FDD	所有环境	美国 T1P1
5	Global CDMA Ⅱ	FDD	所有环境	韩国 TTA
6	TD-SCDMA	TDD	所有环境	中国 CWTS
7	cdma2000	FDD、TDD	所有环境	美国 TIA
8	Global CDMA	FDD	所有环境	韩国 TTA
9	UWC-136	FDD	所有环境	美国 TIA
10	EP-DECT	TDD	所有环境	欧洲 ETSI

欧洲提出了5种UMTS/IMT-2000无线传输方案，其中比较有影响的是WCDMA和TD-CDMA两种。前者主要由爱立信、诺基亚公司提出，后者主要由西门子公司提出。ETSI将WCDMA和TD-CDMA融合为一种方案，统称为UTRA。这种方案以WCDMA为主流，同时吸收TD-CDMA技术的优点作为其补充。

美国负责IMT-2000研究的组织是ANSI下的T1P1组、TIA和EIA。美国提出的IMT-2000方案是cdma2000，主要由高通、朗讯、摩托罗拉和北电等公司一起提出。

日本的ARIB在第三代移动通信系统的标准研究制定方面也走在世界前列，先后制定了6种无线传输技术方案，经过层层筛选和合并，形成了以NTTDoCoMo公司为主提出的WCDMA方案。日本的WCDMA方案和欧洲提出的WCDMA方案极为相似，两者相互融合。

这10项提案中以欧洲的WCDMA和美国的cdma2000在技术方面较为成熟。同时，中国的TD-SCDMA由于采用先进的技术并得到中国政府、运营商和产业界的支持，也很受瞩目。

1999年11月5日，ITU在赫尔辛基举行的TG8/1第18次会议上通过了输出文件ITU-R M. 1457，确认了5种第三代移动通信无线传输技术。其中两种TDMA技术：SC-TDMA、MC-TDMA；3种CDMS技术：MC-CDMA（cdma2000 MC）、DS-CDMA（包括UTRA/WCDMA和cdma2000/DS）、TDD CDMA（包括TD-SCDMA和UTRA TDD）。主流技术是3种CDMA技术。ITU-R M. 1457的通过标志着第三代移动通信标志的基本定型。我国提出的TD-SCDMA建议标准与日本、欧洲提出的WCDMA和美国提出的cdma2000标志一起列为主要的标准。

2. 三大主流标准化的技术比较

WCDMA最初主要由爱立信、诺基亚公司为代表的欧洲通信厂商提出。这些公司在第二代移动通信技术和市场上占尽了先机，并期望能够在第三代依然保持世界领先的地位。日本由于在第二代移动通信时期没有采用全球主流的技术标准，而是自己独立制定开发，很大程度上制约了日本的设备厂商在世界范围内的作为，所以希望借第三代的契机进入国际市场。以NTTDoCoMo为主的各个公司提出的技术与欧洲的WCDMA比较相似，二者相互融合，成为现在的WCDMA系统。WCDMA主要采用带宽为5MHz的宽带CDMA技术，上、下行快速功率控制，下行发射分集，基站间可以异步操作。

cdma2000 是在 IS-95 系统的基础上由高通、朗讯、摩托罗拉和北电等公司一起提出。cdma2000 技术的选择和设计最大限度地考虑了与 IS-95 系统的后向兼容，很多基本参数和特性都是相同的，并在无线接口采用了增强技术。

WCDMA 和 cdma2000 都是采用 FDD 模式，而 TDD 模式本身固有的特点突破了 FDD 技术的很多限制，如上、下行工作于同一频段，不需要大段的连续对称频段等。在频率资源日趋紧张的今天，这一点尤其重要。这样，基站的发射机可以根据在上行链路获得的信号来估计下行链路多径信道的特性，便于使用智能天线等先进技术，同时能够简单方便地适应第三代移动通信传输上、下行非对称数据业务的需要，提供系统频谱利用率。这些优势都是 FDD 系统难以实现的。因此，随着技术的不断发展，国际上对使用 TDD 的 CDMA 技术日益关注。

TD-SCDMA 综合了 TDD 和 CDMA 的所有技术优势，具有灵活的空中接口，并采用了智能天线、联合检测等先进技术，具有相当高的技术先进性，并且在 3 个主流标准中具有最高的频谱效率。随着大范围覆盖和高速移动问题的解决，TD-SCDMA 将成为使用经济并能获得令人满意效果的第三代移动通信解决方案。

表 5-2 对 WCDMA、TD-SCDMA 和 cdma2000 3 种主流标准化的主要技术性能进行了比较。其中仅有 TD-SCDMA 使用了智能天线、联合检测和同步 CDMA 等先进技术，所以在系统容量、频谱利用率和抗干扰能力等方面具有突出的优势。

表 5-2　　3 种主流第三代移动通信系统标准主要技术性能对比

	WCDMA	TD-SCDMA	cdma2000
载频间隔/（MHz）	5	1.6	1.25/5
码片速率/（Mc/s）	3.84	1.28	1.2288/3.6864
帧长/（ms）	10	10（分为两个子帧）	20
基站同步	不需要	需要	需要
功率控制	快速功控：上、下行 1600Hz	0~200Hz	反向：800Hz 前向：慢速、快速功控
下行发射分集	支持	支持	支持
频率间切换	支持，可用压缩模式进行测量	支持，可用空隙时隙进行测量	支持
检测方式	相干解调	联合检测	相干解调
信道估计	公告导频	DwPCH、UpPCH、中间码	前向、反向导频
编码方式	卷积码 Turbo 码	卷积码 Turbo 码	卷积码 Turbo 码

5.1.3　IMT-2000 频谱情况

ITU 对第三代移动通信系统 IMT-2000 划分了 230MHz 频率，即上行 1885～2025MHz、下行 2110～2200MHz。其中，1980～2010MHz（地对空）和 2170～2200MHz（空对地）用于移动卫星业务。上下行频带不对称，主要考虑可使用双频 FDD 方式和单频 TDD 方式。此规划在 WRC92 上得到通过，如图 5-2 所示。

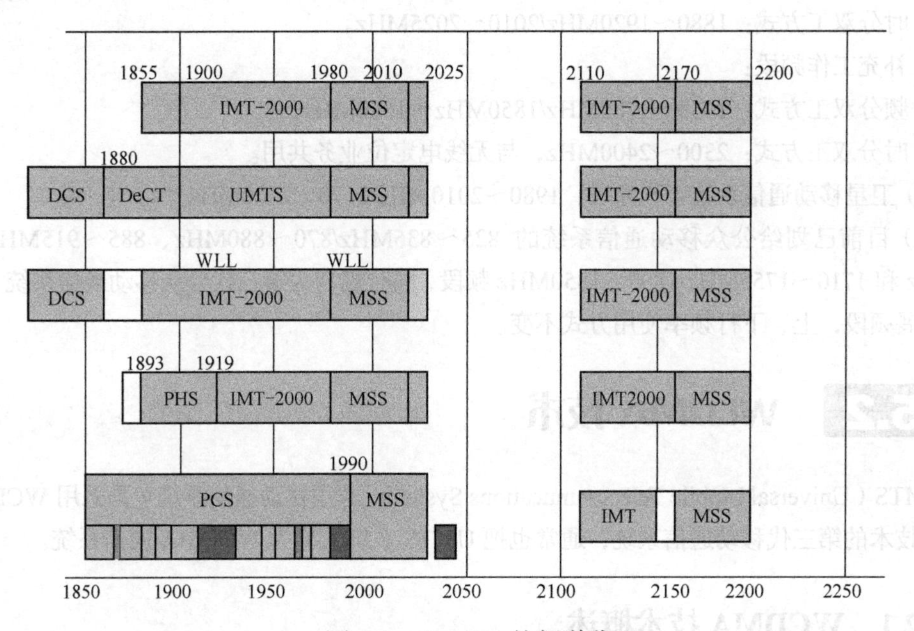

图 5-2　WRC92 的频谱分配

在欧洲，陆地通信为 1900～1980MHz、2010～2025MHz 和 2110～2170MHz，共计 155MHz。

北美的情况比较复杂，在 3G 低频段的 1850～1990MHz 处，实际已经划给 PCS 使用，且已划成 2×15MHz 和 2×5MHz 的多个频段。PCS 业务已经占用的 IMT-2000 的频谱，虽然经过调整，但调整后 IMT-2000 的上行与 PCS 的下行频段仍需共用。

日本 1893.5～1919.6MHz 已用于 PHS 频段，还可以提供 2×60MHz+15MHz=135MHz 的 3G 频段（1920～1980MHz、2110～2170MHz、2010～2025MHz）。

韩国和 ITU 建议一样，共计 170MHz。

在 2000 年的 WRC2000 大会上，在 WRC92 基础上又批准了新的附加频段：806～960MHz、1710～1885MHz、2500～2690MHz。

WCDMA FDD 模式使用频谱：上行为 1920～1980MHz，下行为 2110～2170MHz。而在美洲地区，上行为 1850～1910MHz，下行为 1930～1990MHz。

WCDMA TDD 包括高比特率（High Bit Rate）和低比特率（Low Bit Rate）模式，使用频谱为：上行为 1900～1920MHz，下行为 2010～2025MHz。在美洲地区，上行为 1850～1910MHz 和 1930～1990MHz，还有一个频段为上下行 1910～1930MHz。

cdma2000 中只有 FDD 模式，目前有 7 个频段。

中国有关第三代移动业务的研究与欧美相比起步较晚。由于我国无线电移动通信用户超常规

的发展，频谱需求量很大，在1000 MHz以下我国已经先后划分了3个频段用于蜂窝移动业务，即825～835 MHz/870～880 MHz，带宽10×2 MHz；835～840/880～885 MHz，带宽5×2 MHz；890～915/935～960 MHz，带宽25×2 MHz，总带宽共为80 MHz。为了保证未来IMT-2000的频谱需要，结合我国无线电频谱使用的实际情况，国家信息产业部于2000年10月正式通过了我国IMT-2000频谱划分方案。

（1）第三代公众移动通信系统的工作频段如下。

1）频分双工方式：1920～1980MHz/2110～2170MHz。

2）时分双工方式：1880～1920MHz/2010～2025MHz。

3）补充工作频段：

① 频分双工方式：1755～1785MHz/1850MHz～1880MHz；

② 时分双工方式：2300～2400MHz，与无线电定位业务共用。

（2）卫星移动通信系统工作频段：1980～2010MHz/2170～2200MHz。

（3）目前已划给公众移动通信系统的825～835MHz/870～880MHz、885～915MHz/930～960MHz和1710～1755MHz/1805～1850MHz频段，同时规划为第三代公众移动通信系统FDD方式的扩展频段，上、下行频率使用方式不变。

5.2 WCDMA技术

UMTS（Universal Mobile Telecommucations System，通用移动通信系统）是采用WCDMA空中接口技术的第三代移动通信系统，通常也把UMTS系统统称为WCDMA通信系统。

5.2.1 WCDMA技术概述

1. WCDMA技术的特点

（1）核心网基于GSM/GPRS网络的演进，保持与GSM/GPRS网络的兼容性。

（2）核心网络可以基于TDM、ATM和IP技术，并向全IP的网络结构演进。

（3）核心网络在逻辑上分为电路域和分组域两部分，分别完成电路型业务和分组型业务。

（4）UTRAN基于ATM技术，统一处理语音和分组业务，并向IP方向发展。

（5）MAP技术和GPRS隧道技术是WCDMA体制移动性管理机制的核心。

2. WCDMA空中接口特性

（1）空中接口采用WCDMA。

（2）信号带宽为5MHz。

（3）码片速率为3.84Mchip/s。

（4）语音编码采用AMR语音编码。

（5）支持同步/异步基站运营模式。

（6）上下行闭环加外环功率控制方式。

（7）下行包括开环发射分集和闭环发射分集，提高UE的接收性能：开环发射分集包括空时

发射分集（Space Time Transmit Diversity，STTD）和时分发射分集（Time Switched Transmit Diversity，TSTD）；而闭环发射分集也包括两种模式。

（8）采用导频辅助的相干解调方式，提高解调性能。

（9）采用卷积码和 Turbo 码的编码方式。

（10）采用上行 BPSK 和下行 QPSK 解调方式。

5.2.2 WCDMA 系统结构

WCDMA 系统采用了与第二代移动通信系统类似的结构，包括无线接入网络（Radio Access Network，RAN）和核心网络（Core Network，CN）。其中无线接入网络处理所有与无线有关的功能，而 CN 处理系统内所有的话音呼叫和数据连接，并实现与外部网络的交换和路由功能。CN 从逻辑上分为电路交换（Circuit Switched，CS）域和分组交换（Packet Switched，PS）域。

UTRAN、CN 与用户终端设备一起构成了整个 WCDMA 系统，如图 5-3 所示。

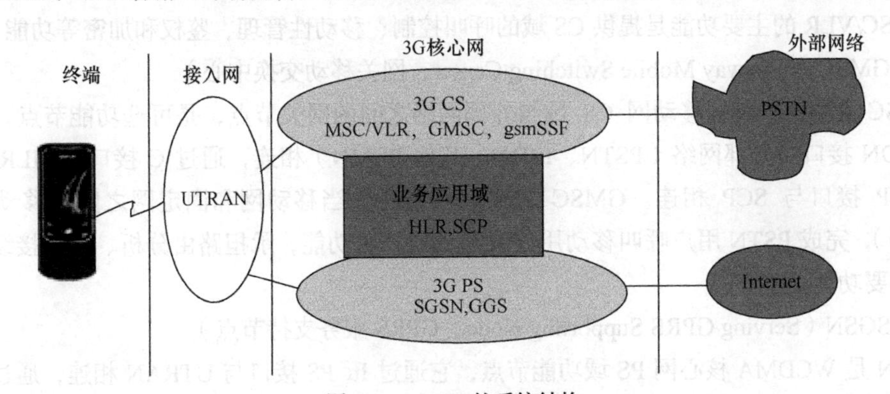

图 5-3 UMTS 的系统结构

1. UE（User Equipment，用户终端设备）

UE 是用户终端设备，它主要包括射频处理单元、基带处理单元、协议栈模块及应用层软件模块等。UE 通过 Uu 接口与网络设备进行数据交互，为用户提供电路域和分组域内的各种业务功能，包括普通话音、数据通信、移动多媒体、Internet 应用。

UE 包括两部分：

（1）ME（Mobile Equipment，移动终端），提供应用和服务；

（2）USIM（UMTS Subscriber Module，UMTS 用户识别模块），提供用户身份识别。

2. UTRAN（UMTS Terrestrial Radio Access Network，UMTS 陆地无线接入网）

UTRAN 分为基站（Node B）和无线网络控制器（Radio Network Controller，RNC）两部分。

（1）Node B

Node B 是 WCDMA 系统的基站，包括无线收发信机和基带处理部件。通过标准的 Iub 接口和 RNC 互连，主要完成 Uu 接口物理层协议的处理。它的主要功能是扩频、调制、信道编码及解扩、解调、信道解码，还包括基带信号和射频信号的相互转换等功能。

（2）RNC（Radio Network Controller，无线网络控制器）

RNC主要完成连接建立和断开、切换、宏分集合并、无线资源管理控制等功能，具体如下。

1）执行系统信息广播与系统接入控制功能。

2）切换和RNC迁移等移动性管理功能。

3）宏分集合并、功率控制、无线承载分配等无线资源管理和控制功能。

3. CN（Core Network，核心网络）

CN负责与其他网络的连接和对UE的通信和管理，主要功能实体如下。

（1）MSC/VLR（Mobile Switching Centerl Visitor Location Register，移动交换中心/访问位置寄存器）

MSC/VLR是WCDMA核心网CS域功能节点，它通过Iu_CS接口与UTRAN相连，通过PSTN/ISDN接口与外部网络（PSTN、ISDN等）相连，通过C/D接口与HLR/AUC相连，通过E接口与其他MSC/VLR、GMSC或SMC相连，通过CAP接口与SCP相连，通过Gs接口与SGSN相连。MSC/VLR的主要功能是提供CS域的呼叫控制、移动性管理、鉴权和加密等功能。

（2）GMSC（Gateway Mobile Switching Center，网关移动交换中心）

GMSC是WCDMA移动网CS域与外部网络之间的网关节点，是可选功能节点，它通过PSTN/ISDN接口与外部网络（PSTN、ISDN、其他PLMN）相连，通过C接口与HLR相连，通过CAP接口与SCP相连。GMSC的主要功能是充当移动网和固定网之间的移动关口局（Gateway），完成PSTN用户呼叫移动用户时呼入的路由功能，承担路由分析、网间接续、网间结算等主要功能。

（3）SGSN（Serving GPRS Supporting Node，GPRS服务支持节点）

SGSN是WCDMA核心网PS域功能节点，它通过Iu_PS接口与UTRAN相连，通过Gn/Gp接口与GGSN相连，通过Gr接口与HLR/AUC相连，通过Gs接口与MSC/VLR相连，通过Ge接口与SCP相连，通过Gd接口与SMS-GMSC/SMS-IWMSC相连，通过Ga接口与CG相连，通过Gn/Gp接口与SGSN相连。SGSN的主要功能是提供PS域的路由转发、移动性管理、会话管理、鉴权和加密等功能。

（4）GGSN（Gateway GPRS Supporting Node，GPRS网关支持节点）

GGSN是WCDMA核心网PS域功能节点，通过Gn/Gp接口与SGSN相连，通过Gi接口与外部数据网络（Internet/Intranet）相连。GGSN提供数据包在WCDMA移动网和外部数据网之间的路由和封装。GGSN主要功能是同外部IP分组网络的接口功能，GGSN需要提供UE接入外部分组网络的关口功能。从外部网的观点来看，GGSN就好像是可寻址WCDMA移动网络中所有用户的IP的路由器，需要同外部网络交换路由信息。

（5）HLR（Home Location Register，归属位置寄存器）

HLR是WCDMA核心网CS域和PS域共有的功能节点，它通过C接口域MSC/VLR或GMSC相连，通过Gr接口与SGSN相连，通过Gc接口与GGSN相连。HLR的主要功能是提供用户的签约信息存放、新业务支持、增强的鉴权等功能。

4. OMC（Operation and Maintenance Center，操作维护中心）

OMC功能实体包括设备管理系统和网络管理系统。

（1）设备管理系统

设备管理系统完成对各独立网元的维护和管理，包括性能管理、配置管理、故障管理、计费管理和安全管理等功能。

（2）网络管理系统

网络管理系统能够实现对全网所有相关网元的统一维护和管理，实现综合集中的网络业务功能，同样包括网络业务的性能管理、配置管理、故障管理、计费管理和安全管理。

5. 外部网络（External Network，EN）

外部网络可以分为两类。

（1）电路交换网络（Circuit Switching Network，CSN）

提供电路交换的连接服务，像通话服务。ISDN 和 PSTN 均属于电路交换网络。

（2）分组交换网络（Packet Switching Network，PSN）

提供数据包的连接服务，Internet 属于分组数据交换网络。

5.2.3 系统接口

如图 5-4 所示，WCDMA 系统与 GSM 网络相比，CN 部分的接口变化不大，UTRAN 部分主要接口如下。

1. Cu 接口

Cu 接口是 USIM 卡和 ME 之间的电气接口，Cu 接口采用标准化接口。

2. Uu 接口

Uu 接口是 WCDMA 的无线接口。UE 通过 Uu 接口接入到 UMTS 系统的固定网络部分。可以说 Uu 接口是 UMTS 系统中最重要的开放接口。

3. Iu 接口

Iu 接口是连接 UTRAN 和 CN 的接口，类似于 GSM 系统的 A 接口和 Gb 接口。Iu 接口是一个开放的标准接口。这也使通过 Iu 接口相连的 UTRAN 与 CN 可以分别由不同的设备制造商提供。

4. Iur 接口

Iur 接口是连接 RNC 之间的接口，Iur 接口是 UMTS 系统特有的接口，用于对 RAN 中移动台的移动管理。例如，在不同的 RNC 之间进行软切换时，移动台所有数据都是通过 Iur 接口从正在工作的 RNC 传到候选 RNC。Iur 是开放的标准接口。

5. Iub 接口

Iub 接口是连接 Node B 与 RNC 的接口，Iub 接口也是一个开放的标准接口。这也使通过 Iub 接口相连接的 RNC 与 Node B 可以分别由不同的设备制造商提供。

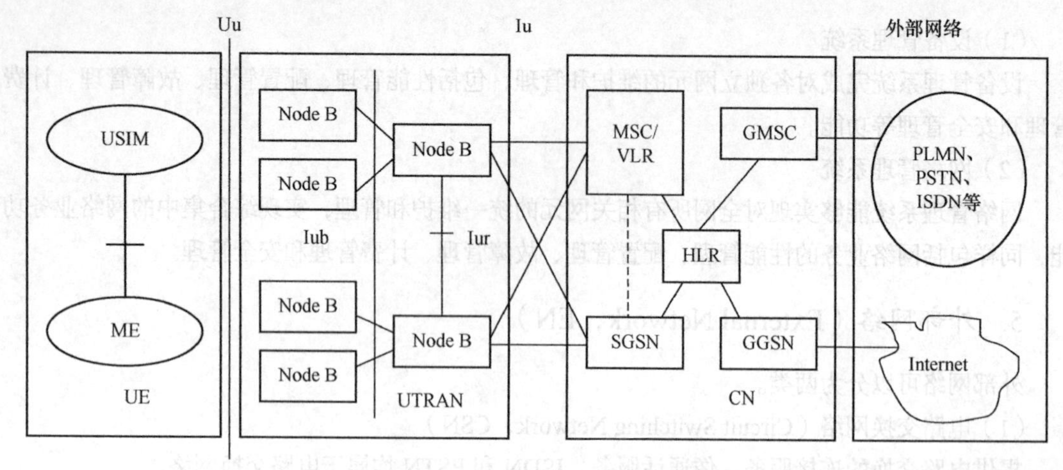

图 5-4 UMTS 网络单元构成示意图

5.2.4 WCDMA 无线网络的小区结构

1. 区域种类

区域（Areas）种类分为位置区域（Location Areas）、路由区域（Routing Areas）、UTRAN 登记区域（UTRAN Registration Areas）、Cell 区域。

2. 小区结构

WCDMA 系统中小区结构与 GSM 相类似，只是称谓不同。“小区（CELL）”类似于 GSM 中的“基站”，“扇区（SECTOR）”类似于 GSM 中的小区。在 WCDMA 系统小区中，有 3×1、3×2、3×4、6×1、6×2、6×4 的概念。这里第一位数是每小区支持的扇区数，第二位数是每扇区支持的载频数。3×1 表示基站支持 3 个扇区，每扇区 1 个载频；6×4 表示基站支持 6 个扇区，每扇区 4 个载频。

（1）全向小区

全向小区指在一个小区中只有一个扇区，如图 5-5 所示。

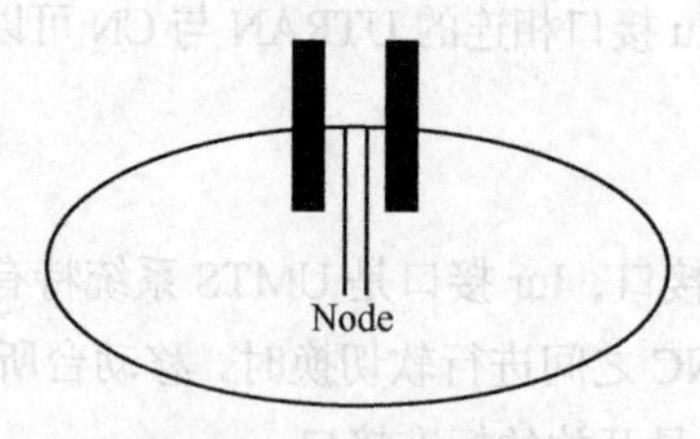

图 5-5 全向小区扇区图

（2）定向小区

定向小区有 3 扇区和 6 扇区两种类型。

一定量的频谱只能支持一定量的用户。空分多址的分扇区或自适应波束形成对频谱利用率的影响也需要进行估计，它依赖于特定的无线环境及天线设备。

（3）分层小区

根据业务量和覆盖要求的不同，至少有 3 种不同的小区类型：宏小区、微小区和微微小区。

宏小区（Macrocell）：覆盖半径在 300～1000m。

微小区（Microcell）：覆盖半径在 50～500m，主要提供街道的覆盖。

微微小区（Picocell）：解决室内覆盖。

（4）小区规划

小区结构规划是要在小区范围内可以均匀地提供高比特率，或者小区边界的数据率可以小于靠近基站区域，从而允许有较大的小区范围。

小区数目的计算主要是基于容量和链路预算。一个网络可能是覆盖受限或容量受限的。容量受限意味着最大小区半径不能够支持总的提供的业务流量，此时小区数目可按每平方千米小区能支持多少用户计算；覆盖受限意味着在小区内有足够的容量来支持全部业务流，此时用最大小区面积可以求出所需的基站数目。

5.2.5　WCDMA 系统信道结构

在 WCDMA 中具有 3 层信道概念：逻辑信道、传输信道和物理信道。

逻辑信道是 MAC 子层向 RLC 子层提供的服务，它描述的是传送什么类型的信息。

传输信道作为物理层向高层提供的服务，它描述的是信息如何在空中接口上传输。

物理信道系统通过物理信道模式直接把需要传输的信息发送出去，也就是说在空中传输的都是物理信道承载的信息。

1. 逻辑信道

可以分为控制信道和业务信道。控制信道承载无连接消息，信道结构分为同步信道、随机接入信道、广播信道、寻呼信道、专用控制信道；业务信道承载各种各样的用户信息流量。

2. 传输信道

传输信道分为公共传输信道和专用传输信道。

（1）公共传输信道包括：

1）RACH（Random Access Channel，随机接入信道）；

2）FACH（Forward Access Channel，前向接入信道）；

3）CPCH（Common Packet Channel，公共分组信道）；

4）DSCH（Downlink Shared Channel，下行共享信道）；

5）USCH（Uplink Shared Channel，上行共享信道）；

6）BCH（Broadcast Channel，广播信道）；

7）PCH（Paging Channel，寻呼信道）；

8）SCH（Syns Channel，同步信道）。

（2）专用信道包括：

DCH（Dedicated Channel，专用信道）。

3. 物理信道

WCDMA 物理信道有上下行之分。上行链路中有两个专用信道和一个公共信道；下行链路种有 3 个公共物理信道。

（1）主 SCH

（2）辅 SCH

（3）主 CCPCH（Common Control Physical Channel，公共控制物理信道）

（4）辅 CCPCH

（5）PRACH（Packet RACH，分组随机接入信道）

（6）上行链路 DPDCH（Dedicated Physical Data Channel，专用物理数据信道）+DPCCH（Dedicated Physical Control Channel，专用物理控制信道）

（7）上行链路 DPCH（Dedicated Physical Channel，专用物理信道）

（8）下行链路 DPCH

（9）PCPCH（Physical Common Packet Channel，公共分组物理信道）

（10）PICH（Paging Indication Channel，寻呼指示信道）

（11）AICH（Acquisition Indication Channel，捕获指示信道）

（12）PDSCH（Physical Downlink Shared Channel，物理下行共享信道）

（13）PUSCH（Physical Uplink Shared Channel，物理上行共享信道）

不同的物理信道用不同的扩频码加以区分，对于信道的区分则采用正交码。

4. 信道影射

WCDMA 系统中逻辑信道映射到传输信道，传输信道功能再由帧结构、码的设计映射到物理信道，如图 5-6 所示。

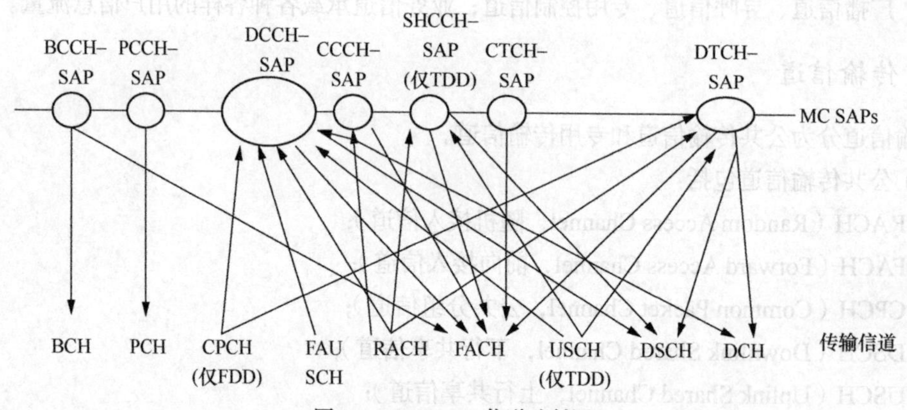

图 5-6 WCDMA 信道映射图

5. 信道分配和重配置

信道分配主要有以下两类。

（1）面向连接的信道配置有基本信道配置、动态信道重配置。基本信道配置是根据业务请求，

分配信道类型和带宽，根据业务 QoS 配置信道各层参数；动态信道重配置是在通信期间，根据业务当前状况，动态改变信道配置，包括信道类型和信道各层参数。

（2）面向小区的信道配置有小区码资源分配、小区信道资源分配、上行扰码分配。小区码资源管理是小区下行码资源分配策略和码资源维护；小区信道资源分配是公共信道，是小区内的资源，包括随机接入信道（Random Access Channel，RACH）、前向接入信道（Forward Access Channel，FACH）、下行共享信道（Downlink Shared Channel，DSCH）、公共分组信道（Common Packet Channel，CPCH）等。

上行扰码包括给公共信道 RACH 和 CPCH 预留的扰码，和给使用专用信道的 UE 分配的扰码两部分。上行扰码是 RNS 内部公共资源。

5.3 TD-SCDMA 技术

TD-SCDMA 技术是信息产业部电信科学技术研究院（现大唐电信集团）在国家主管部门的支持下，根据多年的研究而提出的具有一定特色的第三代移动通信技术标准。这是近百年来我国通信史上第一个具有完全自主知识产权的国际通信标准，它的出现在我国通信发展史上具有里程碑的意义，并将产生深远影响，是整个中国通信业的重大突破。

5.3.1 TD-SCDMA 系统特点

TD-SCDMA 系统的主要技术特点为：TDD（时分双工）模式、低码片速率、上行同步、接力切换、采用智能天线、软件无线电技术等。正是由于这些技术特点，它成为第三代移动通信系统的主流标准。

1. TDD 模式

TD-SCDMA 采用 TDD 模式，与 FDD（Frequency Division Dual，频分双工）方式中的接收和传送是在分离的两个对称频率信道上，用保证频段来分离接收与传输信道。在 TDD 时分双工方式中，接收和传送是在同一频率信道即载波的不同时隙，用保证时间来分离接收与传输信道。其基本原理如图 5-7 所示。

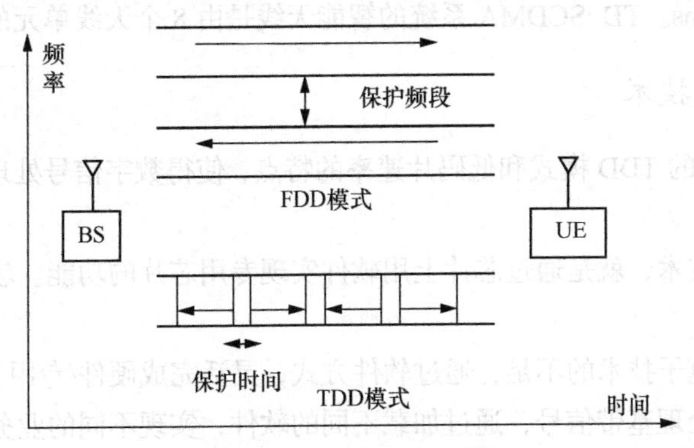

图 5-7　TDD 和 FDD 原理

2. 低码片速率

TD-SCDMA系统的码片速率为1.28Mchip/s，仅为高码片速率3.84Mchip/s的1/3。接收机接收信号采样后的数字信号处理量大大降低，从而降低了系统设备成本，适合采用软件无线电技术，还可以在目前DSP的处理能力允许和成本可接受的条件下用智能天线、多用户检测、MIMO等新技术来降低干扰、提高容量。另外，低码片速率也提高了频谱利用率，使频率使用更灵活。

3. 上行同步

所谓上行同步，就是上行链路各终端的信号在基站解调器完全同步。在TD-SCDMA中用软件和帧结构设计来实现严格的上行同步，是一个同步的CDMA系统。通过上行同步，可以让使用正交扩频码的各个码道在解扩时完全正交，相互间不会产生多址干扰，克服了异步CDMA多址技术由于每个移动终端发射的码道信号到达基站的时间不同而造成码道非正交所带来的干扰，从而大大提高了CDMA系统容量和频谱利用率，还可以简化硬件，降低成本。

4. 接力切换

由于TD-SCDMA系统采用智能天线，可以定位用户的方位和距离，所以系统可采用接力切换方式。两个小区的基站将接收来自同一个手机的信号，两个小区都将对此手机定位，并在可能切换区域时，将此定位结果向基站控制器报告，基站控制器根据用户的方位和距离信息，判断手机用户现在是否移动到应该切换给另一基站的临近区域，并告知手机其周围同频基站信息。如果进入切换区，便由基站控制器通知另一基站做好切换准备，通过一个信令交换过程，手机就由一个小区像接力棒一样切换到另一个小区。这个切换过程具有软切换不丢失信息的优点，同时又克服了软切换对临近基站信道资源和服务基站下行信道资源浪费的缺点，简化了用户终端的设计。接力切换还具有较高的准确度和较短的切换时间，从而提高了切换成功率。

5. 智能天线

TD-SCDMA系统的TDD模式可以利用上、下行信道的互惠性，即基站对上行信道估计的信道参数可以用于智能天线的下行波束成型，这样，相对于FDD模式的系统智能天线技术比较容易实现。TD-SCDMA系统是一个以智能天线为中心的第三代移动通信系统，在TD-SCDMA系统中TDD的间隔定为5ms。TD-SCDMA系统的智能天线是由8个天线单元的圆形阵列组成的。

6. 软件无线电技术

TD-SCDMA系统的TDD模式和低码片速率的特点，使得数字信号处理量大大降低，适合采用软件无线电技术。

所谓软件无线电技术，就是通过芯片上用软件实现专用芯片的功能。软件无线电具有以下主要优点。

（1）可以克服微电子技术的不足，通过软件方式，灵活完成硬件/专用ASIC的功能。在同一硬件平台上利用软件处理基带信号，通过加载不同的软件，实现不同的业务性能。

（2）系统增加功能通过软件升级来实现，具有良好的灵活性及可编程性，对环境的适应性好，不会老化。

（3）可以替代昂贵的硬件电路，实现复杂的功能，减少用户设备费用支出。

在 TD-SCDMA 系统与 WCDMA 和 cdma2000 相比发展相对滞后的情况下，正是由于采用软件无线电技术，成功完成了试验样机和初步商用产品的开发，给 TD-SCDMA 的发展创造了新的机遇。

5.3.2　网络结构和接口

TD-SCDMA 系统的网络结构完全遵循 3GPP 指定的 UMTS 网络结构，可以分为通用地面无线接入网（Universal Terrestrial Radio Access Network，UTRAN）和核心网（Core Network，CN）。因此 TD-SCDMA 网络结构模型完全等同于 UMTS 网络结构模型。

5.3.3　TD-SCDMA 系统的组网方式

TD-SCDMA 系统不仅可以独立组网，还可以为运营商提供多个网络之间、多种接入技术之间的灵活组网方式。网络共享包括各种不同的情况，例如，无线接入网连接到多个核心网上，或者多个无线接入网共享一个核心网。以下简要介绍 TD-SCDMA 系统几种典型的组网方式。

1. 两个运营商共享接入网

图 5-8 所示为两个运营商通过公用的核心网来共享一个公共的 UTRAN。这就意味着允许运营商在没有 UMTS 许可的情况下，共享网络可为其用户提供第三代移动通信业务。例如，一个第二代移动通信运营商可以利用其他运营商分配的频谱来向其用户提供第三代移动通信业务。

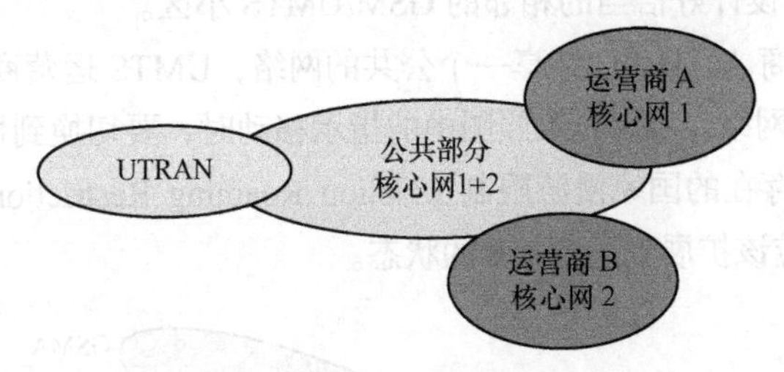

图 5-8　两个运营商通过公用的核心网共享接入网

2. 地理区域分离的网络共享

这种情况下，分别由两个或多个第三代移动通信运营商覆盖了一个国家的不同部分或者整个国家，即一起提供整个国家 UMTS 的接入。如图 5-9 所示的两个运营商提供网络覆盖，运营商 B 的用户可以接入到运营商 A 的网络，同样，运营商 A 的用户也可以接入到运营商 B 的网络。允许接入到一个 UTRAN 的不同 UE，对于该 UMTS RAN 的不同部分则有着不同的接入限制。

这时，运营商 A 和 B 一起提供整个国家的覆盖，依然会在它们共同覆盖的区域进行竞争。在图 5-9 中，运营商 B 的 UE 允许接入到除两者交叠区域外的运营商 A 的整个 UTRAN。在 A 和 B 两个 UTRAN 的交叠区域中，运营商 B 的 UE 要接入到运营商 A 的 cells，通常会受到一些限制。反之亦然。

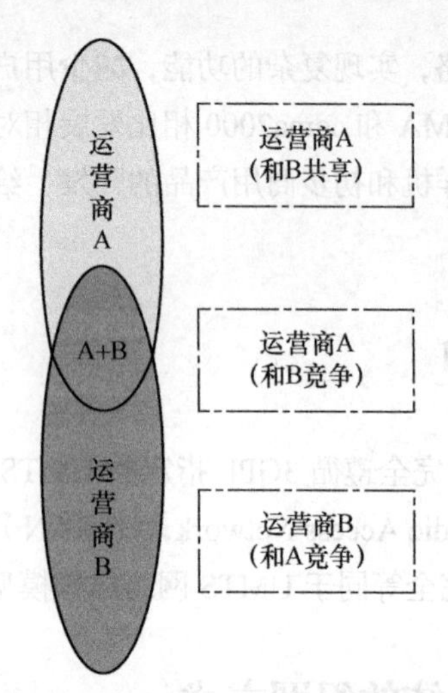

图 5-9　两个运营商提供网络覆盖

3. 公共网络共享

所谓公共网络共享，是由一个运营商来覆盖一个特定的地理区域，允许其他运营商利用该覆盖区为它们的用户服务。在该地理区域以外，由各个运营商分别提供覆盖。例如，有两个运营商的情况下，可以通过第三方为运营商 A 和 B 的用户在高密度区域提供 UTRAN 覆盖。在低密度区域，由运营商 A 和 B 来分别提供 GERAN 覆盖，且在这些区域中，用户可通过他们的运营商连接到接入网。

在公共网络共享的情况下，没有 UTRAN 内部接入的问题，而在 UTRAN 的边界存在接入问题，UTRAN 必须为切换设计好恰当的相邻的 GSM/UMTS 小区。

图 5-10 所示为运营商 A、B、C 共享一个公共的网络，UMTS 运营商 A 允许 UE 从运营商 B 和 C 接入到它的 UMTS 网络。当 UE 依照图中的指示移动时，要切换到恰当的 GSM 小区。这是由于运营商 B 和 C 之间存在的国家漫游限制（Nation Roaming Restriction，NRR）而变得非常复杂。所以国家漫游限制应该扩展到所有 UE 的状态。

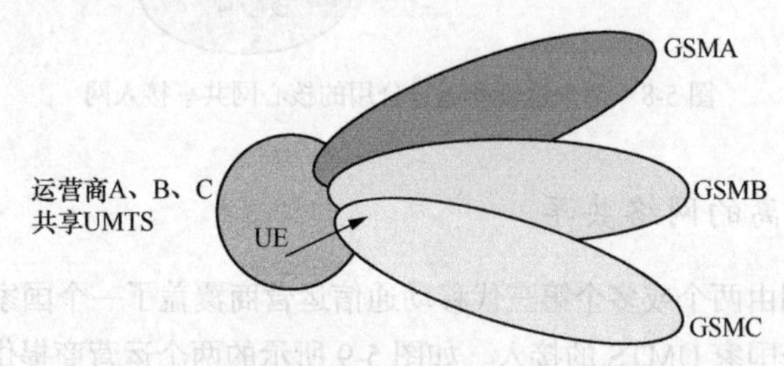

图 5-10　运营商 A、B、C 共享一个公共的网络

4. TD-SCDMA 和 cdma2000 共享核心网

随着数字时代的来临，IP 业务将在电信网中占用重要的地位，从而决定移动通信的核心网也将向全 IP 方向演进。在移动通信系统中，核心网与无线接入网是相对独立的，各种无线接入网方式包括 CABLE、DSL、WLAN 等，均可以接入核心网。

全 IP 核心网具有很多优点，能为运营商提供统一的核心网平台，简化网络的复杂度，节约核心网的建设投资，可充分利用空中接口无线资源，用户可以在任何时候以最适合的业务需求方式接入系统。另外，全 IP 核心网使信令和承载分离，其接口定义更加明确，实体功能也能独立，其中的呼叫控制协议均采用 IETR 的 SIP。

在全 IP 核心网情况下，TD-SCDMA 和 cdma2000 共享核心网，可以采用 3GPP 和 3GPP2 核心网融合的方式，如图 5-11 所示。

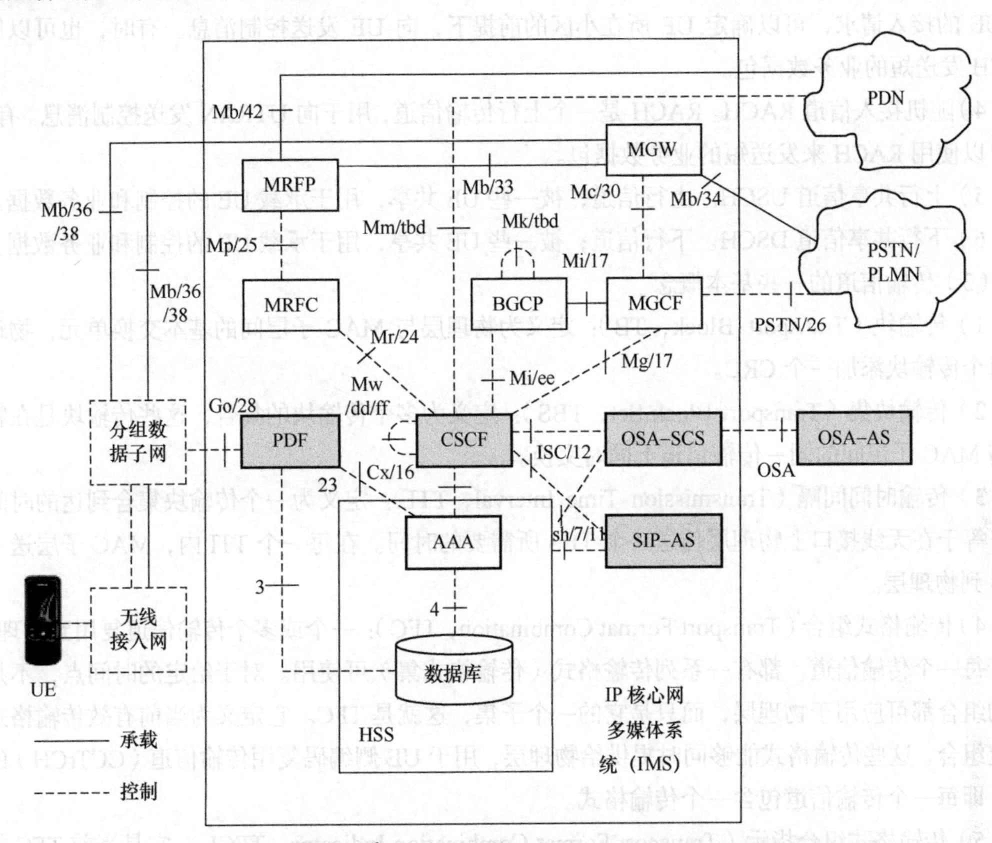

图 5-11　TD-SCDMA 和 cdma2000 共同采用 3GPP 和 3GPP2 核心网的融合方式

5.3.4　TD-SCDMA 系统的传输信道和物理信道

TD-SCDMA 系统中，存在 3 种信道模式：逻辑信道、传输信道和物理信道。

1. 传输信道

传输信道作为物理信道提供给高层的服务，通常分为两类。一类为公共信道，通常此类信道上的消息是发送给所有用户或一组用户的，但是在某一时刻，该信道上的信息也可以针对单一用户，这时需要 UE ID 来识别。另一类为专用信道，此类信道上的信息在某一时刻只发送给单一的用户。

（1）专用传输信道

专用传输信道仅存在一种，即专用信道（DCH），是一个上行或下行传输信道。

（2）公共传输信道

1）广播信道 BCH。BCH 是一个下行传输信道，用于广播系统和小区的特定消息。

2）寻呼信道 PCH。PCH 是一个下行传输信道，当系统不知道移动台所在的小区时，用于发送给移动台的控制信息。PCH 总是在整个小区内进行寻呼信息的发射，与物理层产生的寻呼指示的发射是相随的，以支持有效的睡眠模式，延长终端电池的使用时间。

3）前向接入信道 FACH。FACH 是一个下行传输信道；用于在随机接入过程，UTRAN 收到了 UE 的接入请求，可以确定 UE 所在小区的前提下，向 UE 发送控制消息。有时，也可以使用 FACH 发送短的业务数据包。

4）随机接入信道 RACH。RACH 是一个上行传输信道，用于向 UTRAN 发送控制消息。有时，也可以使用 RACH 来发送短的业务数据包。

5）上行共享信道 USCH。上行信道；被一些 UE 共享，用于承载 UE 的控制和业务数据。

6）下行共享信道 DSCH。下行信道；被一些 UE 共享，用于承载 UE 的控制和业务数据。

（3）传输信道的一些基本概念

1）传输块（Transport Block，TB）：定义为物理层与 MAC 子层间的基本交换单元，物理层为每个传输块添加一个 CRC。

2）传输块集（Transport Block Set，TBS）：定义为多个传输块的集合，这些传输块是在物理层与 MAC 子层间的同一传输信道上同时交换。

3）传输时间间隔（Transmission Time Interval，TTI）：定义为一个传输块集合到达的时间间隔，等于在无线接口上物理层传送一个 TBS 所需要的时间。在每一个 TTI 内，MAC 子层送一个 TBS 到物理层。

4）传输格式组合（Transport Format Combination，TFC）：一个或多个传输信道复用到物理层，对于每一个传输信道，都有一系列传输格式（传输格式集）可使用。对于给定的时间点，不是所有的组合都可应用于物理层，而只是它的一个子集，这就是 TFC。它定义为当前有效传输格式的指定组合，这些传输格式能够同时提供给物理层，用于 UE 侧编码复用传输信道（CCTrCH）的传输，即每一个传输信道包含一个传输格式。

5）传输格式组合指示（Transport Format Combination Indicator，TFCI）：它是当前 TFC 的一种表示。TFCI 的值和 TFC 是一一对应的，TFCI 用于通知接收侧当前有效的 TFC，即如何解码、解复用，以及在适当的传输信道上递交接收到的数据。

2. 物理信道及其分类

物理信道根据其承载的信息不同被分成了不同的类别，有的物理信道用于承载传输信道的数据，而有些物理信道仅用于承载物理层自身的信息。物理信道也分为专用物理信道和公共物理信道两大类。

（1）专用物理信道

专用物理信道 DPCH（Dedicated Physical Channel）用于承载来自专用传输信道 DCH 的数据。物理层将根据需要把来自一条或多条 DCH 的层 2 数据组合在一条或多条编码组合传输信道 CCTrCH（Coded Composite Transport Channel）内，然后再根据所配置物理信道的容量将 CCTrCH 数据映射到物理信道的数据域。DPCH 可以位于频带内的任意时隙和任意允许的信道码，信道的存在时间取决于承载业务类别和交织周期。一个 UE 可以在同一时刻被配置多条

DPCH，若 UE 允许多时隙能力，这些物理信道还可以位于不同的时隙。物理层信令主要用于 DPCH。DPCH 采用前面介绍的突发结构，由于支持上下行数据传输，下行通常采用智能天线进行波束赋形。

（2）公共物理信道

根据所承载传输信道的类型，公共物理信道可划分为一系列的控制信道和业务信道。在 3GPP 的定义中，所有的公共物理信道都是单向的（上行或下行）。

1）主公共控制物理信道。主公共控制物理信道（Primary Common Control Physical Channel，P-CCPCH）仅用于承载来自传输信道 BCH 的数据，提供全小区覆盖模式下的系统信息广播。在 TD-SCDMA 中，P-CCPCH 的位置（时隙/码）是固定的（TS0）。P-CCPCH 总是采用固定扩频因子 SF=16 的 1 号、2 号码。

2）辅公共控制物理信道。辅公共控制物理信道（Secondary Common Control Physical Channel，S-CCPCH）用于承载来自传输信道 FACH 和 PCH 的数据。可使用编码组合指示指令（TFCI）。S-CCPCH 总是采用固定扩频因子 SF=16。S-CCPCH 所使用的码和时隙在小区中广播。

3）物理随机接入信道。物理随机接入信道（Physiacal Random Access Channel，PRACH）用于承载来自传输信道 RACH 的数据。PRACH 可以采用扩频因子 SF=16/8/4，其配置（使用的时隙和码道）通过小区系统信息广播。

4）快速物理接入信道。快速物理接入信道（Fast Physical Access Channel，FPACH）不承载传输信道信息，因而与传输信道不存在映射关系。Node B 使用 FPACH 来响应在 UpPTS 时隙收到的 UE 接入请求，调整 UE 的发送功率和同步偏移。FPACH 使用扩频因子 SF=16，其配置通过小区系统信息广播。

5）物理上行共享信道。物理上行共享信道（Physical Uplink Shared Channel，PUSCH）用于承载来自传输信道 USCH 的数据。所谓共享，指的是同一物理信道可由多个用户分时使用，或者说信道具有较短的持续时间。由于一个 UE 可以并行存在多条 USCH，这些并行的 USCH 数据可以在物理层进行编码组合，因而 PUSCH 信道上可以存在 TFCI。

6）物理下行共享信道。物理下行共享信道（Physical Downlink Shared Channel，PDSCH）用于承载来自传输信道 DSCH 的数据。在下行方向，传输信道 DSCH 不能独立存在，只能与 FACH 或 DCH 相伴而存在，因此作为传输信道载体的 PDSCH 也不能独立存在。DSCH 数据可以在物理层进行编码组合，因而 PDSCH 上可以存在 TFCI。

7）寻呼指示信道。寻呼指示信道（Paging Indication Channel，PICH）不承载传输信道的数据，但却与传输信道 PCH 配对使用，用以指示特定的 UE 是否需要解读其后跟随的 PCH 信道（映射在 S-CCPCH 上）。PICH 的扩频因子 SF=16。

3. 传输信道到物理信道的映射

表 5-3 给出了 TD-SCDMA 系统中传输信道和物理信道的映射关系。表中部分物理信道与传输信道并没有映射关系。按 3GPP 规定，只有映射到同一物理信道的传输信道才能够进行编码组合。由于 PCH 和 FACH 都映射到 S-CCPCH，因此来自 PCH 和 FACH 的数据可以在物理层进行编码组合生成 CCTrCH。其他的传输信道数据都只能自身组合成，而不能相互组合。另外，BCH 和 RACH 由于自身性质的特殊性，也不可能进行组合。

表5-3　　TD-SCDMA中传输信道和物理信道间的映射关系

传输信道	物理信道
DCH	专用物理信道（DPCH）
BCH	主公共控制物理信道（P-CCPCH）
PCH	辅公共控制物理信道（S-CCPCH）
FACH	辅公共控制物理信道（S-CCPCH）
RACH	物理随机接入信道（PRACH）
USCH	物理上行共享信道（PUSCH）
传输信道	物理信道
DSCH	物理下行共享信道（PDSCH）
	下行导频信道（DwPCH）
	上行导频信道（UpPCH）
	寻呼指示信道（PICH）
	快速物理接入信道（FPACH）

5.4 cdma2000系统

如同WCDMA由GSM衍生而来的道理，cdma2000是从CDMA One进化而来，属于目前比较流行的3G标准之一。cdma2000系统共分为两个阶段进化：第一阶段将提供144kbit/s的数据传输率；第二阶段提供2Mbit/s的数据传输率。届时，如同WCDMA和TS-CDMA系统一样，cdma2000系统也支持移动多媒体服务。

5.4.1 概述

1. 定义

美国TIA TR45.5向ITU提出的RTT方案被称为cdma2000，其核心是由Lucent（朗讯）、Motorola（摩托罗拉）、Nortel（北电）和Qualcomm（高通）4家公司联合提出的WideBand CDMA One技术。cdma2000的一个主要特征是与现有的TIA/EIA-95-B标准向后兼容，并可在IS-95B系统的基础上平滑的过度、发展，保护已有的投资。cdma2000的核心网是基于ANSI-41，同时通过网络扩展方式提供在基于GSM-MAP的核心网上运行的能力。

cdma2000采用MC-CDMA（多波载CDMA）多址方式，可支持话音、分组数据等业务，并且可实现QoS的协商。cdma2000包括1x和3x两部分。对于射频带宽为N×1.23MHz的cdma2000系统，采用多个载波来利用整个频带，图5-12给出了N=3时的情况。

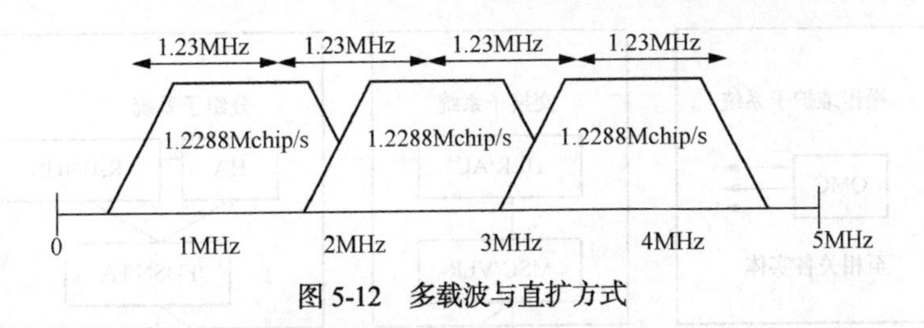

图 5-12　多载波与直扩方式

cdma2000 系统采用的功率控制有开环、闭环和外环 3 种方式，速率为 800 次/s 或 50 次/s。cdma2000 还可采用辅助导频、正交分集、多载波分集等技术提供系统性能。

2. CDMA 系统特点

（1）cdma2000 分成两个方案，即 cdma2000 1x 和 cdma2000 3x 两个阶段。cdma2000 1x 信号带宽为 1.23MHz，码片速率 1.2288Mchip/s；cdma2000 3x 采用多载波 CDMA 技术，前向信号由 3 个 1.23MHz 的载波组成，反向信号是信号带宽为 5MHz 的单载波，码片速率为 3.6864Mchip/s。

（2）兼容 IS-95A/B。

（3）前、反向同时采用导频辅助相干解调。

（4）快速前向和反向功率控制。

（5）前向发射分集：OTD、STS。

（6）信道编码：卷积码和 Turbo 码。cdma2000 1x 最高支持 433.5kbit/s 业务速率，包括一个基本信道和两个补充信道；cdma2000 1xDO 最高支持 2.4Mbit/s 业务速率；cdma2000 3x 最高支持 2Mbit/s 业务速率。

（7）可变帧长：5ms、10ms、20ms、40ms 和 80ms。

（8）支持 F-QPCH（Forward-Quick Paging Channel，正向快速寻呼信道），延长手机待机时间。

（9）核心网络基于 ANSI-41 网络的演进，并保持与 ANSI-41 网络的兼容性。

（10）网络采用 GPS 同步，给组网带来一定的复杂性。

（11）支持软切换和更软切换。

5.4.2　cdma2000 1x 系统网络结构

CDMA 码分多址移动通信系统的结构由核心网电路域（交换子系统）、核心网分组域（分组子系统）、基站子系统、操作维护子系统和移动台 5 部分组成，图 5-13 所示为 cdma2000 1x 的系统结构图。

MSC/VLR 是移动交换中心/访问位置寄存器。

HLR/AC 是归属位置寄存器/鉴权中心。

PDSN/FA 是分组数据服务节点/外地代理。

HA 是归属代理。

RADIUS 是 AAA（鉴权、认证、计费）服务器。

BSC/PCF 是基站控制器/分组控制功能。

BTS 是基站收发信机。

OMC 是操作维护中心。

MS 是移动台。

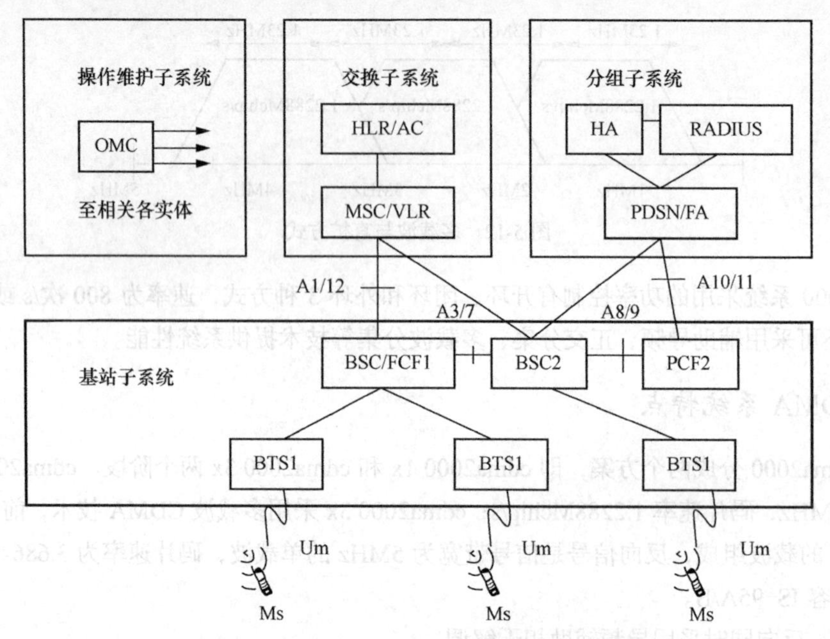

图 5-13　cdma2000 1x 数字移动通信系统结构图

5.4.3　cdma2000 系统信道

cdma2000 系统物理信道分为正向信道和反向信道。

1. 正向链路物理信道（Forward Link，FL）

正向链路也称作前向链路或下行链路，包括正向公用物理信道和正向专用物理信道。

（1）正向公用物理信道（Forward-Common Physical Channel，F-CPHCH）

1）正向导频信道（Forward-Pilot Channel，F-PICH）。

2）正向发送分集导频信道（Forward-Transmission Diversity Pilot Channel，F-TDPICH）。

3）正向辅助导频信道（Forward-Auxiliary Pilot Channel，F-APICH）。

4）正向辅助发送分集导频信道（Forward-Auxiliary Transmission Diversity Pilot Channel，F-ATDPICH）。

5）正向寻呼信道（Forward-Paging Channel，F-PCH）。

6）正向同步信道（Forward-Synchronous Channel，F-SYNC）。

7）正向公共控制信道（Forward-Common Control Channel，F-CCCH）。

8）正向广播控制信道（Forward-Broadcast Control Channel，F-BCCH）。

9）正向快速寻呼信道（Forward-Quick Paging Channel，F-QPCH）。

10）正向公共指配信道（Forward-Common AlignmentChannel，F-CACH）。

11）正向公共功率控制信道（Forward-Common Power Control Channel，F-CPCCH）。

（2）正向专用物理信道（Forward-Dedicated Physical Channel，F-DPHCH）

1）正向专用辅导导频信道（Forward-Dedicated Auxiliary Pilot Channel，F-DAPICH）。

2）正向基本信道（Forward-Fundemental Channel，F-FCH）。

3）正向补充信道类型（Forward-Supplemental Channel Types，F-SCHT）：正向补充信道 1

（F-SCH1）和正向补充信道 2（F-SCH2）。

4）正向专用控制信道（Forward-Dedicated Control Channel，F-DCCH）。

5）正向基本信道（Forward-Fundemental Channel，F-FCH）。

6）正向补充码分信道类型（Forward-Supplemental Code Channel Types，F-SCCHT）：正向补充码分信道 1（F-SCCH1）和正向补充码分信道 7（F-SCCH7）。。

2. 反向链路物理信道（Reverse Link，RL）

反向链路也称作上行链路，包括反向公用物理信道和反向专用物理信道。

（1）反向公用物理信道（Reverse-Common Physical Channel，R-CPHCH）

1）反向接入信道（Reverse-Access Channel，R-ACH）。

2）反向增强接入信道（Reverse-Enhanced Access Channel，R-EACH）。

3）反向公共控制信道（Reverse-Common Control Channel，R-CCCH）。

（2）反向专用物理信道（Reverse-Dedicated Physical Channel，R-DPHCH）

1）反向导频信道（Reverse-Pilot Channel，R-PICH）。

2）反向基本信道（Reverse-Fundemental Channel，R-FCH）。

3）反向专用控制信道（Reverse-Dedicated Control Channel，R-DCCH）。

4）反向补充信道类型（Reverse-Supplemental Channel Types，R-SCHT）：反向补充信道 1（R-SCH1）和反向补充信道 2（R-SCH2）。

5）反向基本信道（Reverse-Fundemental Channel，R-FCH）。

6）反向补充码分信道类型（Reverse-Supplemental Code Channel Types，R-SCCHT*）：反向补充码分信道 1（R-SCCH1）和反向补充码分信道 7（R-SCCH7）。

习题

1. 简述 IMT-2000 名称的由来及含义。
2. 简述 IMT-2000 系统的特点。
3. 简述 IMT-2000 系统结构。
4. 3G 主要的技术标准有哪 3 种？试进行简单技术对比。
5. 3 种主要技术标准的 3G 终端制造商有哪些？
6. 简述 WCDMA 系统特点。
7. 简述 WCDMA 系统结构。
8. WCDMA 系统有哪些空中接口？
9. WCDMA 系统有哪 3 种信道？
10. TD-SCDMA 系统采用了哪些新技术？
11. TD-SCDMA 系统几种典型的组网方式？
12. 简述 cdma2000 系统的特点。
13. cdma2000 系统的物理信道有哪些？

第6章 LTE移动通信系统

4G是第四代移动通信技术的简称，该技术包括TD-LTE和FDD-LTE两种制式（严格意义上来讲，LTE只是3.9G，尽管被宣传为4G无线标准，但它其实并未被3GPP认可为国际电信联盟所描述的下一代无线通信标准IMT-Advanced，因此其还未达到4G的标准。只有升级版的LTE-Advanced才满足国际电信联盟对4G的要求）。4G是集3G与WLAN于一体，并能够快速传输数据、高质量的音频、视频和图像等。4G能够以100Mbit/s以上的速度下载，比目前的家用宽带ADSL（4Mbit/s）快25倍，并能够满足几乎所有用户对于无线服务的要求。此外，4G可以在DSL和有线电视调制解调器没有覆盖的地方部署，然后再扩展到整个地区。很明显，4G有着不可比拟的优越性。

第四代移动通信系统具有以下特征。

（1）传输速率更快：对于大范围高速移动用户（250km/h）数据速率为2Mbit/s；对于中速移动用户（60km/h）数据速率为20Mbit/s；对于低速移动用户（室内或步行者），数据速率为100Mbit/s。

（2）频谱利用效率更高：4G在开发和研制过程中使用和引入许多功能强大的突破性技术，无线频谱的利用比第二代和第三代系统有效得多，而且速度相当快。

（3）网络频谱更宽：每个4G信道将会占用100MHz或是更多的带宽，而3G网络的带宽则在5～20MHz之间。

（4）容量更大：4G将采用新的网络技术（如空分多址技术等）来极大提高系统容量，以满足未来大信息量的需求。

（5）灵活性更强：4G系统采用智能技术，可自适应地进行资源分配，采用智能信号处理技术对信道条件不同的各种复杂环境进行信号的正常收发。另外，用户将使用各式各样的设备接入到4G系统。

（6）实现更高质量的多媒体通信：4G网络的无线多媒体通信服务将包括语音、数据、影像等，大量信息通过宽频信道传送出去，让用户可以在任何时间、任何地点接入到系

统中，因此 4G 也是一种实时的、宽带的以及无缝覆盖的多媒体移动通信。

（7）兼容性更平滑：4G 系统应具备全球漫游，接口开放，能跟多种网络互联，终端多样化及能从第二代平稳过渡等特点。

LTE 与 4G 的关系如下所述。

LTE 是 Long Term Evolution（长期演进）的缩写，是新一代宽带无线移动通信技术。与 3G 采用的 CDMA 技术不同，LTE 以 OFDM（正交频分多址）和 MIMO（多输入多输出天线）技术为基础，频谱效率是 3G 增强技术的 2～3 倍。3GPP 标准化组织最初制定 LTE 标准时，定位为 3G 技术的演进升级。后来 LTE 技术的发展远远超出了最初的预期，无论是系统架构还是传输技术，相对原来的 3G 系统均有较大的革新。

严格来说，LTE 基础版本 Release8/9 仅属于 3G 增强范畴，也称为 3.9G。按照国际电联的定义，LTE 后续演进版本 Release10/11（LTE 的增强技术，即 LTE-Advanced）才是真正意义的 4G。但从市场推广的角度说，目前全球运营商已普遍将 LTE 各种版本通称为“4G”。在本书中，按照国际通用说法，将 LTE 称为 4G。正因为 LTE 技术的整体设计都非常适合承载移动互联网业务，因此运营商都非常关注 LTE，并已成为全球运营商网络演进的主流技术。

6.1 4G 基本概念

随着数据通信与多媒体业务需求的发展，适应移动数据、移动计算及移动多媒体运作需要的第四代移动通信开始兴起，因此有理由期待这种第四代移动通信技术给人们带来更加美好的未来。另外，4G 也因为其拥有的超高数据传输速度，被中国物联网校企联盟誉为机器之间当之无愧的“高速对话”。

6.1.1 4G 发展历史

2001 年 12 月～2003 年 12 月，开展 Beyond 3G/4G 蜂窝通信空中接口技术研究，完成 Beyond 3G/4G 系统无线传输系统的核心硬、软件研制工作，开展相关传输实验，向 ITU 提交有关建议。

2004 年 1 月～2005 年 12 月，使 Beyond 3G/4G 空中接口技术研究达到相对成熟的水平，进行与之相关的系统总体技术方面的研究（包括与无线自组织网络、游牧无线接入网络的互联互通技术研究等），完成联网试验和演示业务的开发，建成具有 Beyond 3G/4G 技术特征的演示系统，向 ITU 提交初步的新一代无线通信体制标准。

2006 年 1 月～2010 年 12 月，设立有关重大专项，完成通用无线环境的体制标准研究及其系统实用化研究，开展较大规模的现场试验。

6.1.2 运行阶段

2010 年是海外主流运营商规模建设 4G 的元年，当时多数机构预计海外 4G 投资时间还将持续 3 年左右。

2012 年国家工业和信息化部部长苗圩表示：4G 的脚步越来越近，4G 牌照在一年左右时间中就会下发。

2013 年，“谷歌光纤概念”开始在全球发酵，在美国国内成功推行的同时，谷歌光纤开始向非洲、东南亚等地推广，给全球 4G 网络建设再次添柴加火。同年 8 月，国务院总理李克强主持召开国务院常务会议，要求提升 3G 网络覆盖和服务质量，推动年内发放 4G 牌照。12 月 4 日正式向三大运营商发布 4G 牌照，中国移动、中国电信和中国联通均获得 TD-LTE 牌照，不过中国联通和中国电信热切期待的 FDD-LTE 牌照暂未发放。

2013 年 12 月 18 日，中国移动在广州宣布将建成全球最大 4G 网络。2013 年年底前，北京、上海、广州、深圳等 16 个城市可享受 4G 服务；到 2014 年年底，4G 网络覆盖超过 340 个城市。

2014 年 1 月，京津城际高铁作为全国首条实现移动 4G 网络全覆盖的铁路，实现了 300km 时速高铁场景下的数据业务高速下载，一部 2G 大小的电影只需要几分钟。原有的 3G 信号也得到增强。

2014 年 1 月 20 日，中国联通已在珠江三角洲及深圳等 10 余个城市和地区开通 42M，实现全网升级，升级后的 3G 网络均可以达到 42M 标准，同时将在当年年内完成全国 360 多个城市和大部分地区 3G 网络的 42M 升级。

6.1.3 核心技术

1. 接入方式和多址方案

OFDM（正交频分复用）是一种无线环境下的高速传输技术，其主要思想就是在频域内将给定信道分成许多正交子信道，在每个子信道上使用一个子载波进行调制，各子载波并行传输。尽管总的信道是非平坦的，即具有频率选择性，但是每个子信道是相对平坦的，在每个子信道上进行的是窄带传输，信号带宽小于信道的相应带宽。OFDM 技术的优点是可以消除或减小信号波形间的干扰，对多径衰落和多普勒频移不敏感，提高了频谱利用率，可实现低成本的单波段接收机。OFDM 的主要缺点是功率效率不高。

2. 调制与编码技术

4G 移动通信系统采用新的调制技术，如多载波正交频分复用调制技术及单载波自适应均衡技术等调制方式，以保证频谱利用率和延长用户终端电池的寿命。4G 移动通信系统采用更高级的信道编码方案（如 Turbo 码、级联码和 LDPC 等）、自动重发请求（ARQ）技术和分集接收技术等，从而在低 Eb/NO（Eb 代表每比特的信号能量，NO 代表噪声的功率普密度）条件下保证系统足够的性能。

3. 高性能的接收机

4G 移动通信系统对接收机提出了很高的要求。Shannon 定理给出了在带宽为 BW 的信道中实现容量为 *C* 的可靠传输所需要的最小信噪比（SNR）。按照 Shannon 定理，可以计算出，对于 3G 系统如果信道带宽为 5MHz，数据速率为 2Mbit/s，所需的 SNR 为 1.2dB；而对于 4G 系统，要在 5MHz 的带宽上传输 20Mbit/s 的数据，则所需要的 SNR 为 12dB。可见对于 4G 系统，由于速率很高，对接收机的性能要求也要高得多。

4. 智能天线技术

智能天线具有抑制信号干扰、自动跟踪及数字波束调节等智能功能，被认为是未来移动通信的关键技术。智能天线应用数字信号处理技术，产生空间定向波束，使天线主波束对准用户信号到达方向，旁瓣或零陷对准干扰信号到达方向，达到充分利用移动用户信号并消除或抑制干扰信号的目的。这种技术既能改善信号质量又能增加传输容量。

5. MIMO 技术

MIMO（多输入多输出）技术是指利用多发射、多接收天线进行空间分集的技术，它采用的是分立式多天线，能够有效地将通信链路分解成为许多并行的子信道，从而大大提高容量。信息论已经证明，当不同的接收天线和不同的发射天线之间互不相关时，MIMO 系统能够很好地提高系统的抗衰落和噪声性能，从而获得巨大的容量。例如，当接收天线和发送天线数目都为 8 根，且平均信噪比为 20dB 时，链路容量可以高达 42bit/s/Hz，这是单天线系统所能达到容量的 40 多倍。因此，在功率带宽受限的无线信道中，MIMO 技术是实现高数据速率、提高系统容量、提高传输质量的空间分集技术。在无线频谱资源相对匮乏的今天，MIMO 系统已经体现出其优越性，也会在 4G 移动通信系统中继续应用。

6. 软件无线电技术

软件无线电是将标准化、模块化的硬件功能单元经过一个通用硬件平台，利用软件加载方式来实现各种类型的无线电通信系统的一种具有开放式结构的新技术。软件无线电的核心思想是在尽可能靠近天线的地方使用宽带 A/D 和 D/A 变换器，并尽可能多地用软件来定义无线功能，各种功能和信号处理都尽可能用软件实现。其软件系统包括各类无线信令规则与处理软件、信号流变换软件、信源编码软件、信道纠错编码软件、调制解调算法软件等。软件无线电使得系统具有灵活性和适应性，能够适应不同的网络和空中接口。软件无线电技术能支持采用不同空中接口的多模式手机和基站，能实现各种应用的可变 QoS。

7. 基于 IP 的核心网

移动通信系统的核心网是一个基于全 IP 的网络，同已有的移动网络相比具有根本性的优点，即可以实现不同网络间的无缝互联。核心网独立于各种具体的无线接入方案，能提供端到端的 IP 业务，能同已有的核心网和 PSTN 兼容。核心网具有开放的结构，能允许各种空中接口接入核心网；同时核心网能把业务、控制和传输等分开。采用 IP 后，所采用的无线接入方式和协议与核心网络（CN）协议、链路层是分离独立的。IP 与多种无线接入协议相兼容，因此在设计核心网络时具有很大的灵活性，不需要考虑无线接入究竟采用何种方式和协议。

8. 多用户检测技术

多用户检测是宽带通信系统中抗干扰的关键技术。在实际的 CDMA 通信系统中，各个用户信号之间存在一定的相关性，这就是多址干扰存在的根源。由个别用户产生的多址干扰固然很小，可是随着用户数的增加或信号功率的增大，多址干扰就成为宽带 CDMA 通信系统的一个主要干扰。传统的检测技术完全按照经典直接序列扩频理论对每个用户的信号分别进行扩频码匹配处理，

因而抗多址干扰能力较差。多用户检测技术在传统检测技术的基础上，充分利用造成多址干扰的所有用户信号信息对单个用户的信号进行检测，从而具有优良的抗干扰性能，解决了远近效应问题，降低了系统对功率控制精度的要求，因此可以更加有效地利用链路频谱资源，显著提高系统容量。随着多用户检测技术的不断发展，各种高性能又不是特别复杂的多用户检测器算法不断提出，在 4G 实际系统中采用多用户检测技术将是切实可行的。

6.1.4 网络结构

4G 移动系统网络结构可分为 3 层：物理网络层、中间环境层、应用网络层。物理网络层提供接入和路由选择功能，它们由无线和核心网的结合格式完成。中间环境层的功能有 QoS 映射、地址变换和完全性管理等。

物理网络层与中间环境层及其应用环境之间的接口是开放的，它使发展和提供新的应用及服务变得更为容易，提供无缝高数据率的无线服务，并运行于多个频带。

6.1.5 4G 的优缺点

1. 优势

（1）通信速度快

由于人们研究 4G 通信的最初目的就是提高蜂窝电话和其他移动装置无线访问 Internet 的速率，因此 4G 通信给人印象最深刻的特征莫过于它具有更快的无线通信速度。

从移动通信系统数据传输速率做比较，第一代模拟式仅提供语音服务；第二代数字式移动通信系统传输速率也只有 9.6kbit/s，最高可达 32kbit/s，如 PHS；第三代移动通信系统数据传输速率可达到 2Mbit/s；而第四代移动通信系统传输速率可达到 20Mbit/s，甚至最高可以达到 100Mbit/s，这种速度相当于 2009 年最新手机的传输速度的 1 万倍左右，第三代手机传输速度的 50 倍。

（2）网络频谱宽

要想使 4G 通信达到 100Mbit/s 的传输，通信营运商必须在 3G 通信网络的基础上，进行大幅度改造和研究，以便使 4G 网络在通信带宽上比 3G 网络的蜂窝系统的带宽高出许多。据研究 4G 通信的 AT&T 的执行官们说，估计每个 4G 信道会占有 100MHz 的频谱，相当于 WCDMA 3G 网络的 20 倍。

（3）通信灵活

从严格意义上说，4G 手机的功能已不能简单划归“电话机”的范畴，毕竟语音资料的传输只是 4G 移动电话的功能之一，因此未来 4G 手机更应该算得上是一只小型计算机了，而且 4G 手机从外观和式样上会有更惊人的突破，人们可以想象的是，眼镜、手表、化妆盒、旅游鞋，以方便和个性为前提，任何一件能看到的物品都有可能成为 4G 终端，只是人们还不知应该怎么称呼它。

未来的 4G 通信使人们不仅可以随时随地通信，更可以双向下载传递资料、图画、影像，当然更可以和从未谋面的陌生人网上联线对打游戏。也许有被网上定位系统永远锁定无处遁形的苦恼，但是与它据此提供的地图带来的便利和安全相比，这简直可以忽略不计。

（4）智能性能高

第四代移动通信的智能性更高，不仅表现于 4G 通信的终端设备的设计和操作具有智能化，例如，对菜单和滚动操作的依赖程度会大大降低，更重要的是 4G 手机还可以实现许多难以想象的功能。

例如，4G 手机能根据环境、时间及其他设定的因素来适时地提醒手机的主人此时该做什么事，或者不该做什么事；4G 手机可以把电影院票房资料直接下载到 PDA 上，这些资料能够把售票情况、座位情况显示得清清楚楚，大家可以根据这些信息来进行在线购买自己满意的电影票；4G 手机可以被看作是一台手提电视，用来看体育比赛之类的各种现场直播。LG G3 支持双卡，支持 2014 年的主流 4G，并内置可拆卸式 3000mAh 电池。

（5）兼容性好

要使 4G 通信尽快地被人们接受，不但考虑到它的功能强大外，还应该考虑到现有通信的基础，以便让更多的现有通信用户在投资最少的情况下就能很轻易地过渡到 4G 通信。

因此，从这个角度来看，未来的第四代移动通信系统应当具备全球漫游，接口开放，能跟多种网络互联，终端多样化，以及能从第二代平稳过渡等特点。

（6）提供增值服务

4G 通信并不是从 3G 通信的基础上经过简单的升级而演变过来的，它们的核心建设技术根本就是不同的。3G 移动通信系统主要是以 CDMA 为核心技术，而 4G 移动通信系统技术则以正交多任务分频技术（OFDM）最受瞩目，利用这种技术人们可以实现如无线区域环路（WLL）、数字音讯广播（DAB）等方面的无线通信增值服务。不过考虑到与 3G 通信的过渡性，第四代移动通信系统不会在未来仅仅只采用 OFDM 一种技术，CDMA 技术会在第四代移动通信系统中，与 OFDM 技术相互配合以便发挥出更大的作用，甚至未来的第四代移动通信系统也会有新的整合技术如 OFDM/CDMA 产生。前文所提到的数字音讯广播，其实它真正运用的技术是 OFDM/FDMA 的整合技术，同样是利用两种技术的结合。

因此，未来以 OFDM 为核心技术的第四代移动通信系统也会结合两项技术的优点，一部分会是以 CDMA 的延伸技术。

（7）高质量通信

尽管第三代移动通信系统也能实现各种多媒体通信，为此未来的第四代移动通信系统也称为“多媒体移动通信”。

第四代移动通信不仅仅是为了因应用户数的增加，更重要的是，必须要因应多媒体的传输需求，当然还包括通信品质的要求。总结来说，首先必须可以容纳市场庞大的用户数、改善现有通信品质不良，以及达到高速数据传输的要求。

（8）频率效率高

相比第三代移动通信技术来说，第四代移动通信技术在开发研制过程中使用和引入许多功能强大的突破性技术，例如，一些光纤通信产品公司为了进一步提高无线因特网的主干带宽宽度，引入了交换层级技术，这种技术能同时涵盖不同类型的通信接口，也就是说第四代主要是运用路由技术（Routing）为主的网络架构。

由于利用了几项不同的技术，所以无线频率的使用比第二代和第三代系统有效得多。

（9）费用便宜

4G 通信不仅解决了与 3G 通信的兼容性问题，让更多的现有通信用户能轻易地升级到 4G 通

信，而且4G通信引入了许多尖端的通信技术，这些技术保证了4G通信能提供一种灵活性非常高的系统操作方式，因此相对其他技术来说，4G通信部署起来就容易迅速得多；同时在建设4G通信网络系统时，通信营运商们会考虑直接在3G通信网络的基础设施之上，采用逐步引入的方法，这样就能够有效地降低运行者和用户的费用。据研究人员宣称，4G通信的无线即时连接等某些服务费用会比3G通信更加便宜。

对于人们来说，4G通信的确显得很神秘，不少人都认为第四代无线通信网络系统是人类有史以来发明的最复杂的技术系统。的确，第四代无线通信网络在具体实施的过程中出现大量令人头痛的技术问题，大概一点也不会使人们感到意外和奇怪。第四代无线通信网络存在的技术问题多和互联网有关，并且需要花费好几年的时间才能解决。

2. 缺陷

（1）标准多

虽然从理论上讲，3G手机用户在全球范围都可以进行移动通信，但是由于没有统一的国际标准，各种移动通信系统彼此互不兼容，给手机用户带来诸多不便。因此，开发第四代移动通信系统必须首先解决通信制式等需要全球统一的标准化问题，而世界各大通信厂商对此一直在争论不休。

（2）技术难

尽管4G通信能够给人带来美好的明天，并且某些先进技术现已研究出来，但并未普及。据研究这些技术的开发人员而言，要实现4G通信的高速下载还面临着一系列技术问题。

例如，如何保证楼区、山区及其他有障碍物等易受影响地区的信号强度等问题。日本DoCoMo公司表示，为了解决这一问题，公司会对不同编码技术和传输技术进行测试。另外，在移交方面存在的技术问题，使手机很容易在从一个基站的覆盖区域进入另一个基站的覆盖区域时和网络失去联系。

由于第四代无线通信网络的架构相当复杂，这一问题显得格外突出。不过，行业专家们表示，他们相信这一问题可以得到解决，但需要一定的时间。

（3）容量受限

人们对未来的4G通信的印象最深的莫过于它的通信传输速度会得到极大提升，从理论上说其所谓的100Mbit/s的宽带速度（约为每秒12.5MB），比2009年最新手机信息传输速度每秒10KB要快1000多倍，但手机的速度会受到通信系统容量的限制，如系统容量有限，手机用户越多，速度就越慢。据有关行家分析，4G手机会很难达到其理论速度。如果速度上不去，4G手机就要大打折扣。

（4）市场难以消化

有专家预测在10年以后，第三代移动通信的多媒体服务会进入第三个发展阶段，此时覆盖全球的3G网络已经基本建成，全球25%以上人口使用第三代移动通信系统，第三代技术仍然在缓慢地进入市场，到那时整个行业正在消化吸收第三代技术，对于第四代移动通信系统的接受还需要一个逐步过渡的过程。

另外，在过渡过程中，如果4G通信因为系统或终端的短缺而导致延迟的话，那么号称5G的技术随时都有可能威胁到4G的赢利计划，此时4G漫长的投资回收和赢利计划会变得异常脆弱。

（5）设施更新慢

在部署4G通信网络系统之前，覆盖全球的大部分无线基础设施都是基于第三代移动通信系

统建立的，如果要向第四代通信技术转移的话，那么全球的许多无线基础设施都需要经历着大量的变化和更新，这种变化和更新势必减缓 4G 通信技术全面进入市场、占领市场的速度。

而且到那时，还必须要求 3G 通信终端升级到能进行更高速数据传输及支持 4G 通信各项数据业务的 4G 终端，也就是说 4G 通信终端要能在 4G 通信网络建成后及时提供，不能让通信终端的生产滞后于网络建设。但根据某些事实来看，在 4G 通信技术全面进入商用之日算起的两三年后，消费者才有望用上性能稳定的 4G 通信手机。

（6）其他

手机的功能越来越强大，而无线通信网络也变得越来越复杂，同样 4G 通信在功能日益增多的同时，它的建设和开发也会遇到比以前系统建设更多的困难和麻烦。

例如，每一种新的设备和技术推出时，其后的软件设计和开发必须及时能跟上步伐，才能使新的设备和技术得到很快推广和应用，但遗憾的是 4G 通信还只处于研究和开发阶段，具体的设备和用到的技术还没有完全成型，因此对应的软件开发也会遇到困难。另外，费率和计费方式对于 4G 通信的移动数据市场的发展尤为重要，例如，WAP 手机推出后，用户花了很多的连接时间才能获得信息，而按时间及信息内容的收费方式使用户难以承受，因此必须及早慎重研究基于 4G 通信的收费系统，以利于市场发展。

6.1.6 4G 标准

1．LTE

LTE（Long Term Evolution，长期演进）项目是 3G 的演进，它改进并增强了 3G 的空中接入技术，采用 OFDM 和 MIMO 作为其无线网络演进的唯一标准。根据 4G 牌照发布的规定，国内 3 家运营商中国移动、中国电信和中国联通都拿到了 TD-LTE 制式的 4G 牌照。此外，2015 年 2 月 15 日，工业和信息化部也颁发了 FDD-LTE 制式的 4G 牌照。

主要特点是在 20MHz 频谱带宽下能够提供下行 100Mbit/s 与上行 50Mbit/s 的峰值速率，相对于 3G 网络大大提高了小区的容量，同时将网络延迟大大降低：内部单向传输时延低于 5ms，控制平面从睡眠状态到激活状态迁移时间低于 50ms，从驻留状态到激活状态的迁移时间小于 100ms。并且这一标准也是 3GPP 长期演进（LTE）项目，是近两年来 3GPP 启动的最大的新技术研发项目，其演进的历史如下：

GSM→GPRS→EDGE→WCDMA→HSDPA/HSUPA→HSDPA+/HSUPA+→FDD-LTE 长期演进

GSM:9kbit/s → GPRS:42kbit/s → EDGE:172kbit/s → WCDMA:384kbit/s → HSDPA/HSUPA:14.4Mbit/s→HSDPA+/HSUPA+:42Mbit/s→FDD-LTE:300Mbit/s

由于 WCDMA 网络的升级版 HSPA 和 HSPA+均能够演化到 FDD-LTE 这一状态，所以这一 4G 标准获得了最大的支持，也将是未来 4G 标准的主流。TDD-LTE 实际上与 TD-SCDMA 没有关系，不能直接向 TDD-LTE 演进。该网络提供媲美固定宽带的网速和移动网络的切换速度，网络浏览速度大大提升。

LTE 终端设备当前有耗电太大和价格昂贵的缺点，按照摩尔定律测算，估计至少还要 6 年后，才能达到当前 3G 终端的量产成本。

2. LTE-Advanced

LTE-Advanced：从字面上看，LTE-Advanced 就是 LTE 技术的升级版，那么为何两种标准都能够成为 4G 标准呢？LTE-Advanced 的正式名称为 Further Advancements for E-UTRA，它满足 ITU-R 的 IMT-Advanced 技术征集的需求，是 3GPP 形成欧洲 IMT-Advanced 技术提案的一个重要来源。LTE-Advanced 是一个后向兼容的技术，完全兼容 LTE，是演进而不是革命，相当于 HSPA 和 WCDMA 这样的关系。LTE-Advanced 的相关特性如下：

带宽：100MHz；

峰值速率：下行 1Gbit/s，上行 500Mbit/s；

峰值频谱效率：下行 30bps/Hz，上行 15bps/Hz；

针对室内环境进行优化；

有效支持新频段和大带宽应用；

峰值速率大幅提高，频谱效率有限的改进。

如果严格讲，LTE 作为 3.9G 移动互联网技术，那么 LTE-Advanced 作为 4G 标准更加确切一些。LTE-Advanced 的入围，包含 TDD 和 FDD 两种制式，其中 TD-SCDMA 将能够进化到 TDD 制式，而 WCDMA 网络能够进化到 FDD 制式。移动主导的 TD-SCDMA 网络期望能够直接绕过 HSPA+网络而直接进入到 LTE。

3. WiMax

WiMax（Worldwide Interoperability for Microwave Access）即全球微波互联接入，WiMax 的另一个名字是 IEEE 802.16。WiMax 的技术起点较高，WiMax 所能提供的最高接入速度是 70Mbit/s，这个速度是 3G 所能提供的宽带速度的 30 倍。

对无线网络来说，这的确是一个惊人的进步。WiMax 逐步实现宽带业务的移动化，而 3G 则实现移动业务的宽带化，两种网络的融合程度会越来越高，这也是未来移动世界和固定网络的融合趋势。

802.16 工作的频段采用的是无需授权频段，范围在 2～66GHz，而 802.16a 则是一种采用 2～11GHz 无需授权频段的宽带无线接入系统，其频道带宽可根据需求在 1.5～20MHz 范围进行调整。具有更好高速移动下无缝切换的 IEEE 802.16m 的技术正在研发。因此，802.16 所使用的频谱可能比其他任何无线技术更丰富。WiMax 具有以下优点。

① 对于已知的干扰，窄的信道带宽有利于避开干扰，而且有利于节省频谱资源。

② 灵活的带宽调整能力，有利于运营商或用户协调频谱资源。

③ WiMax 所能实现的 50km 的无线信号传输距离是无线局域网所不能比拟的，网络覆盖面积是 3G 发射塔的 10 倍，只要少数基站建设就能实现全城覆盖，能够使无线网络的覆盖面积大大提升。

虽然 WiMax 网络在网络覆盖面积和网络的带宽上优势巨大，但是其移动性却有着先天的缺陷，无法满足高速（≥50km/h）下的网络的无缝链接，从这个意义上讲，WiMax 还无法达到 3G 网络的水平，严格来说并不能算作移动通信技术，而仅仅是无线局域网的技术。

但是 WiMax 的希望在于 IEEE 802.11m 技术上，该技术将能够有效解决这些问题，也正是因为有中国移动、英特尔、Sprint 各大厂商的积极参与，WiMax 成为呼声仅次于 LTE 的 4G 网络手

机。关于IEEE 802.16m这一技术，我们将留在最后做详细阐述。

WiMax当前全球使用用户大约800万，其中60%在美国。WiMax其实是最早的4G通信标准，大约出现于2000年。

4. Wireless MAN

Wireless MAN-Advanced事实上就是WiMax的升级版，即IEEE 802.16m标准。802.16系列标准在IEEE正式称为Wireless MAN，而Wireless MAN-Advanced即IEEE 802.16m。其中，802.16m最高可以提供1Gbit/s无线传输速率，还将兼容未来的4G无线网络。802.16m可在“漫游”模式或高效率/强信号模式下提供1Gbit/s的下行速率。该标准还支持“高移动”模式，能够提供1Gbit/s速率。其优势如下：

① 提高网络覆盖，改建链路预算；

② 提高频谱效率；

③ 提高数据和VOIP容量；

④ 低时延和QoS增强；

⑤ 功耗节省。

Wireless MAN-Advanced有5种网络数据规格，其中极低速率为16kbit/s，低速率数据及低速多媒体为144kbit/s，中速多媒体为2Mbit/s，高速多媒体为30Mbit/s，超高速多媒体则达到了30Mbit/s～1Gbit/s。

但是该标准可能会率先被军方所采用，IEEE方面表示军方的介入将能够促使Wireless MAN-Advanced更快成熟和完善，而且军方的今天就是民用的明天。不论怎样，Wireless MAN-Advanced得到ITU的认可并成为4G标准的可能性极大。

5. 国际标准

2012年1月18日，国际电信联盟在2012年无线电通信全会全体会议上，正式审议通过将LTE-Advanced和Wireless MAN-Advanced（802.16m）技术规范，并确立为IMT-Advanced（俗称“4G”）国际标准，中国主导制定的TD-LTE-Advanced和FDD-LTE-Advanced同时并列成为4G国际标准。

4G国际标准工作历时3年。从2009年年初开始，ITU在全世界范围内征集IMT-Advanced候选技术。2009年10月，ITU共计征集到了6个候选技术，基本上可分为两大类，类是基于GPP的LTE技术，另一类是基于IEEE 802.16m的技术。我国提交的TD-LTE-Advanced是其中的TDD部分。

ITU在收到候选技术以后，组织世界各国和国际组织进行了技术评估。2010年10月，在中国重庆，ITU-R下属的WP5D工作组最终确定了IMT-Advanced的两大关键技术，即LTE-Advanced和802.16m。中国提交的候选技术作为LTE-Advanced的一个组成部分也包含在其中。在确定了关键技术以后，WP5D工作组继续完成了电联建议的编写工作，以及各个标准化组织的确认工作。此后，WP5D将文件提交上一级机构审核，SG5审核通过以后，再提交给全会讨论通过。

在此次会议上，TD-LTE正式被确定为4G国际标准，也标志着中国在移动通信标准制定领域再次走到了世界前列，为TD-LTE产业的后续发展及国际化提供了重要基础。

日本软银、沙特阿拉伯STC、Mobily、巴西Sky Brazil、波兰Aero2等众多国际运营商已经

开始商用或者预商用TD-LTE网络。印度Augere 2012年2月开始预商用。审议通过后，非常利于TD-LTE技术进一步在全球推广。同时，国际主流的电信设备制造商基本全部支持TD-LTE，而在芯片领域，TD-LTE已吸引17家厂商加入，其中不乏高通等国际芯片市场的领导者。

6. 速率对比

无线蜂窝技术：cdma2000 1x/EVDo；GSM EDGE；TD-SCDMA HSPA；WCDMA HSPA；TD-LTE；FDD-LTE。

4G网络的下行速率能达到100～150Mbit/s，比3G快20～30倍，上传的速度也能达到20～40Mbit/s。这种速率能满足几乎所有用户对于无线服务的要求。有人曾这样比较3G和4G的网速，3G的网速相当于“高速公路”，4G的网速相当于“磁悬浮”。

7. 多模多频芯片

支持LTE/3G多模多频是LTE终端的明确发展方向，也是国内运营商的发展思路。目前国内某些运营商已经公开表示将建设TDD/FDD融合组网，这对多模多频也提出了很高要求。中国移动也多次强调，TDD/FDD混合组网，支持5模10频、5模12频及Band 41是中国移动发展LTE智能终端的重点。

关于多模多频，业界普遍认为频段不统一是当今全球LTE终端设计的最大障碍——当前，全球2G、3G和4G LTE网络频段的多样性对移动终端开发构成了挑战。全球2G和3G技术各采用4～5个不同的频段，加上4G LTE，网络频段的总量将近40个。要支持多模多频，首先就需要终端集成能同时支持多种制式和频段的芯片。

8. 芯片标准

从4G芯片的发展来看，4G芯片应该具备高度集成、多模多频、强大的数据与多媒体处理能力。全球4G手机大多数采用高通的芯片。博通、Marvell、英特尔、联发科、联芯科技、创毅视讯、展迅、海思等芯片厂商也有4G基带芯片产品推出，主要运用于MIFI、CPE等数据终端中。

高通的LTE芯片强调高集成度和多模多频支持。高通所有LTE芯片组均同时支持LTE TDD和LTE FDD，而在LTE/3G多模方面，以第三代调制解调器Gobi MDM9x25为例，支持LTE Rel10、HSPA+Rel10、1x/DO、TD-SCDMA、GSM/EDGE。此外，强调“高集成”和“单芯片”的骁龙800系列处理器也集成了Gobi 9x25调制解调方案。而目前有超过150款采用高通第三代调制解调方案的智能终端正在研发中。此外，在2013年年初推出的RF360前端解决方案首次实现单个终端支持所有LTE制式和频段的设计，支持7种网络制式（FDD、TDD-LTE、WCDMA、EV-DO、CDMA1x、TD-SCDMA和GSM/EDGE）。

6.1.7 TDD-LTE与FDD-LTE的介绍与区别

TDD-LTE和FDD-LTE分别是4G两种不同的制式，一个是时分一个是频分。简单来说，TDD-LTE上下行在同一个频点时隙分配；FDD-LTE上下行通过不同的频点区分。就其技术特点来说，没有谁领先之分。

时分双工技术（Time Division Duplexing，TDD）是移动通信技术使用的双工技术之一，与

FDD 相对应。

在 TDD 模式的移动通信系统中，基站到移动台之间的上行和下行通信使用同一频率信道（即载波）的不同时隙，用时间来分离接收和传送信道，某个时间段由基站发送信号给移动台，另外的时间由移动台发送信号给基站。基站和移动台之间必须协同一致才能顺利工作。

TD-LTE 上行理论速率为 50Mbit/s，下行理论速率为 100Mbit/s。

FDD 模式的特点是在分离的两个对称频率信道上进行接收和传送，用保证频段来分离接收和传送信道。LTE 系统中，上下行频率间隔可以达到 190MHz。

FDD（频分双工）是 LTE 技术支援的两种双工模式之一，应用 FDD（频分双工）式的 LTE 即为 FDD-LTE。由于无线技术的差异、使用频段的不同及各个厂家的利益等因素，FDD-LTE 的标准化与产业发展都领先于 TDD-LTE。FDD-LTE 已成为当前世界上采用的国家及地区最广泛的，终端种类最丰富的一种 4G 标准。

FDD-LTE 上行理论速率为 40Mbit/s，下行理论速率为 150Mbit/s。

1. FDD 与 TDD 工作原理

频分双工（FDD）和时分双工（TDD）是两种不同的双工方式。如图 6-1 所示，FDD 是在分离的两个对称频率信道上进行接收和发送，用保护频段来分离接收和发送信道。FDD 必须采用成对的频率，依靠频率来区分上下行链路，其单方向的资源在时间上是连续的。FDD 在支持对称业务时，能充分利用上下行的频谱，但在支持非对称业务时，频谱利用率将大大降低。

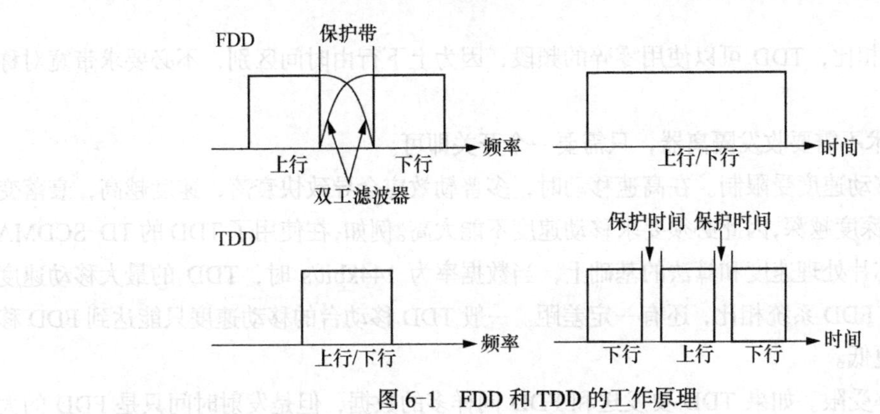

图 6-1　FDD 和 TDD 的工作原理

TDD 用时间来分离接收和发送信道。在 TDD 方式的移动通信系统中，接收和发送使用同一频率载波的不同时隙作为信道的承载，其单方向的资源在时间上是不连续的，时间资源在两个方向上进行了分配。某个时间段由基站发送信号给移动台，另外的时间由移动台发送信号给基站，基站和移动台之间必须协同一致才能顺利工作。

TDD 双工方式的工作特点使 TDD 具有以下优势。

（1）能够灵活配置频率，使用 FDD 系统不易使用的零散频段。

（2）可以通过调整上下行时隙转换点，提高下行时隙比例，能够很好地支持非对称业务。

（3）具有上下行信道一致性，基站的接收和发送可以共用部分射频单元，降低了设备成本。

（4）接收上下行数据时不需要收发隔离器，只需要一个开关即可，降低了设备的复杂度。

（5）具有上下行信道互惠性，能够更好地采用传输预处理技术，如预 RAKE 技术、联合传输

（JT）技术、智能天线技术等，能有效地降低移动终端的处理复杂性。

但是，TDD 双工方式相比较于 FDD，也存在明显的不足。

（1）由于 TDD 方式的时间资源分别分给了上行和下行，因此 TDD 方式的发射时间大约只有 FDD 的一半。如果 TDD 要发送和 FDD 同样多的数据，就要增大 TDD 的发送功率。

（2）TDD 系统上行受限，因此 TDD 基站的覆盖范围明显小于 FDD 基站。

（3）TDD 系统收发信道同频，无法进行干扰隔离，系统内和系统间存在干扰。

（4）为了避免与其他无线系统之间的干扰，TDD 需要预留较大的保护带，影响了整体频谱利用效率。

2. 使用 TDD 和 FDD 技术在 LTE 应用上的优劣

（1）使用 TDD 技术时，只要基站和移动台之间的上下行时间间隔不大，小于信道相干时间，就可以比较简单地根据对方的信号估计信道特征。而对于一般的 FDD 技术，一般的上下行频率间隔远远大于信道相干带宽，几乎无法利用上行信号估计下行，也无法用下行信号估计上行。这一特点使得 TDD 方式的移动通信体制在功率控制及智能天线技术的使用方面有明显的优势。但也是因为这一点，TDD 系统的覆盖范围半径要小，由于上下行时间间隔的缘故，基站覆盖半径明显小于 FDD 基站。否则，小区边缘的用户信号到达基站时会不同步。

（2）TDD 技术可以灵活设置上行和下行转换时刻，用于实现不对称的上行和下行业务带宽，有利于实现明显上下行不对称的互联网业务。但是，这种转换时刻的设置必须与相邻基站协同进行。

（3）与 FDD 相比，TDD 可以使用零碎的频段，因为上下行由时间区别，不必要求带宽对称的频段。

（4）TDD 技术不需要收发隔离器，只需要一个开关即可。

（5）移动台移动速度受限制。在高速移动时，多普勒效应会导致快衰落，速度越高，衰落变换频率越高，衰落深度越深，因此必须要求移动速度不能太高。例如，在使用了 TDD 的 TD-SCDMA 系统中，在目前芯片处理速度和算法的基础上，当数据率为 144kbit/s 时，TDD 的最大移动速度可达 250km/h，与 FDD 系统相比，还有一定差距。一般 TDD 移动台的移动速度只能达到 FDD 移动台的一半甚至更低。

（6）发射功率受限。如果 TDD 要发送和 FDD 同样多的数据，但是发射时间只是 FDD 的大约一半，这要求 TDD 的发送功率要大。当然同时也需要更加复杂的网络规划和优化技术。

6.2 LTE 基本概述

LTE 是 Long Term Evolution（长期演进）的缩写。3GPP 标准化组织最初制定 LTE 标准时，定位为 3G 技术的演进升级。后来 LTE 技术的发展远远超出了最初的预期，无论是系统架构还是传输技术，相对原来的 3G 系统均有较大的革新。

严格来说，LTE 基础版本 Release8/9 仅属于 3G 增强范畴，也称为 3.9G。按照国际电联的定义，LTE 后续演进版本 Release10/11（即 LTE-Advanced）才是真正意义的 4G。但从市场推广的角度说，目前全球运营商已普遍将 LTE 各种版本通称为“4G”。

6.2.1　LTE 的频段

FDD-LTE 主流频段为 1.8GHz/2.6GHz/及低频段 700MHz、800MHz。

TDD-LTE 主流频段为 2.6GHz/2.3GHz。

中国政府宣布将 2500～2690MHz 共 190MHz 的频谱资源全部划分给 TDD，极大地提振全球产业和市场对 TDD-LTE 发展的信心，但 700MHz 频段在广播电视模拟信号中使用，广电已明确表示不可能出让。

1．TDD-LTE 的工作频段

在 R8 中，TDD 可用的频段号为 33～40，有 8 个。其中 B38：2.57～2.62GHz，可全球漫游；B39：1.88～1.92GHz，这是国内 TD-SCDMA 的频段；B40：2.3～2.4GHz，可全球漫游。B 是 Band 的缩写，代表频段的意思。

这些频段中，中国移动采用 B38 及 B39 来实施室外覆盖，B40 来实施室内覆盖。B38、B39、B40 在中国移动分别又有绰号：D 频段、F 频段和 E 频段。

到了 R10，3GPP 又引入了新的 TDD 频段，B41～43 其中 B41 为 2500～2690MHz，非常重要，因为中国政府已经宣布，将 B41 的全部频段用于 TDD-LTE。

2．FDD-LTE 的工作频段

在 R8 中，第一个工作频段是 3G 的 2.1GHz 频段，不过由于 3G 系统正在使用，因此，第 7 个工作频段 B7，也就是 2.6GHz 的频段成为 LTE 部署时的第一个频段，目前在北欧商用。值得一提的是，Band7 上下行的中间就是 TDD 的 B38。

由于 2.6GHz 覆盖能力弱，因此美国商用系统，如 Verizon、AT&T 采用了 700MHz 的频段，其中 Verizon 为 B13，AT&T 主要是 B17。

从全球的角度看，目前国际上 LTE1800 的造势活动很热闹，LTE1800 就是原来的 GSM1800，称为 B3。

对中国而言，B3 还是很有商用价值的，特别适合联通。对于电信来说，B1 应该是首选。

6.2.2　LTE 基本指标

带宽灵活配置：支持 1.4MHz，3MHz，5MHz，10Mhz，15Mhz，20MHz。

峰值速率（20MHz 带宽）：下行 326Mbit/s（4×4 MIMO），上行 86.4Mbit/s（UE: SingleTX）。

控制面延时小于 100ms，用户面延时小于 5ms。

能为速度>350km/h 的用户提供 100kbit/s 的接入服务。

频谱效率：1.69bit/s/Hz（2×2 MIMO）；1.87bit/s/Hz（4×2 MIMO）。

用户数：协议要求 5MHz 带宽，至少支持 200 激活用户/小区；5MHz 以上带宽，至少 400 激活用户/小区。

LTE 与以往移动通信系统的速率对比见表 6-1。

表 6-1　　　　　　　　LTE 与以往移动通信系统的速率对比

<table>
<tr><td>无线蜂窝制式</td><td colspan="2">GSM （EDGE）</td><td colspan="2">CDMA 2000（1x）</td></tr>
<tr><td>下行速率</td><td colspan="2">236kbit/s</td><td colspan="2">153kbit/s</td></tr>
<tr><td>上行速率</td><td colspan="2">118kbit/s</td><td colspan="2">153kbit/s</td></tr>
<tr><td>无线蜂窝制式</td><td>cdma2000（EVDO RA）</td><td colspan="2">TD-SCDMA（HSPA）</td><td>WCDMA（HSPA）</td></tr>
<tr><td>下行速率</td><td>3.1Mbit/s</td><td colspan="2">2.8Mbit/s</td><td>14.4Mbit/s</td></tr>
<tr><td>上行速率</td><td>1.8Mbit/s</td><td colspan="2">2.2Mbit/s</td><td>5.76Mbit/s</td></tr>
<tr><td>无线蜂窝制式</td><td colspan="2">TD-LTE</td><td colspan="2">FDD-LTE</td></tr>
<tr><td>下行速率</td><td colspan="2">100Mbit/s</td><td colspan="2">150Mbit/s</td></tr>
<tr><td>上行速率</td><td colspan="2">50Mbit/s</td><td colspan="2">40Mbit/s</td></tr>
</table>

6.2.3　LTE 系统架构

整个 LTE 系统由演进型分组核心网（Evolved Packet Core，EPC）、演进型基站（eNode B）和用户设备（UE）3 部分组成，如图 6-2（a）所示。其中，EPC 负责核心网部分，EPC 控制处理部分称为 MME，数据承载部分称为 SAE Gateway （S-GW）；eNode B 负责接入网部分，也称 E-UTRAN；UE 指用户终端设备。

LTE 体系结构可以借助 SAE 体系结构来做详细描述。在 SAE 体系结构中，RNC 部分功能、GGSN、SGSN 节点将被融合为一个新的节点，即分组核心网演进 EPC 部分。这个新节点具有 GGSN、SGSN 节点和 RNC 的部分功能。如图 6-2（b）所示，由 MME 和 SAE Gateway 两实体来分别完成 EPC 的控制面和用户面功能。

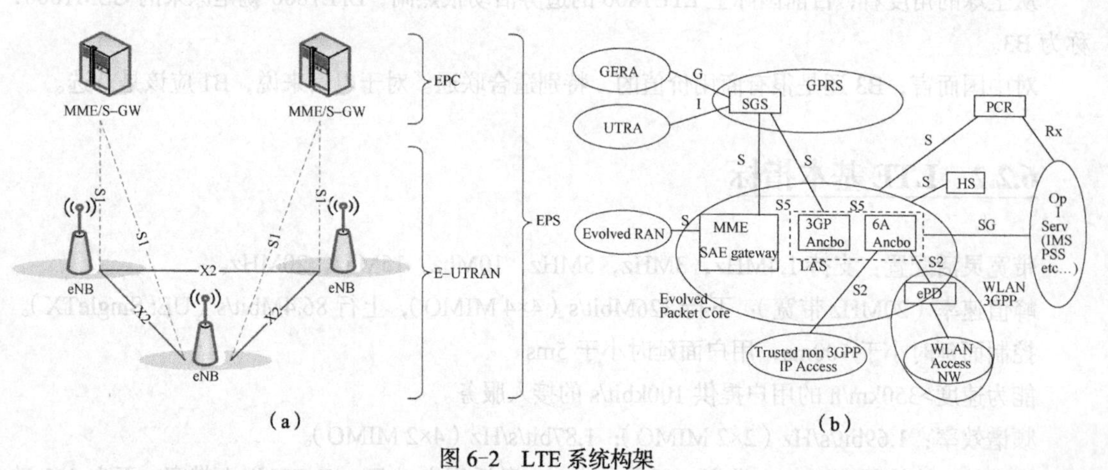

图 6-2　LTE 系统构架

（1）LTE 的主要网元

① LTE 的接入网 E-UTRAN 由 eNode B 组成，提供用户面和控制面。

② LTE 的核心网 EPC 由 MME，S-GW 和 P-GW 组成。

（2）LTE 的网络接口

① eNode B 间通过 X2 接口相互连接，支持数据和信令的直接传输。

② S1 接口连接 eNode B 与核心网 EPC。其中，S1-MME 是 eNode B 连接 MME 的控制面接口，S1-U 是 eNode B 连接 S-GW 的用户面接口。

③ eNode B 与 UE 之间通过 Uu 接口连接。与 UMTS 相比，由于 Node B 和 RNC 融合为网元 eNode B，所以 LTE 少了 Iub 接口。X2 接口类似于 Iur 接口，S1 接口类似于 Iu 接口，但都有较大简化。

（3）LTE 系统模块功能

eNode B 功能：eNode B 具有现有 3GPP R5/R6/R7 的 Node B 功能和大部分的 RNC 功能，包括物理层功能（HARQ 等），MAC，RRC，调度，无线接入控制，移动性管理等。

MME 的功能主要包括寻呼消息发送；安全控制；Idle 状态的移动性管理；SAE 承载管理；NAS 信令的加密与完整性保护等。

S-GW 的功能主要包括分组数据路由及转发；移动性及切换支持；合法监听；计费。

P-GW 的主要功能包括分组数据过滤；UE 的 IP 地址分配；上下行计费及限速。

与传统 3G 网络比较，LTE 的网络结构更加简单扁平，降低组网成本，增加组网灵活性，并能大大减少用户数据和控制信令的时延。

6.2.4　LTE 系统接口协议

空中接口是指终端和接入网之间的接口，通常也称之为无线接口。无线接口协议主要是用来建立、重配置和释放各种无线承载业务。无线接口协议栈根据用途分为用户平面协议栈和控制平面协议栈。

① 用户平面协议栈：负责用户数目传输。

② 控制平面协议栈：负责系统信令传输。

（1）控制平面协议

控制平面负责用户无线资源的管理，无线连接的建立，业务的 QoS 保证和最终的资源释放，如图 6-3 所示。

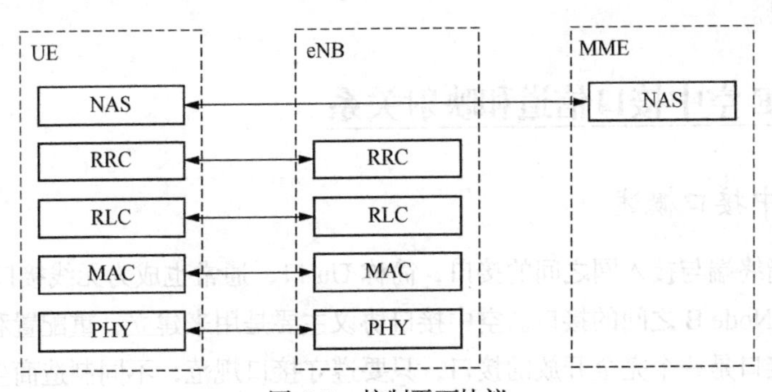

图 6-3　控制平面协议

控制平面协议栈主要包括非接入层（Non-Access Stratum，NAS）、无线资源控制子层（Radio Resource Control，RRC）、分组数据汇聚子层（Packet Date Convergence Protocol，PDCP）、无

线链路控制子层（Radio Link Control，RLC）及媒体接入控制子层（Media Access Control，MAC）。

控制平面的主要功能由上层的 RRC 层和非接入子层（NAS）实现。

NAS 控制协议实体位于终端 UE 和移动管理实体 MME 内，主要负责非接入层的管理和控制。实现的功能包括 EPC 承载管理，鉴权，产生 LTE - IDLE 状态下的寻呼消息，移动性管理，安全控制等。

RRC 协议实体位于 UE 和 eNode B 网络实体内，主要负责接入层的管理和控制。实现的功能包括系统消息广播，寻呼建立、管理、释放，RRC 连接管理，无线承载（Radio Bearer，RB）管理，移动性功能，终端的测量和测量上报控制。

PDCP、MAC 和 RLC 的功能和在用户平面协议实现的功能相同。

（2）用户平面协议

用户平面用于执行无线接入承载业务，主要负责用户发送和接收的所有信息的处理，如图 6-4 所示。

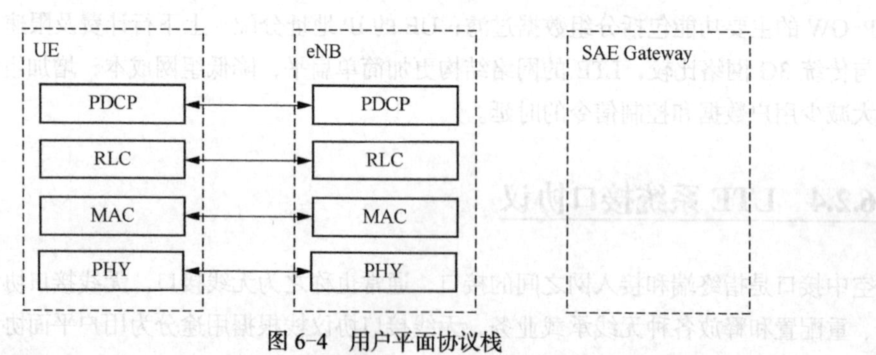

图 6-4　用户平面协议栈

用户平面协议栈主要由 MAC、RLC、PDCP 3 个子层构成。

PDCP 主要任务是头压缩，用户面数据加密。

MAC 子层实现与数据处理相关的功能，包括信道管理与映射，数据包的封装与解封装，HARQ 功能，数据调度，逻辑信道的优先级管理等。

RLC 实现的功能包括数据包的封装和解封装，ARQ 过程，数据的重排序和重复检测，协议错误检测和恢复等。

6.2.5　LTE 空中接口信道和映射关系

1. LTE 空中接口概述

空中接口是指终端与接入网之间的接口，简称 Uu 口，通常也成为无线接口。在 LTE 中，空中接口是终端和 eNode B 之间的接口。空中接口协议主要是用来建立、重配置和释放各种无线承载业务的。空中接口是一个完全开放的接口，只要遵守接口规范，不同制造商生产的设备就能够互相通信。

空中接口协议栈主要分为三层两面，三层是指物理层、数据链路层、网络层，两面是指控制平面和用户平面。从用户平面看，主要包括物理层、MAC 层、RLC 层、PDCP 层，从控制平面看，

除了以上几层外，还包括RRC层，NAS层。RRC协议实体位于UE和eNB网络实体内，主要负责对接入层的控制和管理。NAS控制协议位于UE和移动管理实体MME内，主要负责对非接入层的控制和管理。

2. 信道的定义和映射关系

LTE沿用了UMTS里面的3种信道：逻辑信道、传输信道与物理信道。从协议栈的角度来看，物理信道是物理层的，传输信道是物理层和MAC层之间的，逻辑信道是MAC层和RLC层之间的，它们的含义是：

① 逻辑信道，传输什么内容。如广播信道（BCCH），也就是说用来传广播消息的；

② 传输信道，怎样传。如下行共享信道DL-SCH，也就是业务甚至一些控制消息都是通过共享空中资源来传输的，它会指定MCS、空间复用等方式，也就是说告诉物理层如何去传这些信息；

③ 物理信道，信号在空中传输的承载。如PBCH，也就是在实际的物理位置上采用特定的调制编码方式来传输广播消息。

（1）物理信道

物理层位于无线接口协议的最底层，提供物理介质中比特流传输所需要的所有功能。物理信道可分为上行物理信道和下行物理信道。

LTE定义的下行物理信道主要有以下6种类型。

① 物理下行共享信道（PDSCH）：用于承载下行用户信息和高层信令。

② 物理广播信道（PBCH）：用于承载主系统信息块信息，传输用于初始接入的参数。

③ 物理多播信道（PMCH）：用于承载多媒体/多播信息。

④ 物理控制格式指示信道（PCFICH）：用于承载该子帧上控制区域大小的信息。

⑤ 物理下行控制信道（PDCCH）：用于承载下行控制的信息，如上行调度指令、下行数据传输控制、公共控制信息等。

⑥ 物理HARQ指示信道（PHICH）：用于承载对于终端上行数据的ACK/NACK反馈信息，和HARQ机制有关。

LTE定义的上行物理信道主要有以下3种类型。

① 物理上行共享信道（PUSCH）：用于承载上行用户信息和高层信令。

② 物理上行控制信道（PUCCH）：用于承载上行控制信息。

③ 物理随机接入信道（PRACH）：用于承载随机接入前道序列的发送，基站通过对序列的检测及后续的信令交流建立起上行同步。

（2）传输信道

物理层通过传输信道向MAC子层或更高层提供数据传输服务，传输信道特性由传输格式定义。传输信道描述了数据在无线接口上是如何进行传输的，以及所传输的数据特征。如数据如何被保护以防止传输错误，信道编码类型，CRC保护或者交织，数据包的大小等。所有的这些信息集就是我们所熟知的“传输格式”。

传输信道也有上行和下行之分。

LTE定义的下行传输信道主要有以下4种类型。

① 广播信道（BCH）：用于广播系统信息和小区的特定信息。使用固定的预定义格式，能够

在整个小区覆盖区域内广播。

② 下行共享信道（DL-SCH）：用于传输下行用户控制信息或业务数据。能够使用 HARQ；能够通过各种调制模式、编码、发送功率来实现链路适应；能够在整个小区内发送；能够使用波束赋形；支持动态或半持续资源分配；支持终端非连续接收以达到节电目的；支持 MBMS 业务传输。

③ 寻呼信道（PCH）：当网络不知道 UE 所处小区位置时，用于发送给 UE 的控制信息。能够支持终端非连续接收以达到节电目的；能在整个小区覆盖区域发送；映射到用于业务或其他动态控制信道使用的物理资源上。

④ 多播信道（MCH）：用于 MBMS 用户控制信息的传输。能够在整个小区覆盖区域发送；对于单频点网络支持多小区的 MBMS 传输的合并；使用半持续资源分配。

LTE 定义的上行传输信道主要有以下两种类型。

① 上行共享信道（UL-SCH）：用于传输上行用户控制信息或业务数据。能够使用波束赋形；有通过调整发射功率、编码和潜在的调制模式适应链路条件变化的能力；能够使用 HARQ；动态或半持续资源分配。

② 随机接入信道（RACH）：能够承载有限的控制信息，如在早期连接建立的时候或者 RRC 状态改变的时候。

（3）逻辑信道

逻辑信道定义了传输的内容。MAC 子层使用逻辑信道与高层进行通信。逻辑信道通常分为两类：即用来传输控制平面信息的控制信道和用来传输用户平面信息的业务信道。而根据传输信息的类型又可划分为多种逻辑信道类型，并根据不同的数据类型，提供不同的传输服务。

LTE 定义的控制信道主要有以下 5 种类型。

① 广播控制信道（BCCH）：该信道属于下行信道，用于传输广播系统控制信息。

② 寻呼控制信道（PCCH）：该信道属于下行信道，用于传输寻呼信息和改变通知消息的系统信息。当网络侧没有用户终端所在小区信息的时候，使用该信道寻呼终端。

③ 公共控制信道（CCCH）：该信道包括上行和下行，当终端和网络间没有 RRC 连接时，终端级别控制信息的传输使用该信道。

④ 多播控制信道（MCCH）：该信道为点到多点的下行信道，用于 UE 接收 MBMS 业务。

⑤ 专用控制信道（DCCH）：该信道为点到点的双向信道，用于传输终端侧和网络侧存在 RRC 连接时的专用控制信息。

LTE 定义的业务信道主要有以下两种类型。

① 专用业务信道（DTCH）：该信道可以为单向的也可以是双向的，针对单个用户提供点到点的业务传输。

② 多播业务信道（MTCH）：该信道为点到多点的下行信道。用户只会使用该信道来接收 MBMS 业务。

（4）相互映射关系

MAC 子层使用逻辑信道与 RLC 子层进行通信，使用传输信道与物理层进行通信，因此 MAC 子层负责逻辑信道和传输信道之间的映射。

① 逻辑信道至传输信道的映射。LTE 的映射关系较 UTMS 简单很多，上行的逻辑信道全部映射在上行共享传输信道上传输；下行逻辑信道的传输中，除 PCCH 和 MBMS 逻辑信道有专用

的 PCH 和 MCH 传输信道外，其他逻辑信道全部映射到下行共享信道上（BCCH 一部分在 BCH 上传输）。具体的映射关系如图 6-5 和图 6-6 所示。

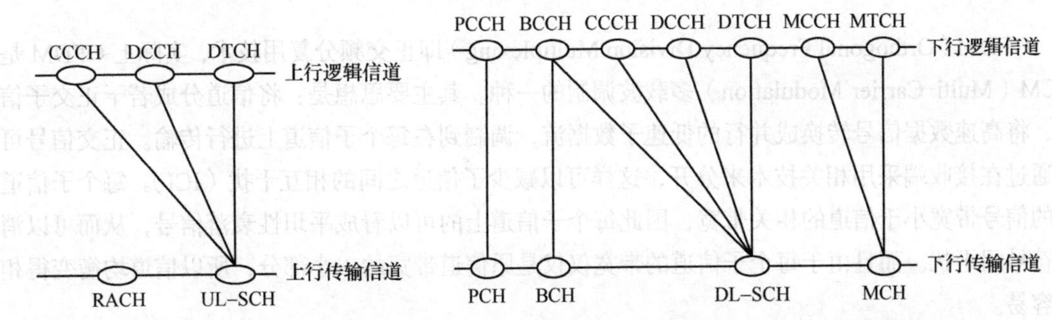

图 6-5　上行逻辑信道到传输信道的映射关系　　图 6-6　下行逻辑信道到传输信道的映射关系

② 传输信道至物理信道的映射。上行信道中，UL-SCH 映射到 PUSCH 上，RACH 映射到 PRACH 上。下行信道中，BCH 和 MCH 分别映射到 PBCH 和 PMCH，PCH 和 DL-SCH 都映射到 PDSCH 上。具体映射关系如图 6-7 和图 6-8 所示。

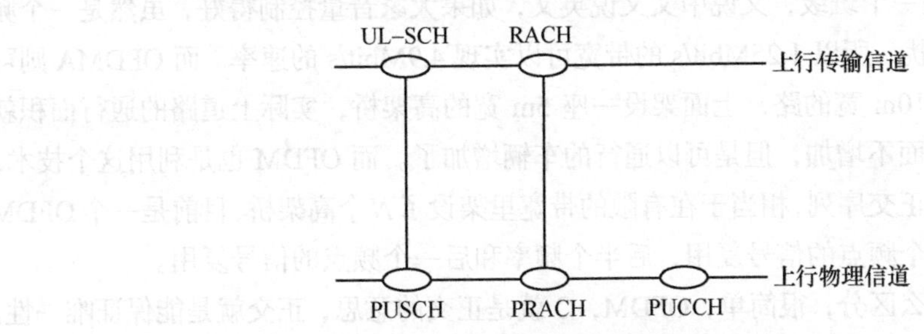

图 6-7　上行传输信道到物理信道的映射关系

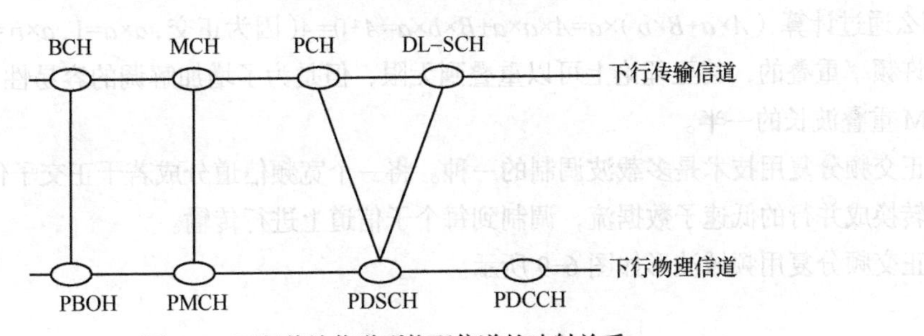

图 6-8　下行传输信道到物理信道的映射关系

6.3 LTE 物理层关键技术

LTE 物理层在技术上实现了重大革新与性能增强。关键的技术创新主要体现在以下几方面：以 OFDMA 为基本多址技术实现时频资源的灵活配置；通过采用 MIMO 技术，实现了频谱效率的大幅度提升；通过采用 AMC、功率控制、HARQ 等自适应技术及多种传输模式的配置，进一步提高了对不同应用环境的支持和传输性能优化；通过采用灵活的上下行控制信道设计，为充分优化资源管理提供了可能。

6.3.1 LTE 关键技术之 OFDM 和 MIMO

OFDM（Orthogonal Frequency Division Multiplexing）即正交频分复用技术，实际上 OFDM 是 MCM（Multi-Carrier Modulation）多载波调制的一种。其主要思想是：将信道分成若干正交子信道，将高速数据信号转换成并行的低速子数据流，调制到在每个子信道上进行传输。正交信号可以通过在接收端采用相关技术来分开，这样可以减少子信道之间的相互干扰（ICI）。每个子信道上的信号带宽小于信道的相关带宽，因此每个子信道上的可以看成平坦性衰落信号，从而可以消除符号间干扰。而且由于每个子信道的带宽仅仅是原信道带宽的一小部分，所以信道均衡变得相对容易。

1. OFDM

这个技术说得很玄乎，其实在 WiMax 和 Wi-Fi 里早就利用了。OFDM 并不比 CDMA 的频谱利用率更高，但是它的优势是大宽带的支持更简单更合理，而且配合 MIMO 更好。

举个例子，CDMA 是一个班级，又说中文又说英文，如果大家音量控制得好，虽然是一个频率，但是可以达到互不干扰，所以 1.25Mbit/s 的带宽可以实现 4.9Mbit/s 的速率。而 OFDMA 则可以想象成上海的高架桥，10m 宽的路，上面架设一座 5m 宽的高架桥，实际上道路的通行面积就是 15m，这样虽然水平路面不增加，但是可以通行的车辆增加了。而 OFDM 也是利用这个技术，利用傅里叶快速变换导入正交序列，相当于在有限的带宽里架设了 N 个高架桥，目前是一个 OFDM 信号的前半个频率和上一个频点的信号复用，后半个频率和后一个频点的信号复用。

那信号频率重叠了怎么区分，很简单，OFDM，O 就是正交的意思，正交就是能保证唯一性。举例子，A 和 B 重叠，但是 $A\times a+B\times b$，a 和 b 是不同的正交序列，如果要从同一个频率中只获取 A，那么通过计算，$(A\times a+B\times b)\times a=A\times a\times a+B\times b\times a=A+0=A$（因为正交，$a\times a=1$，$a\times b=0$）。所以 OFDMA 是允许频率重叠的，甚至理论上可以重叠到无限，但是为了增加解调的容易性，目前 LTE 支持 OFDM 重叠波长的一半。

正交频分复用技术是多载波调制的一种。将一个宽频信道分成若干正交子信道，将高速数据信号转换成并行的低速子数据流，调制到每个子信道上进行传输。

正交频分复用频域波形如图 6-9 所示。

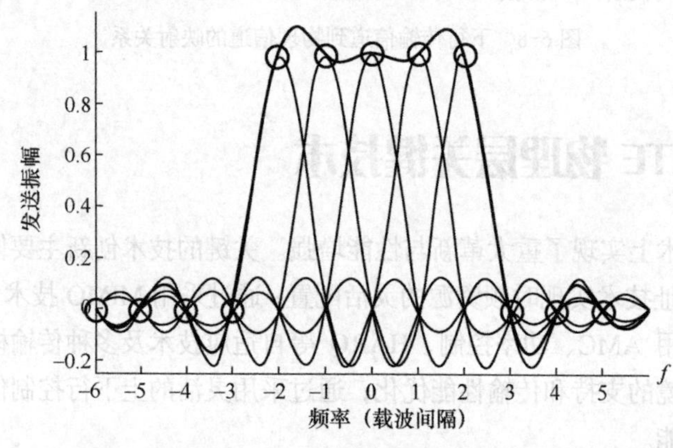

图 6-9 正交频分复用频域波形

在传统 FDM 系统中，为了避免各子载波间的干扰，相邻载波之间需要较大的保护频带，频谱效率较低。OFDM 系统允许各子载波之间紧密相临，甚至部分重合，通过正交复用方式避免频率间干扰，降低了保护间隔的要求，从而实现很高的频率效率。OFDMA 频谱如图 6-10 所示。

多载波技术：多载波技术就是在原来的频带上划分更多的子载波，有人会提出载波划分得太细会产生干扰，为了避免这种干扰，两个子载波采用正交，每两个子载波是正交关系避免干扰，这就像双绞线一样。这样一是避免了两个子载波间的干扰，二是在下一个子载波间也有了一定的间隔距离。

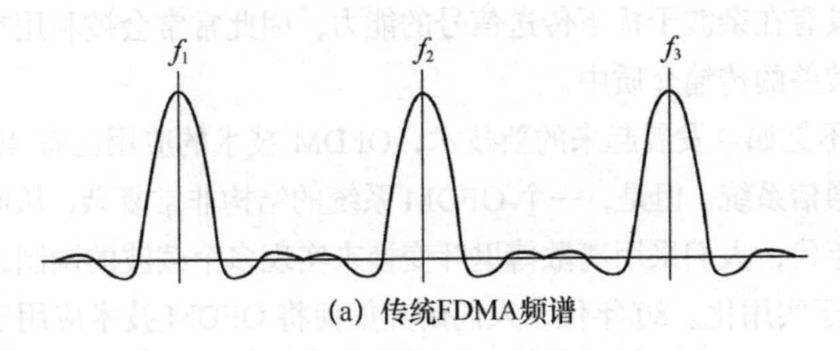

(a) 传统FDMA频谱

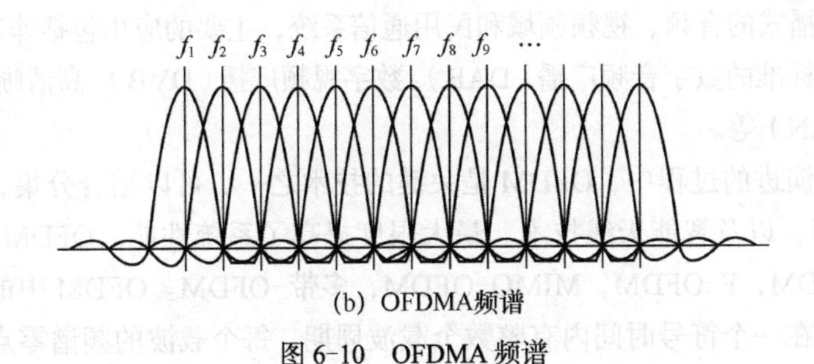

(b) OFDMA频谱

图 6-10　OFDMA 频谱

正交就是两个波形正好差半个周期，如图 6-11 所示。

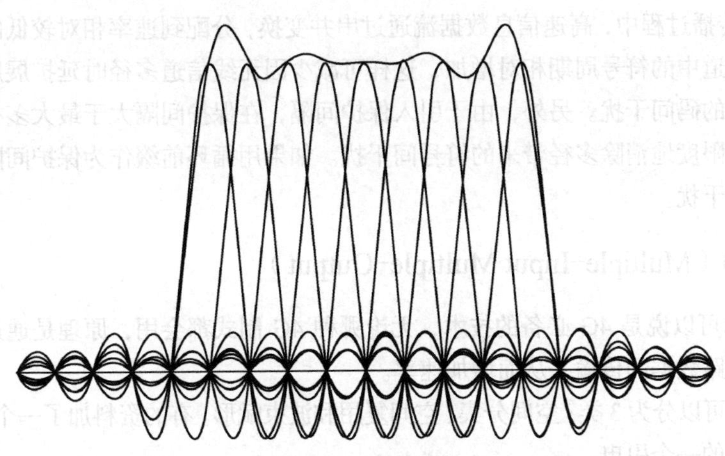

图 6-11　正交波形

OFDM 把有效信号传输带宽细分为多个窄带子载波，并使其相互正交，任意一个子载波都可以单独或成组地传输独立的信息流；OFDMA 技术则利用有效带宽的细分在多用户间共享子载波。

多载波的优点有以下几个方面。

（1）可以在不改变系统基本参数或设备设计的情况下使用不同的频谱带宽，频谱利用率高，就是一个能当两个用。

（2）可变带宽的传输资源可以在频域内自由调度，分配给不同的用户，为软频率复用和小区间的干扰协调提供便利。

2. OFDM技术的发展

OFDM这种技术是HPA联盟（HomePlug Powerline Alliance）工业规范的基础，它采用一种不连续的多音调技术，将被称为载波的不同频率中的大量信号合并成单一的信号，从而完成信号传送。由于这种技术具有在杂波干扰下传送信号的能力，因此常常会被利用在容易受外界干扰或者抵抗外界干扰能力较差的传输介质中。

其实，OFDM并不是如今发展起来的新技术，OFDM技术的应用已有40多年的历史，主要用于军用的无线高频通信系统。但是，一个OFDM系统的结构非常复杂，从而限制了其进一步推广。直到20世纪70年代，人们采用离散傅里叶变换来实现多个载波的调制，简化了系统结构，使得OFDM技术更趋于实用化。80年代，人们研究如何将OFDM技术应用于高速MODEM。进入90年代后，OFDM技术的研究深入到无线调频信道上的宽带数据传输，目前，OFDM技术已经被广泛应用于广播式的音频、视频领域和民用通信系统，主要的应用包括非对称的数字用户环路（ADSL）、ETSI标准的数字音频广播（DAB）、数字视频广播（DVB）、高清晰度电视（HDTV）、无线局域网（WLAN）等。

在向B3G/4G演进的过程中，OFDM是关键的技术之一，可以结合分集，时空编码，干扰和信道间干扰抑制，以及智能天线技术，最大限度提高了系统性能。OFDM包括以下类型：V-OFDM，W-OFDM，F-OFDM，MIMO-OFDM，多带-OFDM。OFDM中的各个载波是相互正交的，每个载波在一个符号时间内有整数个载波周期，每个载波的频谱零点和相邻载波的零点重叠，这样便减小了载波间的干扰。由于载波间有部分重叠，所以它比传统的FDMA提高了频带利用率。

在OFDM传播过程中，高速信息数据流通过串并变换，分配到速率相对较低的若干子信道中传输，每个子信道中的符号周期相对增加，这样可减少因无线信道多径时延扩展所产生的时间弥散性对系统造成的码间干扰。另外，由于引入保护间隔，在保护间隔大于最大多径时延扩展的情况下，可以最大限度地消除多径带来的符号间干扰。如果用循环前缀作为保护间隔，还可避免多径带来的信道间干扰。

3. MIMO（Multiple-Input Multiple-Output）

MIMO技术可以说是4G必备的技术，无论哪种4G制式都会用，原理是通过收发端的多天线技术来实现多路数据的传输，从而增加速率。

MIMO大致可以分为3类：空间分集、空间复用和波束赋形。有的资料加了一个多用户MIMO，其实就是单用户的一个引申。

（1）空间分集（发射分集、传输分集）（如图6-12所示）

利用较大间距的天线阵元之间或赋形波束之间的不相关性，发射或接收一个数据流，避免单个信道衰落对整个链路的影响，图6-12中Su-MIMO指的是单用户MIMO，与之对应的Mu-MIMO是多用户MIMO，两者区别就是同时和基站联系的用户数是一个还是多个。

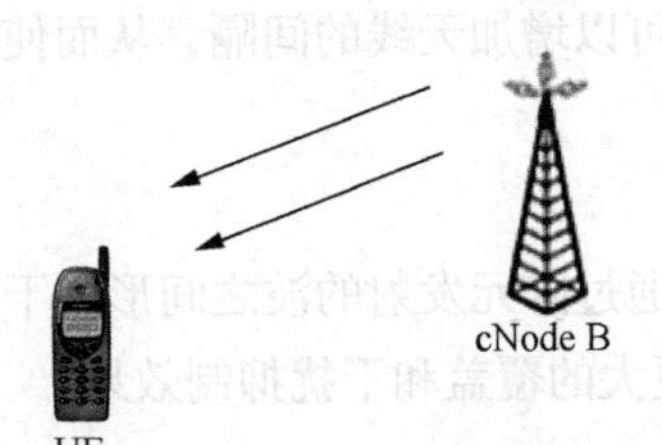

图 6-12　空间分集

其实，就是两根天线传输同一个数据，但是两根天线上的数据互为共轭，一个数据传两遍，有分集增益，保证数据能够准确传输。

（2）空间复用（空分复用）(如图 6-13 所示）

利用较大间距的天线阵元之间或赋形波束之间的不相关性，向一个终端/基站并行发射多个数据流，以提高链路容量（峰值速率）。

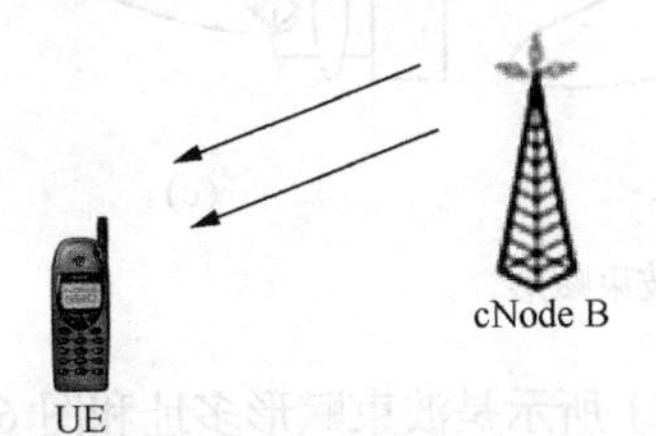

图 6-13　空间复用

如果上一个技术是增加可靠性，这个技术就是增加峰值速率。两根天线传输两个不同的数据流，相当于速率增加了一倍，当然，必须要在无线环境好的情况下才行。

另外注意一点，采用空间复用并不是天线多了就行，还要保证天线之间相关性低才行，否则会导致无法解出两路数据，可以通过数学公式来阐明。假设收发双方是 MIMO 2×2，如图 6-14 所示。

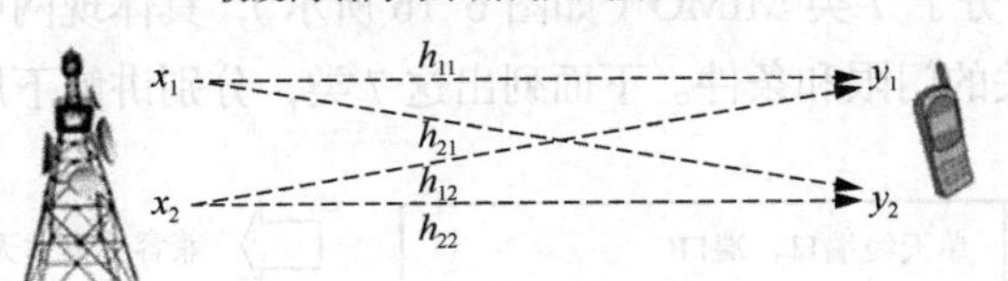

图 6-14　MIMO 2×2 示意图

那么 UE 侧的计算公式是

$$y_1=h_{11}x_1+h_{12}x_2+n_1$$

$$y_2=h_{21}x_1+h_{22}x_2+n_2$$

由于是 UE 接收，所以 y_1 和 y_2 都知道，h 和 n 是天线的相关特性也都知道，求 x。假如天线的相关性较高，h_{11} 和 h_{21} 相等，h_{12} 和 h_{22} 相等，或者等比例，那么这个公式就无解。如

$$3=2x_1+5x_2+1$$

$$6=4x_1+10x_2+2$$

是一个二元一次方程，由于上下两个方程成比例，所以无法解出 x_1 和 x_2，也就无法使用空间复用，

因为这两根天线相关性太高了，如果想解决，可以增加天线的间隔，从而使 h 不成比例，一般建议大于 4 倍波长，具体要看天线说明。

（3）波束赋形（如图 6-15 所示）

利用较小间距的天线阵元之间的相关性，通过阵元发射的波之间形成干涉，集中能量于某个（或某些）特定方向上，形成波束，从而实现更大的覆盖和干扰抑制效果。

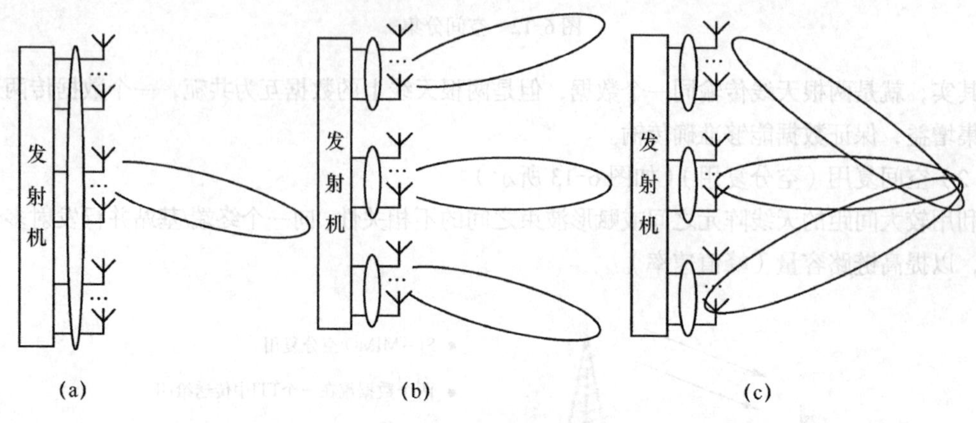

图 6-15　各种波束赋形

图 6-15（a）所示是单播波束赋形，图 6-15（b）所示是波束赋形多址和图 6-15（c）所示是多播波束赋形，通过判断 UE 位置进行定向发射，提高传输可靠性。这个在 TD-SCDMA 上已经得到了很好的应用。

而至于多用户 MU-MIMO，实际上是将两个 UE 认为是一个逻辑终端的不同天线，其原理和单用户的差不多，但是采用 MU-MIMO 有个很重要的限制条件，就是这两个 UE 信道必须正交，否则解不出来。这个在用户较多的场景还行，用户少了的话很难找到（也有一种说法是只要相关性弱就行）。

（4）LTE R8 版本中的 MIMO 分类

目前的 R8 版本主要分了 7 类 MIMO（如图 6-16 所示），具体现网中使用哪种需要网优人员结合实际情况去设置相关的门限和条件。下面列出这 7 类，分别讲解下原理和适用场景。

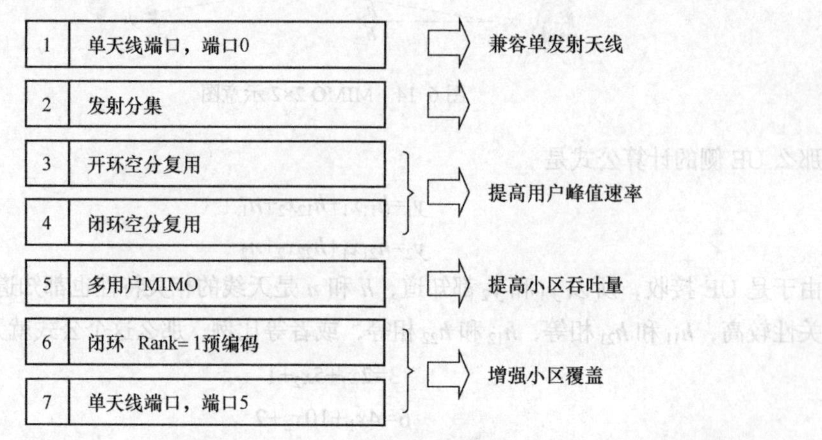

图 6-16　MIMO 不同的应用场景

① 单天线传输，也是基础模式，兼容单天线 UE。

② 不同模式在不同天线上传输同一个数据，适用于覆盖边缘。

③ 开环空分复用，无需用户反馈，不同天线传输不同的数据，相当于速率增加一倍，适用于覆盖较好区域。

④ 同上，只不过增加了用户反馈，对无线环境的变化更敏感。

⑤ 多个天线传输给多个用户，如果用户较多且每个用户数据量不大的话可以采用，增加小区吞吐量。

⑥ 闭环波束赋形一种，基于码本的（预先设置好），预编码矩阵是在接收端终端获得，并反馈 PMI，由于有反馈所以可以形成闭环。

⑦ 无需码本的波束赋形，适用于 TDD。由于 TDD 上下行是在同一频点，所以可以根据上行推断出下行，无需码本和反馈。FDD 由于上下行不同频点所以不能使用。

（5）上行 MIMO 技术

截止到 R8 版本，上行支持 MU-MIMO，但是上行天线只支持 1 发，也就是 1×2 和 1×4，可以采用最高阶的 64QAM 调制。

4. HARQ

允许接收端将错误的数据包存储起来，并将当前接收到的重复数据流与缓存中先前未能正确译码的数据流相对应，并按照信噪比加权合并后译码，相当于起到了分集的作用。可以分为相位合并（Chase Combination，CC）HARQ 和增量冗余（Incremental Redundancy，IR）HARQ 两种。在 CC HARQ 中，各次重传分组相同，接收端通过最大比合并各次重传数据流，从而获得分集增益改善链路质量。在 IR HARQ 中，各次重传分别按照不同的冗余版本将各次重传数据流合并后，接收端将获得一个冗余更多码率更低的码字，从而提高码字被正确译码的概率，改善链路质量。

HARQ 主要是由速率匹配这个模块进行实现的。UE 接收到 NAK 信息后向 eNode B 重传同一个 TTI 的数据包，接收端将解速率匹配模块输出的数据流与收端缓存中的数据流进行软合并，然后进行 Turbo 译码和 CRC 校验。如此重复，直到传输正确或者重传次数达到预定的最大重传次数为止，UE 接着再发送下一个 TTI 的数据块。在进行重传时，若采用 CC HARQ，速率匹配时冗余版本号为 0；若采用 IR HARQ 时，速率匹配时冗余版本号则为 0，1，…，r_{max}（r_{max} 为最大重传次数）。对于 CC 方式，重传的子数据包与第一次传输的子数据包完全相同，即 datall；对于 IR 方式，重传的子数据包中包含额外的校验位，增强了合并后的数据包的纠错能力。

6.3.2　协议结构

物理层周围的 LTE 无线接口协议结构如图 6-17 所示。物理层与层 2 的 MAC 子层和层 3 的无线资源控制 RRC 子层具有接口，其中的圆圈表示不同层/子层间的服务接入点 SAP。物理层向 MAC 层提供传输信道。MAC 层提供不同的逻辑信道给层 2 的无线链路控制 RLC 子层。

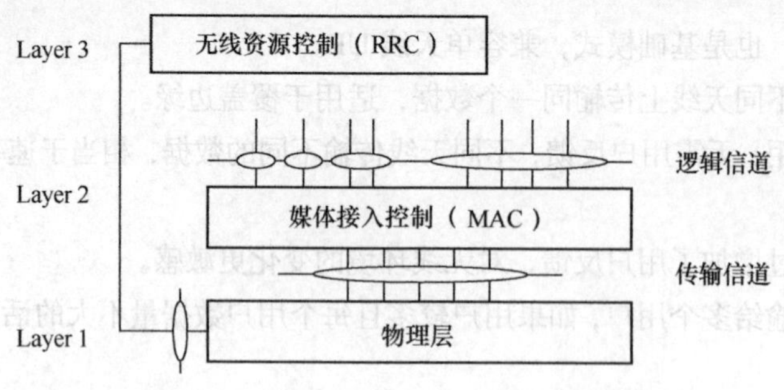

图 6-17　物理层周围的无线接口协议结构

物理层通过传输信道给高层提供数据传输服务。物理层提供的功能包括：

（1）传输信道的错误检测，并向高层提供指示；

（2）传输信道的前向纠错（FEC）编解码；

（3）混合自动重传请求（HARQ）软合并；

（4）编码的传输信道与物理信道之间的速度匹配；

（5）编码的传输信道与物理信道之间的映射；

（6）物理信道的功率加权；

（7）物理信道的调制和解调；

（8）频率和时间同步；

（9）射频特性测量并向高层提供指示；

（10）多输入多输出（MIMO）天线处理；

（11）传输分集；

（12）波束形成；

（13）射频处理。

6.3.3 LTE 无线传输帧结构

（1）无线传输帧结构

LTE 在空中接口上支持两种帧结构：Type1 和 Type2，其中 Type1 用于 FDD 模式；Type2 用于 TDD 模式，两种无线帧长度均为 10ms。

在 FDD 模式下，10ms 的无线帧分为 10 个长度为 1ms 的子帧（Subframe），每个子帧由两个长度为 0.5ms 的时隙（Slot）组成，如图 6-18 所示。

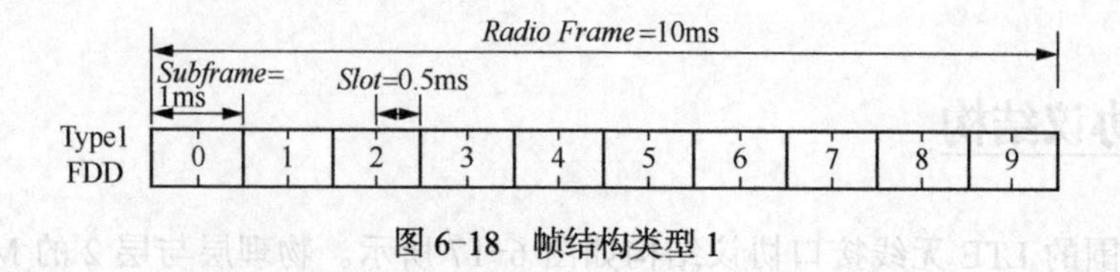

图 6-18　帧结构类型 1

在 TDD 模式下，10ms 的无线帧包含两个长度为 5ms 的半帧（Half Frame），每个半帧由 5 个长度为 1ms 的子帧组成，其中有 4 个普通子帧和 1 个特殊子帧。普通子帧包含两个 0.5ms 的常规时隙，特殊子帧由 3 个特殊时隙（UpPTS、GP 和 DwPTS）组成，如图 6-19 所示。

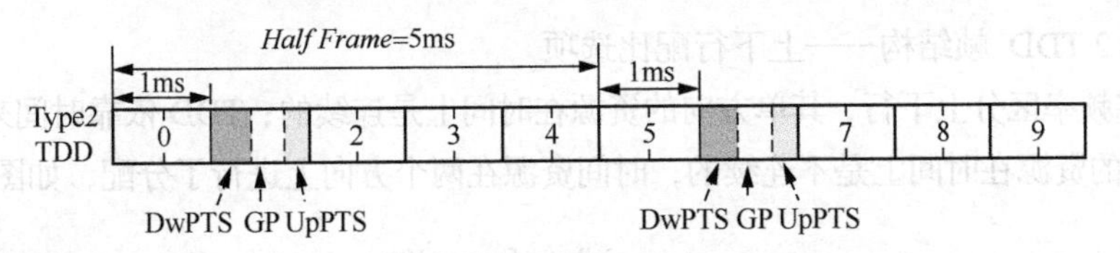

图 6-19　帧结构类型 2

（2）Type2 TDD 帧结构——特殊时隙的设计

在 Type2 TDD 帧结构中，特殊子帧由 3 个特殊时隙组成：DwPTS、GP 和 UpPTS，总长度为 1ms，如图 6-20 所示。

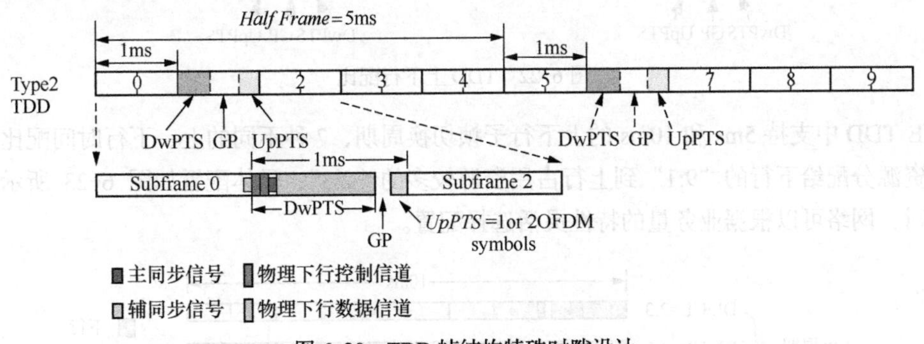

图 6-20　TDD 帧结构特殊时隙设计

DwPTS 的长度为 3～12 个 OFDM 符号，UpPTS 的长度为 1～2 个 OFDM 符号，相应的 GP 长度为 1～10 个 OFDM 符号，相应的时间长度为 71～714MS，对应的小区半径为 7～100km。UpPTS 中，最后一个符号用于发送上行 sounding 导频信号。

DwPTS 用于正常的下行数据发送，其中主同步信道位于第三个符号，同时，该时隙中下行控制信道的最大长度为两个符号（与 MBSFN Subframe 相同）。

（3）Type2 TDD 帧结构——同步信号设计

除了 TDD 固有的特性之外（上下行转换、GP 等），Type2 TDD 帧结构与 Type1 FDD 帧结构主要区别在于同步信号的设计，如图 6-21 所示。LTE 同步信号的周期是 5ms，分为主同步信号（PSS）和辅同步信号（SSS）。LTE TDD 和 FDD 帧结构中，同步信号的位置/相对位置不同。在 Type2 TDD 中，PSS 位于 DwPTS 的第三个符号，SSS 位于 5ms 第一个子帧的最后一个符号；在 Type1 FDD 中，主同步信号和辅同步信号位于 5ms 第一个子帧内前一个时隙的最后两个符号。

利用主、辅同步信号相对位置的不同，终端可以在小区搜索的初始阶段识别系统是 TDD 还是 FDD。

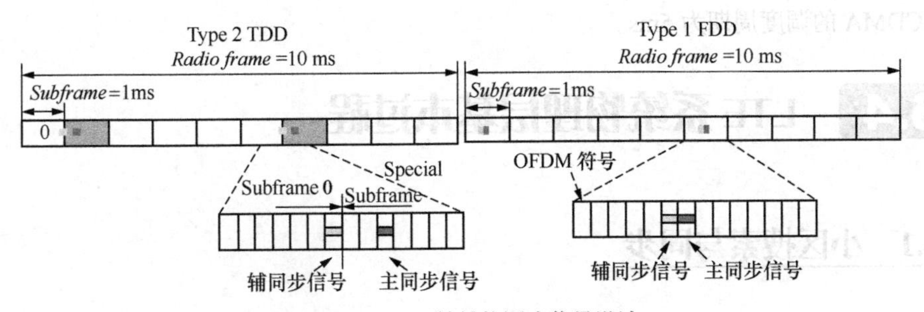

图 6-21　TDD 帧结构同步信号设计

（4）Type 2 TDD 帧结构——上下行配比选项

FDD依靠频率区分上下行，其单方向的资源在时间上是连续的；TDD依靠时间来区分上下行，所以其单方向的资源在时间上是不连续的，时间资源在两个方向上进行了分配，如图6-22所示。

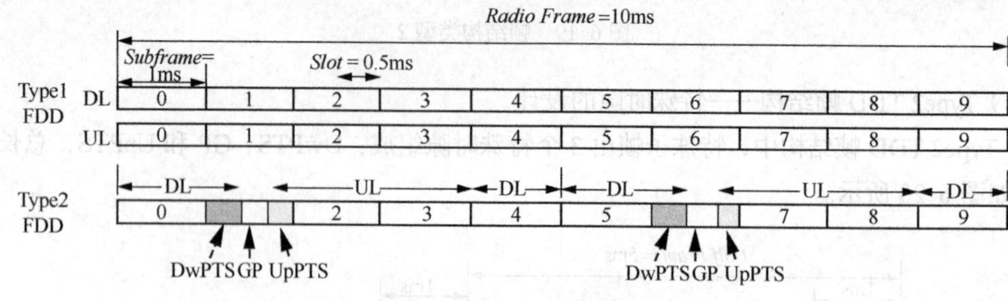

图6-22 TDD上下行配比

LTE TDD中支持5ms和10ms的上下行子帧切换周期，7种不同的上、下行时间配比，从将大部分资源分配给下行的“9:1”到上行占用资源较多的“2:3”，具体配置如图6-23所示。在实际使用时，网络可以根据业务量的特性灵活选择配置。

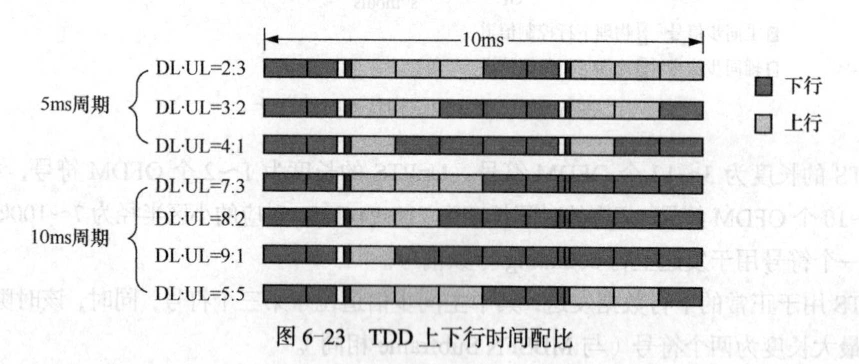

图6-23 TDD上下行时间配比

（5）TD-LTE和TD-SCDMA帧结构区别

TD-LTE和TD-SCDMA帧结构主要区别如下。

① 时隙长度不同。TD-LTE的子帧（相当于TD-SCDMA的时隙概念）长度和FDD-LTE保持一致，有利于产品实现及借助FDD的产业链。

② TD-LTE的特殊时隙有多种配置方式，DwPTS、GP、UpPTS可以改变长度，以适应覆盖、容量、干扰等不同场景的需要。

③ 在某些配置下，TD-LTE的DwPTS可以传输数据，能够进一步增大小区容量。

④ TD-LTE的调度周期为1ms，即每1ms都可以指示终端接收或发送数据，保证更短的时延，而TD-SCDMA的调度周期为5ms。

6.4 LTE系统物理层基本过程

6.4.1 小区搜索与同步

小区搜索过程是指UE获得与所在eNode B的下行同步（包括时间同步和频率同步），检测到

该小区物理层小区ID。UE基于上述信息，接收并读取该小区的广播信息，从而获取小区的系统信息以决定后续的UE操作，如小区重选、驻留、发起随机接入等操作。

当UE完成与基站的下行同步后，需要不断检测服务小区的下行链路质量，确保UE能够正确接收下行广播和控制信息。同时，为了保证基站能够正确接收UE发送的数据，UE必须取得并保持与基站的上行同步。

1. 配置同步信号

在LTE系统中，小区同步主要是通过下行信道中传输的同步信号来实现的。下行同步信号分为主同步信号（Primary Synchronous Signal，PSS）和辅同步信号（Secondary Synchronous Signal，SSS）。LTE中，支持504个小区ID，并将所有的小区ID划分为168个小区组，每个小区组内有504/168=3个小区ID。小区ID号由主同步序列编号和辅同步序列编号共同决定。小区搜索的第一步是检测出PSS，再根据二者间的位置偏移检测SSS，进而利用上述关系式计算出小区ID。采用PSS和SSS两种同步信号能够加快小区搜索的速度。下面对两种同步信号做简单介绍。

（1）PSS序列

为进行快速准确的小区搜索，PSS序列必须具备良好的相关性、频域平坦性、低复杂度等性能，TDD-LTE的PSS序列采用长度为63的频域Zadoff-Chu（ZC）序列。ZC序列广泛应用于LTE中，除了PSS，还包括随机接入前导和上行链路参考信号。ZC序列可以表示为

$$a_q = \exp\left[-\mathrm{j}2\pi q \frac{n(n+1)/2 + nl}{N_{\mathrm{ZC}}}\right]$$

其中，$a_q \in \{1,\cdots,N_{\mathrm{ZC}}-1\}$是ZC序列的根指数；$n \in \{1,\cdots,N_{\mathrm{ZC}}-1\}$；$l \in N$，$l$可以是任何整数，为了简单，在LTE中设置$l$=0。

为了标识小区内ID，LTE系统中包含3个PSS序列，分别对应不同的小区组内ID。被选择的3个ZC序列的根指数分别为25=M，34=M和29=M。对于根指数为M，频率长度为63的序列可以表示为

$$ZC_M^{63}(n) = \exp\left[-\mathrm{j}\pi \frac{Mn(n+1)}{63}\right],\ n = 0,1,\cdots,62$$

设置ZC序列的根指数是为了具有良好的周期自相关性和互相性。从UE的角度来看，选择的PSS根指数组合可以满足时域的根对称性，可以通过单相关器检测，使得复杂度降低。UE侧对PSS序列采用非相干检测。

PSS采用长度为63的频域ZC序列，中间被打孔打掉的元素是为了避免直流载波，PSS序列到子载波的映射关系如图6-24所示。

在LTE中，针对不同的系统带宽，同步信号均占据中央的1.25MHz（6个PRB）的位置。长度为63的ZC序列截去中间一个处于直流子载波上的符号后得到长度为62的序列，在频域上映射到带宽中心的62个子载波上。PSS两侧分别预留5个子载波提供干扰保护。PSS的频域分布如图6-24所示。

（2）SSS序列

m序列由于具有适中的解码复杂度，且在频率选择性衰落信道中性能占优，最终被选定为辅同步码（Secondary Synchronization Code，SSC）序列设计的基础。SSC序列由两个长度为31的m序列交叉映射得到。具体来说，首先由一个长度为31的m序列循环移位后得到一组m序列，

从中选取两个 m 序列（称为 SSC 短码），将这两个 SSC 短码交错映射在整个 SSCH 上，得到一个长度为 62 的 SSC 序列。为了确定 10ms 定时获得无线帧同步，在一个无线帧内，前半帧两个 SSC 短码交叉映射方式与后半帧的交叉映射方式相反。同时，为了确保 SSS 检测的准确性，对两个 SSC 短码进行二次加扰。

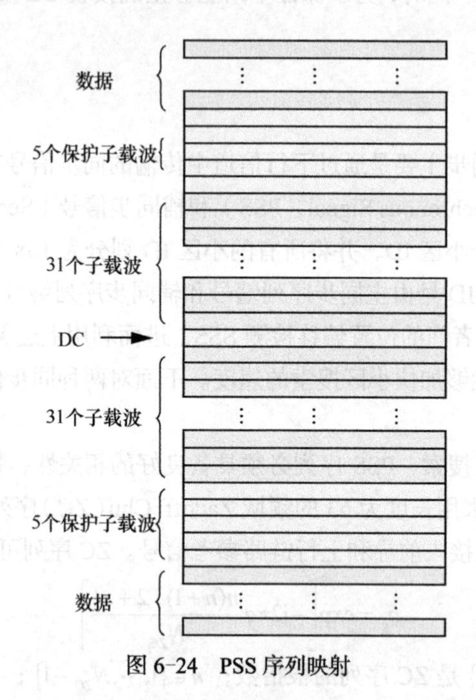

图 6-24　PSS 序列映射

SSS 序列映射过程如图 6-25 所示，每个 SSS 序列由频域上两个长度为 31 的 BPSK 调制辅助同步码交错构成，即 SSC1 和 SSC2。

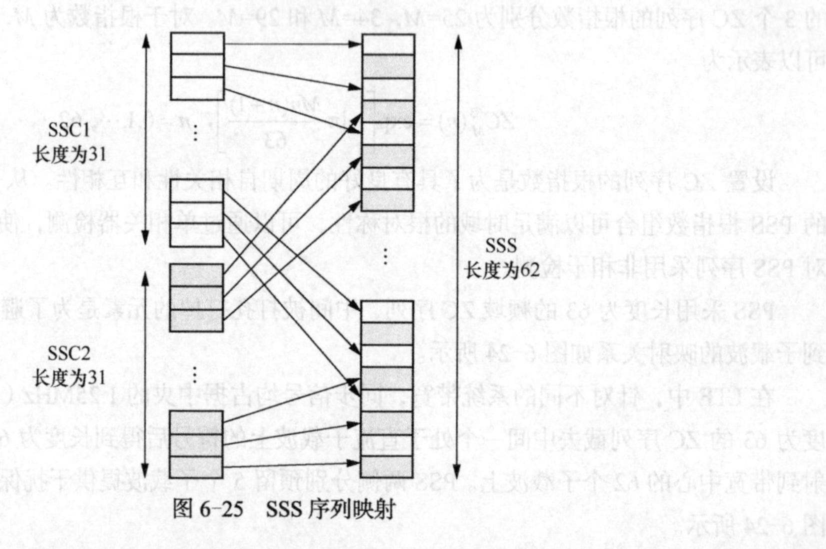

图 6-25　SSS 序列映射

SSS 序列具有良好的频域特性，在 PSS 存在的情况下，SSS 检测允许频偏至少为±75 kHz。时域上，由于扰码的影响，SSS 序列的任何循环移位的互相性没有传统 m 序列好。

从 UE 的角度看，SSS 检测是在 PSS 检测之后完成的，因此假设信道已经检测出 PSS 序列。对于 SSS 序列检测，UE 侧可以采用相干和非相干两种检测方法。

（3）PSS 和 SSS 的位置和映射

频域上，PSCH 和 SSCH 均占据整个带宽中央的 1.05MHz，即 6 个 PRB。62 个子载波均匀分布在 DC 两侧，剩余 10 个子载波作为 SCH 信道与其他数据/信令传输的保护间隔。

时域上，主同步信号与辅同步信号周期性传输，且二者位置偏移固定。如图 6-26 所示，主同步信号在每个无线帧的 GwPTS 的第三个符号上传输，辅同步信号在每个无线帧的第一个子帧的最后一个符号上传输。

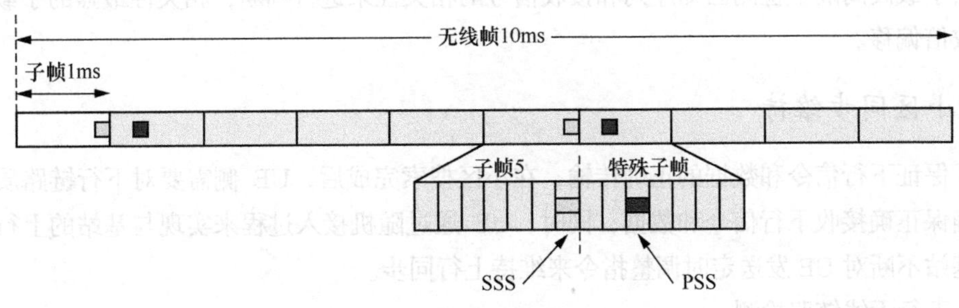

图 6-26　PSS 和 SSS 的时域分布

2. 时间同步检测

时间同步是小区搜索中的第一步，其基本原理是利用 ZC 序列的相关性获取 PSS 的位置，再利用盲检测算法确定 CP 类型，最后根据 PSS 与 SSS 的固定位置偏移确定 SSS 的位置，利用相干或非相干检测成功检测出 SSS 信号。具体步骤如下。

（1）PSS 检测

当 UE 处于初始接入状态时，首先在频域中央的 1.05MHz 内进行扫描，分别使用本地主同步序列（3 个 ZC 序列）与接收信号的下行同步相关，根据峰值确认服务小区使用的 3 个 PSS 序列中的哪一个（对应于组内小区 ID），以及 PSS 的位置。PSS 检测可用于 5ms 定时。

（2）CP 类型检测

LTE 中子帧采用常规 CP 和扩展 CP 两种 CP 类型，因此在确定了 PSS 位置后，SSS 的位置仍然存在两种可能，需要 UE 采用盲检的方式识别，通常是利用 PSS 与 SSS 相关峰的距离进行判断。

（3）SS 检测

在确定了子帧的 CP 类型后，SSS 与 PSS 的相对位置也就确定了。由于 SSS 的序列数量比较多（168 个小区组），且采用两次加扰，因此，检测过程相对复杂。从实现的角度来看，SSS 在已知 PSS 位置的情况下，可通过频域检测降低计算复杂度。SSS 可确定无线帧同步（10ms 定时）和小区组检测，与 PSS 确定的小区组内 ID 相结合，即可获取小区 ID。

3. 频率同步检测

为了确保下行信号的正确接收，小区初步搜索过程中，在完成时间同步后，需要进行更精细化的频率同步，确保收发两端信号频偏的一致性。为了实现频率同步，可通过 SSS 序列、RS 序列、CP 等信号来进行载频估计，对频率偏移进行纠正。

频率偏移是由收发设备的本地载频之间的偏差、信道的多普勒频率等引起的。频率偏移一般包括子载波间隔的整数倍偏移和子载波间隔的小数倍偏移两种情况。对于子载波间隔的整数倍偏

移，由于接收端的抽样点位置仍然是在载波的定点，并不会造成子载波间干扰，但是解调出来的信息符号的错误率是 50%（无法正确接收）；而子载波间隔的小数倍频偏，由于收发抽样点不对齐，会破坏子载波之间的正交性，进而导致子载波间的干扰，影响信号的正确接收。

小数倍频偏估计的具体算法有多种，目前大多数算法的原理基本相同，即在发送端发送两个已知序列或信号，如果存在频率偏移，那么经过信道后，两个发送时间不同的信号之间会存在相位差，通过计算这个相位差就可以得到具体的频率偏移量；对于整数倍频偏，在频域上通过在不同整数倍子载波间隔上检测已知序列和接收信号的相关性来进行判断，相关性最强的子载波间隔为该整数倍偏移。

4. 小区同步维持

为了保证下行信令和数据的正确传输，在小区搜索完成后，UE 侧需要对下行链路质量进行测量，确保正确接收下行信令和数据；同时，UE 通过随机接入过程来实现与基站的上行同步，之后，基站不断对 UE 发送定时调整指令来维持上行同步。

（1）下行无线链路检测

UE 与服务小区同步后，会不断检测下行链路质量，并上报至高层以指示其处于同步/异步状态。

在非 DRX 模式下，UE 物理层在每个无线帧都对无线链路质量进行检测，并综合之前的信道质量与判决门限（Q_{out} 和 Q_{in}），确定当前的信道状态。

在 DRX 模式下，一个 DRX 周期内，UE 物理层至少进行一次无线链路质量测量，并综合之前的信道质量与判决门限（Q_{out} 和 Q_{in}），确定当前的信道状态。

UE 将链路质量与判决门限（Q_{out} 和 Q_{in}）进行比较来判定自身处于同步/失步状态。当测量的无线链路质量比门限值 Q_{out} 还差时，UE 物理层向高层上报当前 UE 处于失步状态；当测量的无线链路质量好于 Q_{in} 时，UE 物理层向高层上报当前 UE 处于同步状态。

（2）上行同步维持

为了保证 UE 能够与基站保持同步，需要对 UE 的定时时刻进行调整。基站通过检测 UE 上发的参考信号来确定 UE 是否与基站保持同步，如果存在同步偏差，则基站将下发一个定时调整指令指示 UE 需要进行定时同步点的调整。UE 一旦接收到 eNode B 的定时提前命令，将会调整自身用于 PUCCH/PUSCH/SRS 传输的上行定时（$16T_S$ 的整数倍）。

对于随机接入响应的定时，基站使用 11bit 的定时指令 T_A，其中，T_A=0,1,2,…, 1282，单位为 $16T_S$。UE 侧接收到定时指令 T_A 后，计算定时提前量 N_{T_A}，N_{T_A} 单位为 T_S，调整自身随机接入定时。其中，$N_{T_A}=T_A\times16$。

在其他情况下，基站使用 6bit 的定时指令 T_A，其中，T_A=0,1,2,…,63。UE 侧接收到定时指令后，根据当前的定时量 $N_{A\text{-old}}$ 计算新的定时提前 $N_{T_A\text{-new}}$，$N_{T_A\text{-new}}=N_{A\text{-old}}+(T_A-31)\times16$。这里调整量可以为正，也可以为负，分别代表 UE 的定时需要提前或者延时。

6.4.2 随机接入

随机接入是 UE 与网络之间建立无线链路的必经过程，通过随机接入，UE 与基站取得上行同步。只有在随机接入过程完成后，eNode B 和 UE 才可能进行常规的数据传输和接收。UE 可以通

过随机接入过程实现两个基本功能：

（1）取得与 eNode B 之间的上行同步；

（2）申请上行资源。

按随机接入前 UE 是否与 eNode B 获得同步，随机接入过程可分为同步随机接入和异步随机接入。当 UE 已经和 eNode B 取得上行同步时，UE 的随机接入过程称为同步随机接入。当 UE 尚未和 eNode B 取得同步时，UE 的随机接入过程称为异步随机接入。由于在进行异步随机接入时，UE 尚未取得精确的上行同步，因此异步随机接入区别于同步随机接入的一个主要特点就是 eNode B 需要估计、调整 UE 的上行传输定时。在 LTE 早期的研究阶段，还准备采用同步随机接入，但随着后期研究的深入，最终没有定义单独的同步随机接入过程。本节对随机接入过程的介绍主要指异步随机接入。

在以下 6 种场景下，UE 需要进行随机接入：

（1）RRC_IDLE 状态下的初始接入；

（2）RRC 连接重建；

（3）切换；

（4）RRC_CONNECTED 状态下有下行数据到达，但上行处于失步状态；

（5）RRC_CONNECTED 状态下有上行数据发送，但上行处于失步状态，或者没有用于 SR 的 PUCCH 资源；

（6）RRC_CONNECTED 状态下的 UE 辅助定位。

LTE 支持两种模式的随机接入：竞争性随机接入和非竞争性随机接入。

在竞争性随机接入过程中，UE 随机的选择随机接入前导码，这可能导致多个 UE 使用同一个随机接入前导码而导致随机接入冲突，为此需要增加后续的随机接入竞争解决流程。场景（1）～（5）均可以使用竞争性随机接入模式。

在非竞争性随机接入过程中，eNode B 为每个需要随机接入的 UE 分配一个唯一的随机接入前导码，避免了不同 UE 在接入过程中产生冲突，因而可以快速完成随机接入。而非竞争性随机接入模式只能用于场景（2）场景（3）和场景（6）。若某种场景同时支持两种随机接入模式，则 eNode B 会优先选择非竞争性随机接入，只有在非竞争性随机接入资源不够分配时，才指示 UE 发起竞争随机接入。

下面将详细介绍两种随机接入模式。

（1）竞争性随机接入

UE 的物理层的随机接入过程由高层触发。对于 RRC 连接建立、RRC 连接重建和上行数据到达的情景，随机接入由 UE 自主触发，eNode B 没有任何先验信息；对于切换和下行数据到达场景，UE 根据 eNode B 指示发起随机接入。

初始物理随机接入过程之前，UE 的物理层从高层接收用于随机接入的高层请求信息。高层请求中包含可使用的前导序号、前导传输功率（PREAMBLE_TRANSMISSION_POWER）、关联的随机接入无线网络临时标识（Random Access Radio Network Temporary Identify，RA-RNTI）及 PRACH 资源。

根据协议规定，LTE 系统中每个小区可以使用的随机接入前导码数量至多为 64 个，其中有 N_{cf} 个前导码用于非竞争随机接入，剩余的 $64-N_{cf}$ 个前导码用于竞争性随机接入。用于竞争性随机接入的前导码又划分为 A 和 B 两个集合组。竞争接入可以使用的前导码索引会通过小区广播消息进行播报，其中包括了前导码集合 A 和前导码集合 B 的大小。

前导的传输功率由下式决定：

$$P_{PRACH}=\min(P_{max}\times PREEMBLE\_TRANSMISSION\_POWER+P_L)$$

其中，P_{max} 是由 UE 功率等级决定的最大的可配置功率，P_L 是由 UE 估计出的下行链路损耗。RA-RNTI 由 PRACH 的时频资源位置所确定。作用是 UE 在接收 Msg2 的时候通过 RA-RNTI 来检测 PDCCH。

由高层触发后，UE 开始进行随机接入过程。竞争性随机接入流程如图 6-27 所示，又称为“四步”接入法。

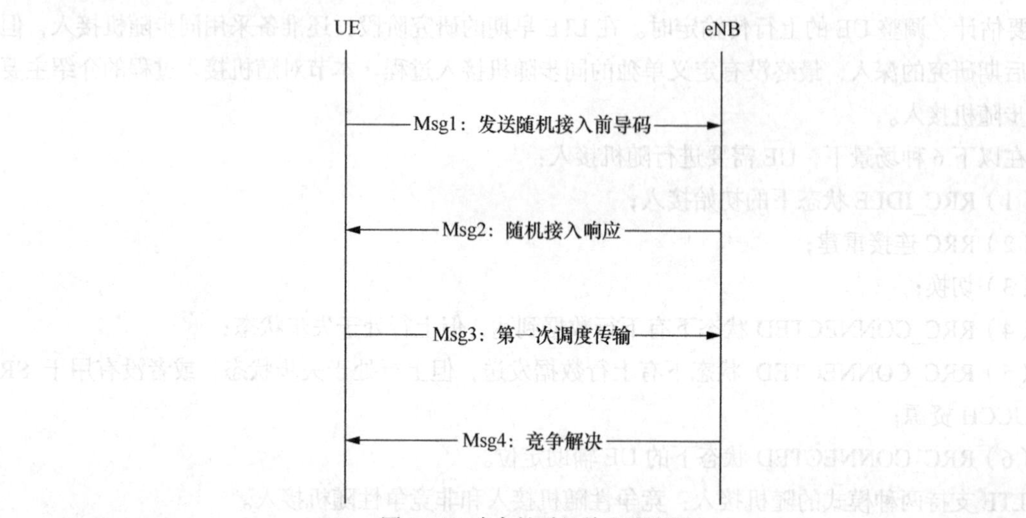

图 6-27　竞争性随机接入流程图

1）Msg1：UE 向基站发送随机接入前导码。该消息为上行信息，由 UE 发送，eNode B 接收。UE 选择要发送的前导序列，在高层指示的 PRACH 资源上，使用传输功率向基站发送随机接入前导码。

首先，UE 使用前导序列索引集合选择要发射的前导码。如前所述，用于竞争性随机接入的前导序列分为 A 和 B 两个集合。触发随机接入时，UE 首先根据待发送的 Msg3 的大小和路损大小确定前导码集合，其中集合 B 应用于 Msg3 较大且路损较小的场景，集合 A 应用于 Msg3 较小或路损较大的场景。UE 在确定前导码集合后，从该集合中随机选择一个前导码。物理层的随机接入前同步码由一个长度为 T_{CP} 循环前缀和一个长度为 T_{SEQ} 的序列组成。

初始前导序列的传输功率设定是基于具有路径损耗完全步长的开环估计。这一设计保证了前导序列的接收功率独立于路径损耗；对于重传前导序列的传输，eNode B 可以配置前导序列功率爬升，使每个重传序列的传输功率按固定步长增加。

2）Msg2：基站向 UE 发送随机接入响应消息。基站接收到 UE 发送的随机接入前导码后，在物理下行共享信道（PDSCH）上向 UE 发送随机接入响应授权（RAR），RAR 必须在随机接入响应窗内发送。eNode B 使用 PDCCH 调度 Msg2，并通过 RA-RNTI（随机接入过程之前由高层指示给 UE）进行寻址。Msg2 携带了 backoff 时延参数、eNode B 检测到的前导序列标识、用于同步来自 UE 的连续上行传输定时对齐指令、Msg3 准许传输的初始上行资源，以及临时小区无线网络标识（Cell Radio Network Temporary Identify，C-RNTI）等。

UE 发送完随机接入前导码之后，将在随机接入响应窗内（随机接入响应窗的起始和结束由 eNode B 设定，并作为部分小区特定系统信息广播）以 RA-RNTI 为标识监听 PDCCH 信道。PDCCH 包含承载 RAR 的 PDSCH 的调度信息。UE 将监听到包含自身发送的前导序列的 DL-SCH 传输块

传送给高层，高层解析这些数据后下发 20bit 的 UL-SCH 授权（grant）信令给物理层。

UE 发送完前导码后，根据不同的基站相应结果，在后续做不同的操作，具体情况如下。

① 如果在子帧 n 检测到与 RA-RNTI 相对应的 PDCCH，且解析到相应的包含已发送前导序列的 DL-SCH 传输块，则根据这个相应信息在 $n+k_1$ 子帧或子帧 $1+k_1$（$k_1 \geqslant 60$）（取决于上行延时指示信息）后的第一个可用的子帧上发送一个 UL-SCH 传输块。

② 如果在子帧 n 检测到与 RA-RNTI 相对应的 PDCCH，但解析到相应的 DL-SCH 传输块不包含已发送前导序列，如果高层需要，则 UE 将在不迟于 n+5 子帧前重传前导序列。

③ 如果在子帧 n 上没有接收到随机接入响应，如果高层需要，则 UE 将在不迟于 n+4 子帧前重传前导序列。

④ 如果随机接入过程是由 PDCCH 指示有下行数据到达时触发的，如果高层需要，则 UE 在 $n+k_2$（$k_2 \geqslant 6$）子帧后的第一个可用子帧内发起随机接入。

3）Msg3：UE 向 BS 发送 MSG3 消息。UE 接收到基站的随机接入响应后，在 PUSCH 上进行 L2/L3 消息的传输。Msg3 消息的发送支持 HARQ 重传。

L2/L3 消息包含了确切的随机接入过程消息，如 RRC 连接请求、跟踪区域（TA）更新、调度（SR）请求，步骤 2）中 RAR 上的临时 C-RNTI 分配，以及 UE 已经有的一个 C-RNTI 或 48bit 的 UE ID 等。

假如步骤 1）中多个 UE 发送相同的前导序列，则冲突的 UE 会从 RAR 接收到相同的临时 C-RNTI，L2/L3 消息在相同的时频资源上进行发送，此时多个 UE 间存在干扰，使得冲突的 UE 都不能解码。当 UE 发送 Msg3 消息达到最大重传次数后，会重新开始随机接入过程。即便一个 UE 能够正确解码，其他 UE 也存在冲突。为此，需要步骤 4）进行竞争解决。

4）Msg4：BS 向 UE 发送竞争解决消息。BS 如果对某个 UE 发送的 Msg3 消息进行正确解码，则认为该 UE 成功接入，向 UE 发送竞争解决消息。竞争解决消息包含成功接入的用户 ID，用 C-RNTI 或临时 C-RNTI 进行加扰。它支持 HARQ。

当 eNode B 成功接收到 Msg3 消息以后，将在反馈消息中携带该 UE 在 Msg3 消息中发送的竞争决议标识；当 UE 在竞争解决定时器启动期间，成功接收到自己的竞争决议标识的 Msg3 消息响应，则认为本次随机接入成功，否则认为本次随机接入失败。eNode B 将为竞争解决成功接入的 UE 分配数据传输所需的时频资源。

（2）非竞争性随机接入

非竞争性随机接入流程如图 6-28 所示，又称为“三步”接入法。

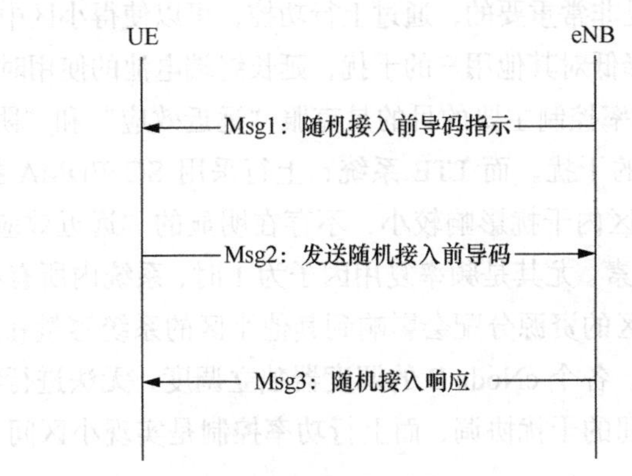

图 6-28　非竞争性随机接入流程图

在非竞争性随机接入过程中，eNode B 为每个需要随机接入的 UE 分配一个唯一的随机接入前导码，避免了不同 UE 在接入过程中产生冲突，因而可以快速完成随机接入。随机接入过程止于 RAR。

6.4.3 LTE 下行功率控制

由于 LTE 下行采用 OFDMA 技术，一个小区内发送给不同 UE 的下行信号之间是相互正交的，因此不存在 CDMA 系统因远近效应而进行功率控制的必要性。就小区内不同 UE 的路径损耗和阴影衰落而言，LTE 系统完全可以通过频域上的灵活调度方式来避免给 UE 分配路径损耗和阴影衰落较大的 RB，这样，对 PDSCH 采用下行功控就不是那么必要了。另外，采用下行功控会扰乱下行 CQI 测量，影响下行调度的准确性。因此，LTE 系统中不对下行采用灵活的功率控制，而只是采用静态或半静态的功率分配（为避免小区间干扰，采用干扰协调时静态功控还是必要的）。

下行功率分配的目标是在满足用户接收质量的前提下，尽量降低下行信道的发射功率，从而降低小区间干扰。在 LTE 系统中，使用每资源单元容量（Transmit Energy per Resource Element，EPRE）来衡量下行发射功率大小。对于 PDSCH 信道的 EPRE 可以由下行小区专属参考信号功率 EPRE 及每个 OFDM 符号内的 PDSCH_EPRE 和小区专属 RS_EPRE 的比值 ρ_A 或 ρ_B 得到。

$$\text{PDSCH\_EPRE}=\text{小区专属 RS\_ EPRE}\times\rho_A$$

$$\text{PDSCH\_EPRE}=\text{小区专属 RS\_ EPRE}\times\rho_B$$

其中，下行小区参考信号 EPRE 定义为整个系统带宽内所有承载下行小区专属参考信号的下行资源单元（RE）分配功率的线性平均。UE 可以认为小区专属 RS_EPRE 在整个下行系统带宽内和所有的子帧内保持恒定，直到接收到新的小区专属 RS_EPRE。小区专属 RS_EPRE 由高层参数 Reference-Signal-power 通知。

ρ_A 或 ρ_B 表示每个 OFDM 符号内的 PDSCH_EPRE 和小区专属 RS_EPRE 的比值，且 ρ_A 或 ρ_B 是 UE 专属的。具体来说，包含 RS 的数据 OFDMA 的 EPRE 与小区专属 RS_EPRE 的比值标识用 ρ_B 表示；不包含 RS 的数据 OFDMA 的 EPRE 与小区专属 RS_EPRE 的比值标识用 ρ_A 表示。

6.4.4 LTE 上行功率控制

无线系统中的上行功控是非常重要的，通过上行功控，可以使得小区中的 UE 在保证上行发射数据质量的基础上尽可能降低对其他用户的干扰，延长终端电池的使用时间。

CDMA 系统中，上行功率控制主要的目的是克服“远近效应”和“阴影效应”，在保证服务质量的同时抑制用户之间的干扰。而 LTE 系统，上行采用 SC-FDMA 技术，小区内的用户通过频分实现正交，因此小区内干扰影响较小，不存在明显的“远近效应”。但小区间干扰是影响 LTE 系统性能的重要因素。尤其是频率复用因子为 1 时，系统内所有小区都使用相同的频率资源为用户服务，一个小区的资源分配会影响到其他小区的系统容量和边缘用户性能。对于 LTE 系统分布式的网络架构，各个 eNode B 的调度器独立调度，无法进行集中的资源管理。因此，LTE 系统需要进行小区间的干扰协调，而上行功率控制是实现小区间干扰协调的一个重要手段。

按照实现的功能不同，上行功率控制可以分为小区内功率控制（补偿路损和阴影衰落）及小区间功率控制（基于邻小区的负载信息调整 UE 的发送功率）。其中，小区内功率控制目的是达到上行传输的目标 SINR，而小区间功率控制的目的是降低小区间干扰水平及干扰的抖动性。

终端的功率控制目的：节电和抑制用户间干扰。

手段：采用闭环功率控制机制。

控制终端在上行单载波符号上的发射功率，使得不同距离的用户都能以适当的功率达到基站，避免“远近效应”。

通过 X2 接口交换小区间干扰信息，进行协调调度，抑制小区间的同频干扰。交互的信息如下。

过载指示 OI（被动）：指示本小区每个 PRB 上受到的上行干扰情况。相邻小区通过交换该消息了解对方的负载情况。

高干扰指示 HII（主动）：指示本小区每个 PRB 对于上行干扰的敏感程度。反映了本小区的调度安排，相邻小区通过交换该信息了解对方将要采用的调度安排，并进行适当调整以实现协调的调度。

TDD 系统可以利用上下行信道的对称性进行更高频率的功率控制。

小区间干扰抑制的功控机制和单纯的单小区功控不同。单小区功控只用于路损补偿，当一个 UE 的上行信道质量下降时，eNode B 根据该 UE 的需要指示 UE 加大发射功率。但当考虑多个小区的总频谱效率最大化时，简单提高小区边缘 UE 的发射功率，反而会由于小区间干扰的增加造成整个系统容量的下降。

应采用部分功控的方法，及从整个系统总容量最大化角度考虑，限制小区边缘 UE 功率提升的幅度。具体的部分功控操作通过 X2 接口传递的相邻小区间的小区间干扰协调信令指示来实现。

部分功率控制有 3 种方法，分别为：

① 上行共享信道 PUSCH 的功率控制；

② 上行控制信道 PUCCH 的功率控制；

③ SRS 的功率控制。

终端的功率空间：终端最大发射功率与当前实际发射功率的差值作为功率控制过程的参数，物理层对终端的功率空间进行测量，并上报高层。

小区内功率控制原理如下。

由于 LTE 上行采用 OFDMA 技术，同小区内不同 UE 之间的上行数据是相互正交的，因此同 WCDMA 相比，小区内上行干扰的管理就容易得多。LTE 中的上行功控是慢速而非 WCDMA 中的快速功率控制，功控频率不高于 200Hz。

与上行功控不同的是，LTE 上行功控是对每个资源块的功率谱密度（Power Spectral Density，PSD）进行设定，且即使如果一个 UE 在一个子帧中发射的数据多于多个 RB，每个 RB 的功率对于该 UE 占用的所有 RB 都是相同的。

LTE 的上行包括接入信道、业务共享信道（PUSCH）和公共控制信道（PUCCH），它们都有功率控制的过程。此外，为了便于 eNode B 实现精确的上行信道估计，UE 需要根据配置在特定的 PRB 发送上行参考信号（SRS），且 SRS 也要进行功率控制。除接入信道外（对于上行接入的功控如随机接入前导码，RA Msg3 会有所区别），其他 3 类信道上的功率控制的原理是一样的，主要包括 eNode B 信令化的静态或半静态的基本开环工作点和 UE 侧不断更新的动态偏移。

UE 发射的功率谱密度（即每个 RB 上的功率）=开环工作点+动态的功率偏移

开环工作点=标称功率 P_0+开环的路损补偿（$P_L \times \alpha$）

标称功率 P_0 又分为小区标称功率和 UE 特定的标称功率两部分。eNode B 为小区内所有 UE 半静态的设定一标称功率 P_0-PUSCH 和 P_0-PUCCH，通过 SIB2 系统消息广播。P_0-PUSCH 的取值范围是-126dBm～+24dBm（均指每 RB 而言），P_0-PUSCH 的取值范围是-126dBm～-96dBm。

除此之外，每个 UE 还可以有 UE 特定的标称功率偏移，该值通过专用 RRC 信令下发给 UE。P_0_UE_PUSCH 和 P_0_UE_PUCCH 取值范围-8dB～+7dB，是不同 UE 对于小区标称功率 P_0-PUSCH 和 P_0-PUCCH 的一个偏移量。

开环的路损补偿 P_L 是基于 UE 对于下行的路损估计。UE 通过测量下行参考信号 RSRP，与已知的 RS 信号功率进行相减进行路损估计。RS 信号的原始发送功率在 SIB2 中广播。

为了抵消快速衰落对路损估计的影响，UE 通常在一个时间窗内对下行的 RSRP 进行平均。时间窗口的长度一般在 100～500ms 之间。

对于 PUSCH 和 SRS，eNode B 通过参数 α 来决定路损在 UE 的上行功控中的权重。α 表示对路径损耗的补偿因子，是针对一个 eNode B 由上层配置的 3 个比特的半静态数值，且 $\alpha \in \{0, 0.4, 0.5, 0.7, 0.8, 1.0\}$。

α=0，UE 均以最大功率发送，这导致高的干扰水平，恶化了小区边缘的性能；

α=1，边缘用户以最大功率发送，小区内其他用户进行完全的路损补偿，每个用户到达接收端的功率相同，则 SINR 相同，降低了系统的频谱效率；

$0<\alpha<1$，UE 的发送功率处于最大功率和完全的路损补偿之间，小区内部的用户越靠近小区中心，到达接收端的 SINR 越高，具有更高的传输速率，实现了小区边缘性能和系统频谱效率的平衡。

6.4.5 小区间干扰抑制技术

LTE 系统采用 OFDM 技术，小区内用户通过频分实现信号的正交，小区内的干扰基本可以忽略。但是同频组网时会带来较强的小区间干扰，如果两个相邻小区在小区的交界处使用了相同的频谱资源，则会产生较强的小区间干扰，严重影响了边缘用户的业务体验。因此如何降低小区间干扰，提高边缘用户性能，成为 LTE 系统的一个重要研究课题。

在 LTE 的研究过程中，主要讨论了 3 种小区间干扰抑制技术：小区间干扰随机化、小区间干扰消除和小区间干扰协调。小区间干扰随机化主要利用了物理层信号处理技术和频率特性将干扰信号随机化，从而降低对有用信号的不利影响，相关技术已经标准化；小区间干扰消除也是利用物理层信号处理技术，但是这种方法能“识别”干扰信号，从而降低干扰信号的影响；小区间干扰协调技术是通过限制本小区中某些资源（如频率、功率、时间等）的使用来避免或降低对邻小区的干扰。这种从 RRM 的角度来进行干扰协调的方法使用较为灵活，因此有必要深入研究以达到有效抑制干扰、提高小区边缘性能的目的。

小区间干扰协调的基本思想就是通过小区间协调的方式对边缘用户资源的使用进行限制，包

括限制哪些时频资源可用，或者在一定的时频资源上限制其发射功率，来达到避免和减低干扰、保证边缘覆盖速率的目的。

小区间干扰协调通常有以下两种实现方式。

静态干扰协调：通过预配置或者网络规划方法，限定小区的可用资源和分配策略。静态干扰协调基本上避免了 X2 接口信令，但导致了某些性能的限制，因为它不能自适应考虑小区负载和用户分布的变化。

半静态干扰协调：通过信息交互获取邻小区的资源及干扰情况，从而调整本小区的资源限制。通过 X2 接口信令交换小区内用户功率/负载/干扰等信息，周期通常为几十毫秒到几百毫秒。半静态干扰协调会导致一定的信令开销，但算法可以更加灵活地适应网络情况的变化。

小区间干扰（Inter-Cell Interference，ICI）：频率复用（传统的解决方法），较大的频率复用系数（3 或 7）可以有效抑制 ICI，但频谱效率降低到 1/3 或 1/7，如图 6-29 所示。

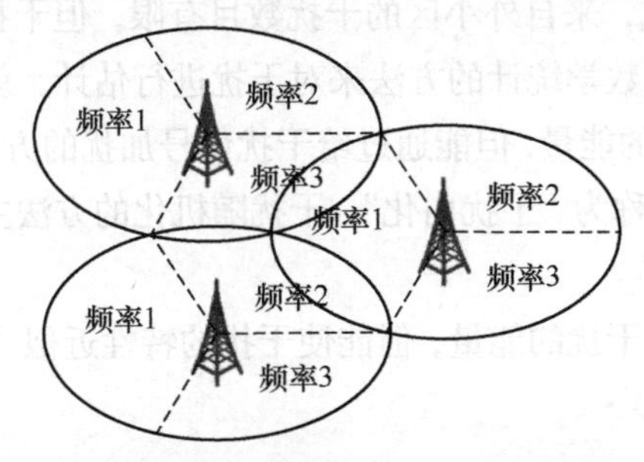

图 6-29　传统的频率复用系数为 3 的典型频率规划

① 未来的宽带移动通信系统对频谱效率要求很高，尽可能接近复用系数 1。

② OFDM 技术比 CDMA 技术更好地解决了小区内干扰的问题，但带来的 ICI 问题比 CDMA 更严重一些。

③ 相邻小区结合部分使用相同的频谱资源，会产生较强的 ICI。

6.4.6　波束赋形天线技术

普通扇区天线形成的波束是覆盖整个扇区的，因此必定会和相邻小区的扇区波束重叠，造成小区间干扰。

波束赋形天线的波束是指向 UE 的窄波束，因此只有在相邻小区的波束发生碰撞时才会造成小区间干扰，在波束交错时可以有效回避小区间干扰。

在移动通信系统中，由于用户通常分布在各个方向，加之无线移动信道的多径效应，有用信号存在一定的空间分布。其一，当基站接收信号时，来自各个用户的有用信号到达基站的方向可能不同，且信号与其到达角度之间存在复杂的依赖关系；其二，当基站发射信号时，可被用户有效接收的也只是部分的信号。考虑到这一因素，调整天线方向图使其能实现指向性的接收与发射是很自然的想法，这也就是波束赋形概念的最初来源。

随着信号处理，尤其是数字信号处理芯片的普及及算法的发展，原来必须依靠射频硬件实现的波束赋形转为使用中频或者基带的数字信号处理来实现。在这一基础上，结合无线移动通信系统的发展，又进一步出现了智能天线的概念。智能天线的目标是能根据实际信道情况实时调整自身参数，有效追踪多个用户，在系统中实现空分多址（SDMA）。智能天线一般由射频部分的无线信号接收发射，A/D、D/A 转换，以及基带（或者中频）部分的数字信号处理组成。传统意义上的波束赋形与多种信号处理方法融合，使得这一概念的确切含义逐渐模糊。习惯上，在与自适应天线阵列的信号处理相关的文献中，波束赋形特指根据参数计算最优权重矢量的过程；而在其他场合有时特指严格意义上的空域波束赋形，有时则泛指根据测量及估算参量进行数字信号处理（可包括时域和空域）的过程。

本文取波束赋形的一般含义，即根据测量及估算参数实现信号最优（次优）组合或者最优（次优）分配的过程。

6.4.7 小区间干扰消除、协调、随机化技术

对于 OFDMA 的接入方式，来自外小区的干扰数目有限，但干扰强度较大，干扰源的变化也比较快，不易估计，于是采用数学统计的方法来对干扰进行估计，就成为一种比较简单可行的方法。干扰随机化不能降低干扰的能量，但能通过给干扰信号加扰的方式将干扰随机化为“白噪声”，从而抑制小区间干扰，因此又称为“干扰白化”。干扰随机化的方法主要包括小区专属加扰和小区专属交织。

干扰信号随机化不能降低干扰的能量，但能使干扰的特性近似“白噪声”，从而使终端可以依赖处理增益对干扰进行抑制。

1. 干扰随机化方法

（1）小区特定的加扰（Scrambling）（传统技术）

小区专属加扰，即在信道编码后，对干扰信号随机加扰。如图 6-30 所示，对小区 A 和小区 B，在信道编码和交织后，分别对其传输信号进行加扰。如果没有加扰，用户设备（UE）的解码器不能区分接收到的信号是来自本小区还是来自其他小区，它既可能对本小区的信号进行解码，也可能对其他小区的信号进行解码，使得性能降低。小区专属加扰可以通过不同的扰码对不同小区的信息进行区分，让 UE 只针对有用信息进行解码，以降低干扰。加扰并不影响带宽，但是可以提高性能。

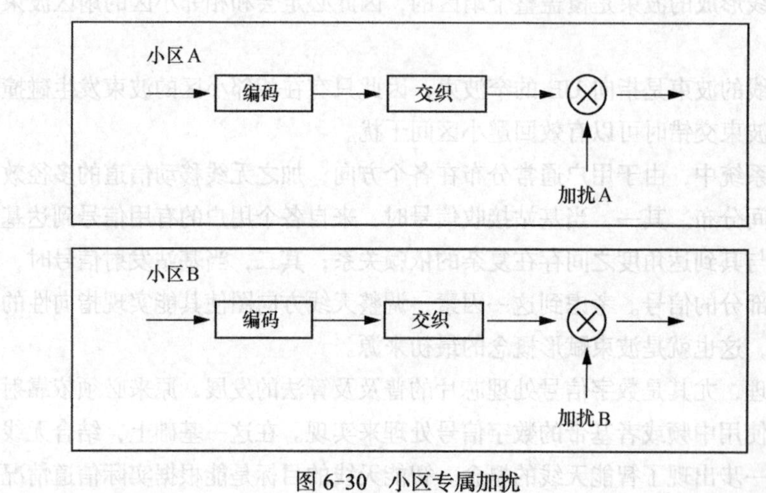

图 6-30 小区专属加扰

① 对各小区信号在信道编码和信道交织后采用不同的伪随机扰码进行加扰，以获得干扰白化效果。

② LTE 采用 504 个小区扰码（与 504 个小区 ID 绑定）区分小区，进行干扰随机化。

（2）小区特定的交织（Interleaving）也称交织多址（Interleaved Division Multiple Access，IDMA）

小区专属交织，即在信道编码后，对传输信号进行不同方式的交织。如图 6-31 所示，对于小区 A 和小区 B，在信道编码后分别对其干扰信号进行交织。小区专属交织的模式可以由伪随机数的方法产生，可用的交织模式数（交织种子）是由交织长度决定的，不同的交织长度对应不同的交织模式编号，UE 端通过检查交织模式的编号决定使用何种交织模式。

在空间距离较远的小区间，交织种子可以复用，类似于蜂窝系统中的频分复用。

对于干扰的随机化而言，小区专属交织和小区专属加扰可以达到相同的系统性能。

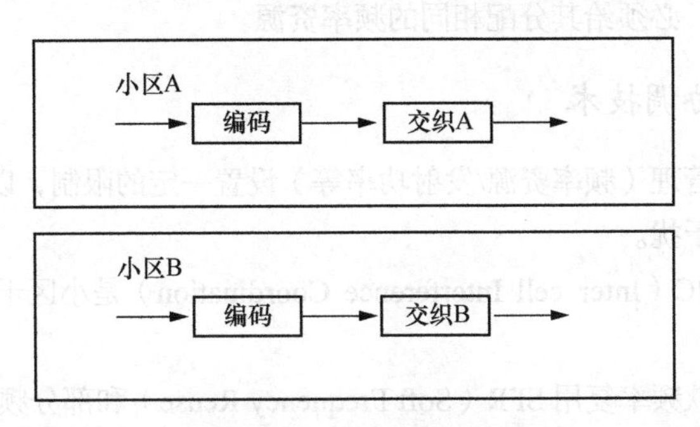

图 6-31　小区专属交织

① IDMA 是一种新的干扰随机化技术和干扰消除技术，比较复杂，在 R8 LTE 中未被使用。

② 仅干扰随机化效果而言，小区加扰和 IDMA 性能相近。但 IDMA 可用于干扰消除技术。

③ 对各小区的信号，在信道编码后采用不同的交织图案进行信道交织，以获得干扰白化效果。交织图案与小区 ID 一一对应。相距较远的两个小区间可以复用相同的交织图案。

2. 小区间干扰消除

干扰消除的想法最初是在 CDMA 系统中提出，可以将干扰小区的信号解调、解码，然后将来自该小区的干扰重构、消除。LTE 虽然采用 OFDMA 的接入方式，但仍然引入了干扰消除的概念。对干扰小区的干扰信号进行某种程度的解调甚至解码，然后利用接收机的处理增益从接收信号中消除干扰信号分量。

干扰消除方法如下。

（1）基于多天线接收终端的空间干扰抑制技术

利用多天线技术，接收机的实现技术不需要标准化。又称为干扰抑制合并（Interference Rejection Combining，IRC），不依赖发射端配置，利用从两个相邻小区到 UE 的空间信道独立性来区分服务小区和干扰小区的信号。配置双天线的 UE 可以区分两个空间信道，也即空分复用原理。

（2）基于干扰重构/减去的干扰消除技术

通过将干扰信号解调/解码后，对该干扰信号进行重构，然后从接收信号中减去。能将干扰信号分量准确分离，剩下的就是有用信号和噪声。是干扰消除的最理想的方法。IDMA 技术可

以通过迭代干扰消除获得显著的性能增益。可以获得明显的小区边缘性能增益。但需要系统在资源分配、信号格式获得、小区间同步、交织器设计、信道估计、信令等提出更高的要求或更多的限制。

另外，在LTE的下行传输中，可以通过不同方式来获得干扰信号的信息。消除Node B间干扰时，可以通过检测UE端的干扰控制信号来获得干扰信号的信息；消除扇区间干扰时，Node B直接使用自己的控制信道向UE发送干扰信号的信息。显然，接收机获取的干扰信号信息越多，干扰消除的性能越好。

小区间干扰消除的优势在于，对小区边缘的频率资源没有限制，相邻小区即使在小区边缘也可以使用相同的频率资源，可以获得更高的小区边缘频谱效率和总频谱效率。局限在于小区间必须保持同步，目标小区必须知道干扰小区的导频结构，以对干扰信号进行信道估计。对于要进行小区间干扰消除的用户，必须给其分配相同的频率资源。

3. 小区间干扰协调技术

原理：对下行资源管理（频率资源/发射功率等）设置一定的限制，以协调多个小区的动作，避免产生严重的小区间干扰。

小区间干扰协调ICIC（Inter-cell Interference Coordination）是小区干扰控制的一种方式，本质上是一种调度策略。

LTE系统可以采用软频率复用SFR（Soft Frequency Reuse）和部分频率复用FFR（Fractional Frequency Reuse）等干扰协调机制来控制小区边缘的干扰。

主要目的是提高小区边缘的频率复用因子，改善小区边缘的性能。

方法如下。

（1）回避—软频率复用

回避—软频率复用又称分数频率复用——频域协调。

原理：允许小区中心的用户自由使用所有频率资源；对小区边缘用户只允许按照频率复用规则使用一部分频率资源，如图6-32所示。

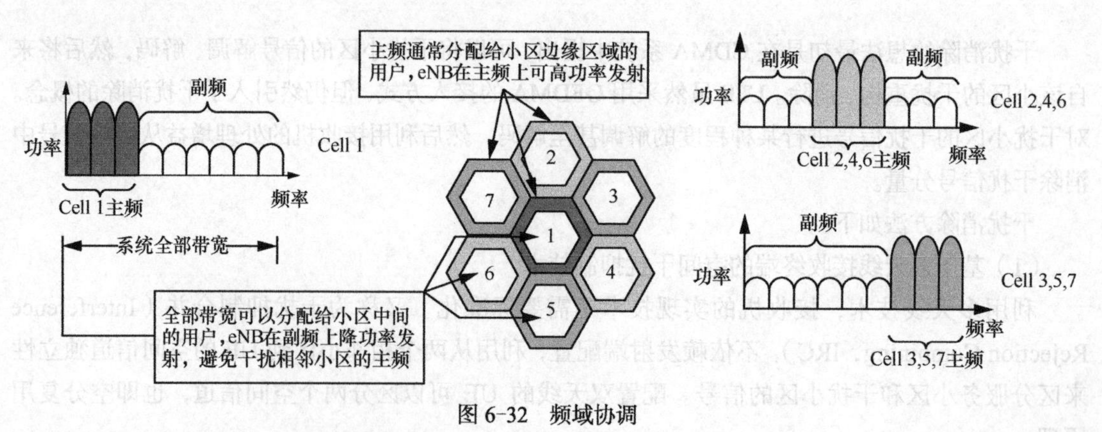

图6-32　频域协调

（2）下行功率分配：在下行不使用功率控制

1）同站不同小区ICIC—时域协调。

同站各小区的主频一样。对于同站小区间干扰协调，采用时域协调，如图6-33所示。

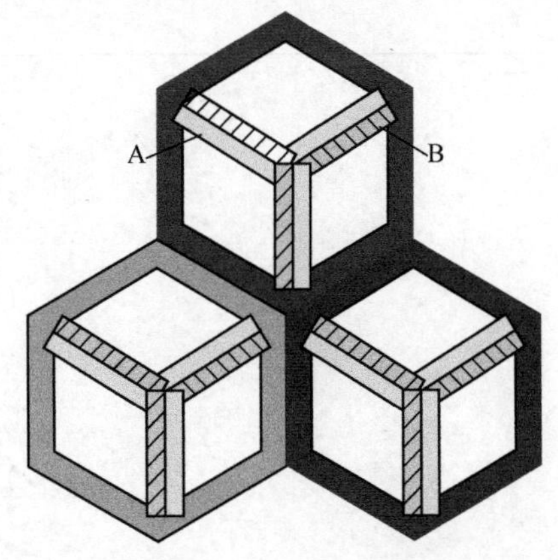

图 6-33　时域协调

① A 区域的用户只在偶数子帧调度。

② B 区域的用户只在奇数子帧调度。

2）上行小区间干扰协调（ICIC）技术。

① 采用基于高干扰指示（HII）和过载指示（OI）信息的 ICIC 技术。

② 相邻 eNode B 之间有线接口 X2 用于传送 HII/OI。

③ 一个 eNode B 将一个 PRB 分配给一个小区边缘用户（通过 UE 参考信号接收功率来判断是否处于小区边缘）时，预测到该用户可能干扰相邻小区，也容易受相邻小区 UE 干扰，通过 HII 将该敏感 PRB 通报给相邻小区。相邻小区 eNode B 接收到 HII 后，避免将自己小区的边缘 UE 调度到该 PRB 上。

④ 当 eNode B 检测到某个 PRB 已经受到上行干扰时，向邻小区发出 OI，指示该 PRB 已经受到干扰，邻小区就可以通过上行功控抑制干扰。

⑤ HII 和 OI 的传送频率最小更新周期 20ms，与 X2 接口控制面最大传输延迟相当。

⑥ HII 和 OI 传送的频率选择性为每个 PRB 发送一个 HII 和 OI 指示。

非频率选择性的 HII 和 OI 可以降低 X2 接口的信令开销，但只能指示本小区受到了邻小区干扰，无法说明哪些频带受到了干扰，也就无法指导邻小区有针对性的降低干扰。

① HII 和 OI 的等级：HII 不分等级；OI 分低、中、高 3 个等级。

② HII 和 OI 采用事件触发方式发送。

③ 对不同的邻小区发送不同的 HII。

习题

1. LTE 有哪些关键技术？请简单说明。
2. 请简述 TD-LTE 和 TD-SCDMA 帧结构的主要区别。
3. 简述 OFDMA 和 MIMO 技术的特点和优势。
4. 请简述随机接入流程。

第7章 移动通信技术应用

7.1 移动通信技术在物联网中的融合应用

首先我们要了解什么是物联网，物联网（Internet of Things）是一个基于互联网、传统电信网等信息承载体，让所有能够被独立寻址的普通物理对象实现互联互通的网络。它具有普通对象设备化、自治终端互联化和普适服务智能化 3 个重要特征。就是把所有物品通过信息传感设备与互联网连接起来，进行信息交换，即物物相息，以实现智能化识别和管理。

7.1.1 无线通信技术在物联网感知层的应用

物联网层次结构分为 3 层，自下向上依次是：感知层、网络层、应用层，如图 7-1 所示。感知层是物联网的核心，是信息采集的关键部分。感知层位于物联网 3 层结构中的最底层，其功能“感知”，也就是通过传感网络获取环境信息。

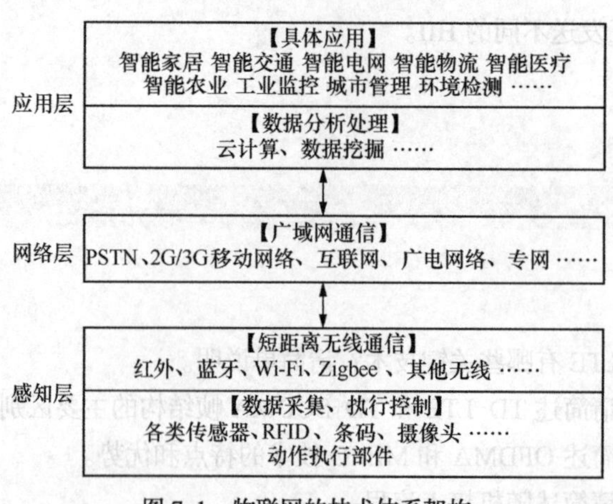

图 7-1 物联网的技术体系架构

人类是通过五官和皮肤的视觉、味觉、嗅觉、听觉和触觉感知外部世界。我们可以把感知层比喻为物联网的五官和皮肤，物联网通过感知层识别外界物体和采集信息。感知层解决的是人类世界和物理世界的数据获取问题，它首先通过传感器、数码相机等设备，采集外部物理世界的数据，然后通过 RFID 标签、条码、工业现场总线、蓝牙、红外等短距离传输技术传递数据。感知层所需要的关键技术包括检测技术、短距离无线通信技术等。

感知层由基本的感应器件（例如，RFID 标签和读写器、各类传感器、摄像头、GPS、二维码标签和识读器等）及感应器组成的网络（例如，RFID 网络、传感器网络等）两大部分组成。感知层的核心技术包括射频技术、新兴传感技术、无线网络组网技术、现场总线控制技术、检测技术、短距离无线通信技术等，涉及的核心产品包括传感器、电子标签、传感器节点、无线路由器、无线网关等。

传感器是物联网中获得信息的主要设备，它利用各种机制把被测量转换为电信号，然后由相应信号处理装置进行处理，并产生响应动作。常见的传感器包括温度、湿度、压力、光电传感器等。

RFID 的全称为 Radio Frequency Identification，即射频识别，又称为电子标签。RFID 是一种非接触式的自动识别技术，可以通过无线电信号识别特定目标，并读写相关数据。它主要用来为物联网中的各个物体建立唯一的身份标识。

传感器网络是一种由传感器节点组成的网络，其中每个传感器节点都包含有传感器、微处理器和通信单元。节点间通过通信网络组成传感器网络，通过共同协作来感知和采集环境或物体的准确信息。目前发展迅速，且应用最广的传感器网络是无线传感器网络（Wireless Sensor Network，WSN）。

对于目前关注和应用较多的 RFID 网络来说，附着在设备上的 RFID 标签和用来识别 RFID 信息的扫描仪、感应器都属于物联网的感知层。在这一类物联网中，被检测的信息就是 RFID 标签的内容，现在的电子（不停车）收费系统（Electronic Toll Collection，ETC）、超市仓储管理系统、飞机场的行李自动分类系统等都属于这一类结构的物联网应用。

物联网感知层负责实现物体信息的采集与传输工作。物联网感知层通信的主要特点有如下几点。

（1）低速通信即可满足大部分应用场合的需求。

（2）强调低成本、低功耗和操作的灵活性。

（3）需要大数量短距离无线通信节点。

（4）需要与 Internet 互联。

随着无线通信技术的发展，无线通信由于其灵活性和方便性，成为感知层通信的主流方式。无线通信技术分为短距离无线通信技术和远距离无线通信技术。虽然 3G 通信和 GPRS 通信技术成熟、传输速率高，但实现成本和运营成本高，无法直接普及感知层的每一个物体中。相比较而言，短距离无线通信技术由于其实现成本低、运营费用低甚至无运营费用，正好符合了物联网感知层通信的特点，因此短距离无线通信在物联网感知层通信中占有重要地位。

目前主要的短距离无线通信技术有 Wi-Fi、超宽带通信 UWB、进场通信 NFC、蓝牙、红外数据通信 IrDA 和 Zigbee。Zigbee 技术具有以下特点。

（1）省电：两节 5 号电池供电，可使用半年到两年。

（2）可靠：Zigbee 工作在 2.4GHZ 免费频段，采用碰撞避免机制，节点模块之间具有自动动

态组网的功能。

（3）时延短：通信时延和从休眠状态激活的时延都非常短。

（4）网络容量大：可支持 65000 个节点。

（5）安全：64 位出厂编号，采用 AES-128 加密算法，具有数据完整性检查功能。

综上所述，由于物联网感知层通信的特点及 Zigbee 技术的优势，选用 Zigbee 技术实现物联网感知层低成本、低功耗、自组网、大数量无线节点的通信，再通过网关实现感知层与 Internet 的互联是近年来的一个热点。

7.1.2 移动通信网络作为物联网的网络层

网络层位于物联网三层结构中的第二层，其功能为“传送”，即通过通信网络进行信息传输。网络层作为纽带连接着感知层和应用层，它由各种私有网络、互联网、有线和无线通信网等组成，相当于人的神经中枢系统，负责将感知层获取的信息安全可靠地传输到应用层，然后根据不同的应用需求进行信息处理。

物联网网络层包含接入网和传输网，分别实现接入功能和传输功能。传输网由公网与专网组成，典型传输网络包括电信网（固网、移动通信网）、广电网、互联网、电力通信网、专用网（数字集群）。接入网包括光纤接入、无线接入、以太网接入、卫星接入等各类接入方式，实现底层的传感器网络、RFID 网络最后一公里的接入。

物联网的网络层基本上综合了已有的全部网络形式，从而构建更加广泛的“互联”。每种网络都有自己的特点和应用场景，互相组合才能发挥出最大的作用，因此在实际应用中，信息往往经由任何一种网络或几种网络组合的形式进行传输。

由于物联网的网络层承担着巨大的数据量，并且面临更高的服务质量要求，物联网需要对现有网络进行融合和扩展，利用新技术以实现更加广泛和高效的互联功能。物联网的网络层自然也成为了各种新技术的舞台，如 3G/4G 通信网络、IPv6、Wi-Fi 和 WiMax、蓝牙、Zigbee 等。

移动通信网具有完整的用户管理能力和业务支撑能力，提供安全稳定的用户鉴权和授权、计费等能力，同时物联网能够为移动通信网带来新的用户增长点，孕育新的业务模式，形成用户规模效应，降低运维成本。因此，基于移动网络开展物联网业务及应用已经引起全球通信运营商的广泛关注。

7.2 Wi-Fi 技术的应用

7.2.1 Wi-Fi 技术概述

1. 概述

Wi-Fi（Wireless Fidelity）是一种可以将个人计算机、手持设备等终端以无线方式互相连接的技术，它是一个无线网络通信技术的品牌，由 Wi-Fi 联盟（Wi-Fi Alliance，WFA）所持有，目的是改善基于 IEEE 802.11 标准的无线网络产品之间的互通性，以实现无缝的连接。

Wi-Fi 联盟成立于 1999 年，当时的名称叫 Wireless Ethernet Compatibility Alliance（WECA，

无线以太网路兼容性联盟），2002 年 10 月正式更名为 Wi-Fi Alliance。它负责 Wi-Fi 认证与商标的授权工作。

Wi-Fi 技术问世已经 10 余年，起初它是作为无线连接计算机和互联网的途径被引入，现在已经取得长足的发展，强大的 Wi-Fi 需求正在推动其产品销售和认证规模的大幅增长，目前，每天约售出 200 万部 Wi-Fi 设备，2011 年的出货量已超过 10 亿，用户超过 7 亿（Wi-Fi 联盟估计的数量）。

全球服务提供商也在加大对 Wi-Fi 热点、热区和无线城市项目的投入，以期与 WAN 形成互补，例如，中国移动在 2013 年前已完成 100 万处的 Wi-Fi 热点；上海、广东、深圳和成都等地都正在开展大规模的无线城市项目。

2. Wi-Fi 的特点

① 速度快，可靠性高。在开放性区域，通信距离可达 300m；在封闭性区域，通信距离为 76～122m，方便与现有的有线以太网络整合，组网的成本更低。

② 无线电波的覆盖范围广，基于蓝牙技术的电波覆盖范围非常小，半径大约只有 50 英尺约合 15m，而 Wi-Fi 的半径则可达 300 英尺约合 100m。

③ Wi-Fi 技术传输的无线通信质量不是很好，数据安全性比蓝牙好一些，传输质量也有待改进，但其传输速度非常快，可以达到 11Mbit/s，符合个人和社会信息化的需求。

④ 厂商进入该领域的门槛比较低。厂商只需在机场、车站、咖啡店、图书馆等人员较密集的地方设置“热点”，并通过高速线路将因特网接入上述场所即可。

⑤ 无需布线。Wi-Fi 最主要的优势在于不需要布线，可以不受布线条件的限制，因此非常适合移动办公用户的需求，具有广阔的市场前景。目前它已经从传统的医疗保健、库存控制和管理服务等特殊行业向更多行业拓展，并已经进入家庭及教育机构等领域。

7.2.2 Wi-Fi 的组成

1. Wi-Fi 的网络成员

① 站点（Station）。站点是网络最基本的组成部分。

② 基本服务单元（Basic Service Set，BSS）。基本服务单元是网络最基本的服务单元。最简单的服务单元可以只由两个站点组成。站点可以动态地联结到基本服务单元中。

③ 分配系统（Distribution System，DS）。分配系统用于连接不同的基本服务单元。分配系统使用的媒介逻辑上和基本服务单元使用的媒介是截然分开的，尽管它们在物理上可能会是同一个媒介，例如，是同一个无线频段。

④ 接入点（Access Point，AP）。接入点即有普通站点的身份，又有接入到分配系统的功能。

⑤ 扩张服务单元（Extended Service Set，ESS）。扩展服务单元由分配系统和基本服务单元组合而成。这种组合是逻辑上的，并非物理上的。不同的基本服务单元可能在地理位置上相距甚远，分配系统也可以使用多种技术。

⑥ 关口（Portal）。关口用于将无线局域网和有线局域网或其他网络联系起来。

Wi-Fi 的组网方式大致有 5 种模式，即点对点模式、点对多点模式、多接入点漫游模式、桥接模式和路由模式。点对点模式，即网卡点对点连接，最多支持 4 用户。点对多点模式，即多接入点（AP）模式，终端通过 AP 传输信号。多接入点漫游模式，即移动用户进入新的蜂窝网络，断开原有的连接，接入新的蜂窝网络。桥接模式，即点对点网桥或点对多点网桥直接连接主机通信，通过无线连接接收的信息包只能被转发到有线网络或无线主机。路由模式，即可以通过中间多个桥主机来间接通信，从某一路由器接收的信息包可以通过无线连接转发到另一个路由器。

2. Wi-Fi 的硬件设备组成

一般架设无线网络的基本配备就是无线网卡及一台 AP（Access Point，接入点），如此便能以无线的模式配合既有的有线架构来分享网络资源，架设费用和复杂程度远远低于传统的有线网络。如果只是几台计算机的对等网，也可不要 AP，只需要每台计算机配备无线网卡。AP 为 Access Point 简称，一般翻译为“无线访问接入点”或“桥接器”。它主要在媒体接入控制层（MAC）中扮演无线工作站及有线局域网络的桥梁。有了 AP，就像一般有线网络的 Hub 一样，无线工作站可以快速且轻易地与网络相连。特别是对于宽带的使用，无线保真更显优势，有线宽带网络（ADSL、小区 LAN 等）到户后，连接到一个 AP，然后在计算机中安装一个无线网卡即可。普通的家庭有一个 AP 已经足够，甚至用户的邻里得到授权后，无需增加端口，也能以共享的方式上网。

7.2.3 Wi-Fi 的应用

1. Wi-Fi 的应用领域

由于 Wi-Fi 的频段在世界范围内是无需任何电信运营执照的免费频段，因此 WLAN 无线设备提供了一个世界范围内可以使用的，费用极其低廉且数据带宽极高的无线空中接口。

（1）网络媒体

由于无线网络的频段在世界范围内是无需任何电信运营执照的，因此 WLAN 无线设备提供了一个世界范围内可以使用的，费用极其低廉且数据带宽极高的无线空中接口。用户可以在无线保真覆盖区域内快速浏览网页，随时随地接听拨打电话。而其他一些基于 WLAN 的宽带数据应用，如流媒体、网络游戏等功能更是值得用户期待。有了无线保真功能，我们打长途电话（包括国际长途）、浏览网页、收发电子邮件、音乐下载、数码照片传递等，再无需担心速度慢和花费高的问题。无线保真技术与蓝牙技术一样，同属于在办公室和家庭中使用的短距离无线技术。

（2）掌上设备

无线网络在掌上设备上应用越来越广泛，而智能手机就是其中一份子。与早期应用于手机上的蓝牙技术不同，无线保真具有更大的覆盖范围和更高的传输速率，因此无线保真手机成为 2010 年移动通信业界的时尚潮流。

（3）日常休闲

自 2010 年起，无线网络的覆盖范围在国内越来越广泛，高级宾馆、豪华住宅区、飞机场及咖啡厅之类的区域都有无线保真接口。当我们去旅游、办公时，就可以在这些场所使用我们的掌上设备尽情网上冲浪了。厂商只需在机场、车站、咖啡店、图书馆等人员较密集的地方设置“热点”，并通过高速线路将因特网接入上述场所即可。这样，由于“热点”所发射出的电波可以达到距接入点半径数十米至 100m 的地方，用户只要将支持无线保真的笔记本电脑、手机或平板电脑等拿到该区域内，即可高速接入因特网。在家也可以通过无线路由器设置局域网，然后就可以无线上网。

（4）客运列车

2014 年 11 月 28 日 14 时 20 分，中国首列开通 Wi-Fi 服务的客运列车——广州至香港九龙 T809 次直通车从广州东站出发，标志中国铁路开始 Wi-Fi（无线网络）时代。列车 Wi-Fi 开通后，不仅可观看车厢内部局域网的高清影院，玩社区游戏，还能直达外网，刷微博、发邮件，以 10～50Mbit/s 的带宽速度与世界联通。

2. Wi-Fi 的发展前景

（1）商业运作

当前不少智能手机与多数平板电脑都支持无线保真上网，无线保真是当前大部分人所希望能随时搜索到的。它不仅是无线宽带接入服务的补充，同时还是运营商创新运营的重要一环。从全球无线保真业务发展上看，只依靠提供单一的无线宽带接入实现盈利的方式，基本上都无法支撑 Wi-Fi 业务的发展。面对这种情况，迫切需要一种新的盈利模式来为无线保真的发展提供强有力的支撑，保证投入的同时能有所回报。Wi-Fi 广告模式，显然是当前比较成熟和可经营的模式。根据这一模式，国内领先的 Wi-Fi 服务商 WiTown 开发出了一套 Wi-Fi 营销系统，将中小企业的闲置 Wi-Fi 改造成商用营销型 Wi-Fi，不仅有企业级的路由功能，还具有通过 Wi-Fi 展示企业品牌 0 成本全天候推送广告等功能，相信不久会在国内的中小企业中刮起一股旋风。随着 Wi-Fi 网络建设的加速，热点会越来越多，基于无线上网的 Wi-Fi 创新应用也一定会有更大的市场空间。

（2）构建物联

5G 嵌入式 Wi-Fi 模块应用车联网项目是美国交通运输部门、汽车制造商及密歇根大学交通研究中心历经 10 年努力的成果。项目已经投入了 2500 万美元，80%的资金由美国交通运输部门提供。8 大汽车制造商（Ford，General Motors，Honda，Hyundai-Kia，Mercedes-Benz，Nissan，Toyota and Volkswagen）通过合作协议的方式对研究提供支持。

美国密歇根州运输研究所（UMTRI）联合汽车厂家和各种机构，准备推出一个基于专用短程通信（DSRC）的云平台，利用类似 Wi-Fi 的技术连接车载电脑和远程交通安全管理平台，在汽车有可能发生事故前发出警告信息，提醒司机注意安全驾驶，从而减少交通事故的发生。

（3）覆盖全球

让全世界每个角落都覆盖无线网，听上去好像是个美丽的设想，不过北京时间 2015 年 6 月 3 日消息，据国外科技网站 VentureBeat 报道，微软近日确认，公司正开发名为“微软 Wi-Fi”（Microsoft Wi-Fi）的 Wi-Fi 应用，将能够连接世界各地的无线网络，使“人们自由地接入世界各地的互联”。

7.3 其他无线通信技术

7.3.1 蓝牙技术

1. 概述

1999 年 11 月，IT 时代“软件王国”的缔造者比尔·盖茨专程来到拉斯维加斯一间只有 11 名

员工的小公司。为什么？只因这家公司已研制成功一种含蓝牙技术的胸卡。

1999 年 12 月，微软宣布全面支持“蓝牙”技术。到 2000 年初，蓝牙 SIG（Special Interest Group，特别兴趣工作组）已有 3Com、爱立信、IBM、Intel、朗讯、微软、摩托罗拉、Nokia、东芝 9 大集团公司和 2000 多家成员企业。蓝牙技术到底如何，竟让盖茨如此动心，让 IT 行业的巨头们和众多的厂商走到一起？

蓝牙的英文名称是 Bluetooth，是 1998 年 5 月由爱立信、IBM、Intel、Nokia、东芝 5 家公司联合制定的近距离无线通信技术标准，其目的是实现最高数据传输速率 1Mbit/s（有效传输速率为 721kbit/s）、最大传输距离为 10m 的无线通信。Bluetooth 原为欧洲中世纪的丹麦国王 Harald II 的名字，他为统一四分五裂的瑞典、芬兰、丹麦立下了不朽的功劳。瑞典爱立信公司为这种即将成为全球通用的无线技术命此名，也许大有一统天下的含义。

1999 年 7 月，蓝牙 SIG 公布正式规范 1.0 版本，而遵从这一规范的移动电话和笔记本于 2000 年底上市，声称要把蓝牙技术产品化的企业也与日俱增。

2. 蓝牙技术特点

蓝牙是一种低功耗的无线技术，目的是取代现有的 PC、打印机、传真机和移动电话等设备上的有线接口。它具有许多优越的技术特性，以下介绍一些主要的技术特点。

（1）蓝牙技术的开放性

“蓝牙”是一种开放的技术规范，该规范完全是公开的和共享的。为鼓励该项技术的应用推广，SIG 在其建立之初就奠定了真正的完全公开的基本方针。与生俱来的开放性赋予了蓝牙强大的生命力。从它诞生之日起，蓝牙就是一个由厂商们自己发起的技术协议，完全公开，并非某一家独有和保密。只要是 SIG 的成员，都有权无偿使用蓝牙的新技术，而蓝牙技术标准制定后，任何厂商都可以无偿地拿来生产产品，只要产品通过 SIG 组织的测试并符合蓝牙标准后，品牌即可投入市场。

（2）蓝牙技术的通用性

蓝牙设备的工作频段选在全世界范围内都可以自由使用的 2.4GHz 的 ISM（Industrial Scientific Medical，工业、科学、医学）频段，这样用户不必经过申请便可以在 2400～2500MHz 范围内选用适当的蓝牙无线设备。这就消除了“国界”的障碍，而在蜂窝式移动电话领域，这个障碍已经困扰用户多年。

（3）短距离低功耗

蓝牙无线技术通信距离较短，蓝牙设备之间的有效距离为 10～100m。其消耗功率极低，所以更适合小巧的、便携式的电池供电的个人装置。

（4）无线“即连即用”

蓝牙技术最初是以取消连接各种电器之间的连线为目的的。蓝牙技术主要面向网络中的各种数据及语音设备，如 PC（Personal Computer，个人计算机）、PDA（Personal Digital Assistant，个人数字助理）、打印机、传真机、移动电话、数码相机等。蓝牙通过无线的方式将它们连成一个围绕个人的网络，省去了用户接线的烦恼，在各种便携设备之间实现无缝的资源共享。任意“蓝牙”技术设备一旦搜寻到另一个“蓝牙”技术设备，马上就可以建立联系，而无需用户进行任何设置，可以解释成“即连即用”。

（5）抗干扰能力强

ISM 频段是对所有无线电系统都开放的频段，因此使用其中的某个频段都会遇到不可预测的干扰

源。例如，某些家电、无绳电话、微波炉等，都可能是干扰。为此，“蓝牙”技术特别设计了快速确认和调频方案以确保链路稳定。跳频是蓝牙使用的关键技术之一。建链时，蓝牙的跳频速率是 3200hop/s；传送数据时，对应单时隙包，蓝牙的跳频速率为 1600hop/s；对于多时隙包，跳频速率有所降低。采用这样高的跳频速率，使得蓝牙系统具有足够高的抗干扰能力，且硬件设备简单、性能优越。

（6）支持语音和数据通信

蓝牙的数据传输速率为 1Mbit/s，采用数据包的形式按时隙传送每时隙 0.625μs。蓝牙系统支持实时的同步定向连接和非实时的异步不定向连接。蓝牙技术支持 1 个异步数据通道，3 个并发的同步语音通道或 1 个同时传送异步数据和同步语音通道。每一个语音通道支持 64kbit/s 的同步话音，异步通道支持最大速率为 721kbit/s，反向应答速率为 57.6kbit/s 的非对称连接，或者是速率为 432.6kbit/s 的对称连接。

（7）组网灵活

蓝牙根据网络的概念提供点对点和点对多点的无线连接，在任意一个有效通信范围内，所有的设备都是平等的，并且遵循相同的工作方式。基于 TDMA 原理和蓝牙设备的平等性，任一蓝牙设备在主从网络（Piconet）和分散网络（Scatternet）中，既可作为主设备（Master），又可作为从设备（Slave），还可同时既是主设备，又是从设备。因此在蓝牙系统中没有从站的概念，另外所有的设备都是可移动的，组网十分方便。

（8）软件的层次结构

和许多通信系统一样，蓝牙的通信协议采用层次式结构，其程序写在一个约为 5mm×5mm 的微芯片中。其底层为各类应用所通用，高层则是就具体应用而有所不同，大体分为计算机背景和非计算机背景两种方式。前者通过主机控制接口 HCI（Host Control Interface）实现高、低层的连接，后者则不需要 HCI。层次结构使其设备具有最大的通用性和灵活性。根据通信协议，各种蓝牙设备在任何地方都可以通过人工或自动查询来发现其他蓝牙设备，从而构成主从网和分散网，实现系统提供的各种功能，使用起来十分方便。

3. 蓝牙网络

蓝牙技术的提出为短距离低功耗无线通信寻找一条全新的途径。把一个 5mm×5mm 芯片嵌入到手机、PDA 和数字相机等移动终端中，就可以完成设备之间的无电缆连接，实现无线局域网和信息家电等构想。蓝牙采用 2.4GHz ISM 频段，使用小范围射频链路，链路建立在跳频频谱上，可在同一通信带宽内无干扰地传输多个信道信息，实现终端之间的信息交换。共存于同一信道的若干设备单元构成一个微微网（Piconet）。在微微网中，若某台设备的时钟和跳频序列用于其他设备，则称为主设备，否则就称为从设备。一个微微网中只有一个主设备和多个从设备（不多于 7 个）。在同一微微网中，所有用户均用同一跳频序列同步。若干相互独立的微微网连接在一起，就构成了蓝牙散射网络（Scatternet）。各微微网由不同的跳频序列区分，在一个互联的分布式网络中，一个节点设备可同时存在于多个微微网中，但不能在两个微微网中处于激活状态（active）。

蓝牙系统支持两种连接，即点对点和点对多点连接，这样形成了两种网络拓扑结构，即微微网络（Piconet）和散射网络（Scatternet）。在一个 Piconet 中，只有一个主单元（Master），支持 Slave 和 Master 建立通信。Master 通过不同的跳频序列来识别每一个 Slave，并与之通信。多个 Piconet 构成了一个 Scatternet。值得注意的是，在蓝牙网络中，Slave 之间不能直接通信，必须经过 Master 才行。蓝牙网络拓扑结构如图 7-2 所示。

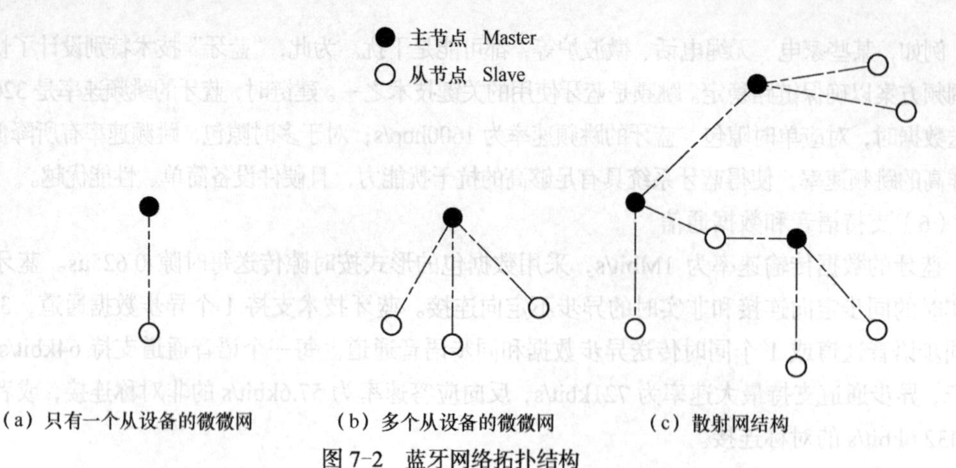

图 7-2　蓝牙网络拓扑结构

4. 蓝牙发展的未来趋势

（1）未来发展趋势

芯片价格持续下降：蓝牙芯片初上市时单价过高，一个芯片价格高达 25 美元。随着蓝牙技术的推广普及，蓝牙芯片制造成本大幅度降低，2002 年蓝牙芯片价格降到 6.72 美元，2003 年则达到 5.6 美元。目前集成了射频、基带、存储器、控制器的蓝牙单芯片的价格是 6 美元左右，预计 2008 年成本再砍一半，达到 3 美元。超低的价格必将会促进蓝牙技术的飞速发展。

向单芯片方向发展：早在 2002 年，英国的 Cambridge Silicon Radio 公司（简称 CSR）推出了名为 BlueCore（蓝牙核心）的真正的 CMOS 单芯片方案（高频组件+基带控制器），促使了蓝牙产品的起飞。德州仪器在 2002 年同样推出了单芯片蓝牙，计算机控制在 25mW 左右，非常省电，此款芯片产品名为 BRF6100。目前，单芯片、小巧化已成为蓝牙发展趋势。各家芯片厂商纷纷推出自己的小型化、高集成度、低功耗的产品，如 Philips 的 BGB201、BGB203/204，ST 的 STLC2500 等。

与其他技术的共存：蓝牙只是 WLAN 中重要的技术，具有其局限性。WLAN 网的实现需要几种技术的结合，如推进 10m 近距离无线通信技术标准化的 IEEE 802.15 委员会目前采纳了可使蓝牙和 IEEE 802.11b 共存的方案。Intersil 公司和 Silicon Wave 公司宣布合作开发兼容蓝牙和 IEEE 802.11b 标准的 WLAN 解决方案。

干扰问题会解决：由于 WLAN 和蓝牙的载波频带都使用 2.4GHz 频带，当同时收发这两种规格的数据时，有可能引起数据包冲突等电波干扰，一直无法同时应用。目前多采用自适应跳频和仲裁机制来解决。

（2）进一步研究的问题

① 蓝牙产品的兼容性问题。使用蓝牙技术的产品，由于历史和技术的原因，各自采用不同的 CPU、操作系统。虽然大家都按照同一个规范来开发，但是目前各种协议栈的不太完善等原因使得各个厂家开发的蓝牙产品之间不能完全互通，这也在一定程度上影响了蓝牙的发展。

② 蓝牙产品的安全性问题。基于蓝牙技术的本质，保密性问题更加明显。尽管可以通过频段更换、加密匙和授权密码实现数据的保密，但是实际上，做要比理论上的说难得多。另外，与实用装置或蓝牙技术使用者相比，蓝牙模式更重视真实数据的保密性。加密匙和频段更换可以防止数据被中途拦截，但是蓝牙装置本身的开放使用性又增加了泄密的危机。

7.3.2　卫星通信技术

现在移动通信在城市地区已经迅速发展起来，已经成为人们能随时随地进行通信的主要手段。但是一旦离开蜂窝移动电话系统覆盖的城市及其郊区以及部分城市之间的繁忙车道，在广大的农村、山区、沙漠、湖泊和远离大、中城市的河流上，人们就不能像在城市里那样方便地利用移动通信了。

用什么方法可以弥补上述的缺陷呢？

卫星移动通信系统能解决人口稀少、通信不发达地区的移动通信服务，能覆盖全球，成为全球个人通信的重要组成部分。但是它的服务费用较高，不能代替地面蜂窝移动通信系统。

1. 卫星移动通信系统的概念及主要特点

（1）卫星移动通信的定义

大家知道，同步通信卫星有巨大的覆盖面积，一颗同步通信卫星就可以覆盖地球面积的 1/3，现在已经成世界上洲际及远距离的重要通信工具，并且也在部分地区的陆、海、空领域的车、船、飞机移动通信中占有市场，但是它不能用来实现个人的手机移动通信。这是因为同步通信卫星转发的信号必须要使用较大的天线和较高的功率，这是体积玲珑小巧的手机所不可能做到的。解决这个问题的另一种途径，就是利用中低轨道的通信卫星。中低轨道卫星距离地面只有几百千米或几千千米，它在地球的上空快速地绕地球转动，因此叫作非同步地球卫星，或称移动通信卫星，这种卫星系统是以个人手机通信为目标而设计的。比较典型的低轨道卫星通信系统如“铱”系统，这种系统用几十颗低轨道小型卫星把整个地球表面覆盖起来，就好比是一个覆盖全球的蜂窝移动通信系统“倒过来”设置在天空上。每颗卫星可以覆盖直径为几百千米的面积，比地面蜂窝小区基站的覆盖面积大得多。卫星形成的覆盖站区在地球表面上是迅速移动的，大约两个小时就绕地球一周，因此对用户手机来说，也有“过区切换”的问题。与地面蜂窝系统不同的是：地面蜂窝系统中是用户移动通过小区，而卫星移动通信系统则是小区移动通过用户，这种不同使卫星移动通信系统解决“过区切换”问题比地面蜂窝系统还简单一些。

（2）卫星移动通信系统的主要特点

与其他移动通信系统相比，卫星移动通信系统具有以下优点。

① 通信距离远，且费用和通信距离无关。

② 工作频段宽，通信容量大，适用于多种业务传输。

③ 通信线路稳定可靠，通信质量高。

④ 以广播方式工作，具有大面积覆盖能力，可以实现多址通信和信道的按需分配，而通信灵活机动。

⑤ 可以自发自收进行监测。

卫星移动通信系统具有如下缺点。

① 两极地区为通信盲区，高纬度地区通信效果不佳。

② 卫星发射和控制技术比较复杂。

③ 存在日凌中断现象。

④ 有较大的信号延迟和回拨干扰。

⑤ 卫星通信需要有高可靠、长寿命的通信卫星。

⑥ 卫星通信要求地球站有大功率发射机、高灵敏度接收机和高增益天线。

在整个卫星通信系统中，需要设立跟踪遥测及指令系统对卫星进行跟踪测量，控制其准确进入静止轨道上的指定位置，并对在轨卫星的轨道、位置及姿态进行监视和校正。同时，为了保证通信卫星的正常进行和工作，还要有监控管理系统对在轨卫星的通信性能及参数进行业务开通前的监测和业务开通后的例行监测和控制。

2. 卫星移动通信系统组成

一个卫星通信系统是由空间分系统、地球站分系统、跟踪遥测及指令分系统和监测管理分系统4大部分组成。

（1）空间分系统

空间分系统即通信卫星。通信卫星内的主体是通信装置，另外还有星体的遥测指令控制系统和能源装置等。

通信卫星主要是起无线电中继站的作用。它是靠卫星上通信装置中的转发器和天线来完成的。一个卫星的通信装置可以包括一个或多个转发器。每个转发器能接收和转发多个地球站的信号。显然，当每个转发器所能提供的功率和带宽一定时，转发器越多，卫星的通信容量就越大。

（2）地球站分系统

地球站分系统一般包括中央站（或中心站）和若干个普通地球站。中央站除具有普通地球站的通信功能外，还负责通信系统中的业务调度与管理，对普通地球站进行监测控制及业务转接等。

地球站具有收、发信功能，用户通过它们接入卫星线路进行通信。地球站有大有小，业务形式也多种多样。一般说来，地球站的天线口径越大，发射和接收能力越强，功能也越强。

（3）跟踪遥测及指令分系统

跟踪遥测及指令分系统也称为测控站。它的任务是对卫星跟踪测量，控制其准确进入静止轨道上的指定位置，待卫星正常运行后，定期对卫星进行轨道修正和位置保持。

（4）监控管理分系统

监控管理分系统也称为监控中心。它的任务是对定点的卫星在业务开通的前后进行通信性能的监测和控制。

3. 个人移动通信主要卫星移动通信系统的简介

（1）铱星系统

铱星系统是一个由 20 家通信公司和工业公司组成的国际财团。官方名称为铱 LLC。铱星系统主要为用户提供类似蜂窝型的电话，实现城市或乡村的移动电话服务。

铱系统的 66 颗星配置在均匀分布的 6 个近极轨道上（倾斜 86.4° ），离地面 780km。66 颗星提供了交叠式的全球覆盖，包括极区。在轨道上的其余 6 颗星供备用。轨道上的这些星构成太空蜂窝铁塔，实现了移动手机直接上星的通信，为用户提供了话音、数据、寻呼及传真等业务。由 3 个相控阵天线组成的天线组指向地面，并通过铱星系统使用 1.610～1.625GHz 频段。每颗卫星可以同时处理多达 1100 个双工呼叫。

设在美国弗吉尼亚州 Landsdowne 的主控中心将承担卫星控制和网络管理工作，它的备份系统则设在意大利的罗马。设在夏威夷和加拿大的跟踪、遥测和指令中心同主控中心相联。它们在

卫星发射和入轨时帮助调整卫星位置，并监视卫星是否正常运行。到 1997 年底，铱星系统已被批准在 29 个国家运营，并已有 60 个以上的服务供应商注册入网。

（2）Globalstar（全球星）

与铱星不同，Globalstar 的设计者采用了简单的、低风险的、更便宜的卫星。星上既没有处理器，也没有星际互联链路。相反，所有这些功能，包括处理和交换，均在地面完成。这样便于维护和未来的升级。卫星的质量小，约 450kg，因而平均发射费用也更便宜些。

整个系统几乎覆盖了全球，一共 48 颗卫星，比铱星数量差不多少了 1/3。全部卫星平均分布在 8 个圆形轨道上，高度 1414km。另有 8 颗卫星供备用。轨道与赤道成 52° 倾斜。各轨道间相距 45° 。倾斜的轨道覆盖了从北纬 70° 到南纬 70° 的所有范围，却不包括南北极地区。该系统用最少数量的卫星覆盖了地球上最多的居民点。Globalstar 的产权归 5 家通信服务供应商和 7 家通信设备以及航天系统制造商所有。

Globalstar 系统并非通过卫星将呼叫直接传递给被叫用户的。系统将卫星收到的呼叫通过馈给链路下行传送到入口网络。信号在入口网络被处理后，经由地面基础设施送出。但是，如果被叫用户也是该系统的一个用户，则呼叫将从该入口网或另一入口网上行到一个星上，再传送到目的地。

太空中的卫星数量少而且结构简单，意味着地面的入口网数量多。这一点同铱星系统比较是显而易见的。在系统建设的各个阶段，Globalstar 将有 38 个入口网在全球建成，而在不远的将来还要增加 40 个入口网。

Globalstar 已经获得 100 多个本地服务供应商的经营特许权，覆盖了全球 88%以上的人口地区。到 1997 年底，它已获得 19 个国家的营业许可证，其中包括美国、俄罗斯、中国和巴西。

（3）ICO（中轨道卫星）

由 ICO 伦敦全球通信公司选定的格局，用 10 颗卫星覆盖全球。这 10 颗星外加两颗备份星均匀分布在高度为 10355km 的两个正交平面上。它们与赤道间的倾角分别为 45° 和 135° 。每颗星均与一地面网络链接。该地面网络称为 ICO-Net，有 12 个卫星接入点。接入点构成地面站，带多座天线，交换设备和数据库按战略要求分布在世界各地。同 Globalstar 的入口网一样，这些站点将呼叫从卫星传送到本地公众电话交换网或地面移动网。随着某颗卫星从视线上消逝，它们还控制呼叫从一颗卫星传递到另一颗卫星。

ICO 系统支持 TDMA 的 4500 个同时电话呼叫。10 颗卫星则可支持 45000 个呼叫，足够一千万户使用。呼叫经由卫星的 163 个波束传递到移动用户。链路的最小功率增益超过 8dB，平均增益则在 10dB 以上。由于卫星高度高，信号受地面障碍物阻挡的机会少。另外，卫星在视线内运行的期间比 LEO 长，这就减少了呼叫从一颗卫星转移到另一颗卫星上的频次，从而减少了链路中断的机会。

ICO Global 通信公司成立于 1995 年。它原本是 80 个国家海事卫星国际财团的旁系成员。在一代人的时间内，海事卫星集团曾经为航运业提供了移动卫星通信，而且最近也为地面移动用户服务。最大的股东是国际海事卫星公司，北京海事通信和导航公司，新加坡通信公司，希腊通信公司，印度 VSNL 和德国通信公司移动通信子公司。ICO 产权人有一半来自发展中国家，其服务范围占全球蜂窝电话市场的 25%左右。它们提供了总投资 45 亿美元中的 20 亿。

（4）Ellipso 系统

华盛顿特区移动通信控股公司（MCHI）从美国联邦通信委员会（FCC）获得了一份建造

LEO 移动卫星服务系统的合同。这个系统被称为 Ellipso。技术上它是一个 LEO 系统，但却运行在 MEO 的高度上，以获得更高的仰角。它一共拥有 17 颗卫星，分布在 3 个轨道平面上，几近覆盖了全球。系统共有 3 个轨道平面。在赤道上空 8060km 的赤道平面上均匀分布着 7 颗星，覆盖了从南纬 55° 到北纬 25° 的地带。剩下的 10 颗星分别均匀定位在两个轨道上，各自倾斜 116°。卫星在北半球的远地点为 7846 千米，而在南半球时的近地点为 520 千米。这样，对于需求量最大的地区，Ellipso 的卫星看上去就显得非常高。椭圆形轨道在业务最繁忙的时段覆盖着人口最稠密的地区。

包括洛克希德 · 马丁（Lockheed Martin）公司和哈里斯（Harris）公司在内的 4 个公司加盟 Ellipso 作为合同投资公司。至少还有其他 3 家包括澳大利亚和南非的服务供应商作为投资公司加入该计划。

三轴稳定卫星携带有一简单的弯管转发器，经由一对固定天线发射信号。天线在卫星覆盖的地面上产生 61 个波束。数字处理均在地面进行。每颗星具有同时接收 3000 个电话呼叫的容量。

（5）亚洲 GEO

GEO 卫星作为区域性系统的后盾，为广大地区提供手机电话业务也是很成功的。目前一共有 6 个这类区域性系统正处在不同的设计和实施阶段，这里只介绍两个系统。

① 亚洲蜂窝卫星系统（Asia Cellular Satellite System，ACeS）。ACeS 以印尼的雅加达为基地，覆盖了东南亚 22 个国家，包括日本、中国、印度和巴基斯坦。该系统由印尼、泰国和菲律宾的 3 家公司的国际财团开发。该系统的目标地区有 30 亿人口，其中大多数尚未建立通信联系。

ACeS 将提供一系列服务。不仅有手机服务，还有其他移动和固定的终端服务。除话音、传真、数据和寻呼外，系统还提供一系列 GSM 蜂窝电话功能，诸如呼叫转移、呼叫等待及会议电话等。ACeS 卫星将定位于赤道上空东经 118° 加里曼丹（即婆罗洲）上空。

星上 12m 天线比以往商用 GEO 定点通信业务的任何一个都来得大。天线上可展开的反射面为远在 40000km 以外的手持机通信提供足够的增益。这个距离已经到达卫星覆盖区的外沿了。独立而相同的两个抛物面反射器装在卫星两边的支架上，分别用于发射和接收。一旦卫星进入轨道，镀金的钼网反射面将缓慢打开。发射反射面和接收反射面分开设置，有助于减少互调产物。

ACeS 用户之间将直接经由 Garuda-1 进行通信。ACeS 用户与地面公众网用户之间的通信则经由卫星下行至地面入口网来实现。ACeS 在雅加达、马尼拉和曼谷均设有入口网。在印尼的巴登岛上则有一网络控制中心和一卫星监控站。设计寿命为 12 年。

② 西亚区域—Thuraya 系统。Thuraya 为中东及周边地区提供移动通信服务。它由昂宿星团（金牛座的 7 颗星）的阿拉伯语得名。Thuraya 覆盖了 58 个国家的 18 亿人口，包括中东、北非、印度次大陆、中亚、土耳其和东欧。Thuraya 定位于赤道上方东 44° 印度洋上空，索马里海岸以东。

整个项目由 Thuraya 卫星通信公司运营。公司总部设在阿联酋的首都阿布扎比。该公司是一个有 14 个股东的国际财团，包括各阿拉伯国家的邮电部门。其中一个股东是阿拉伯卫星公司，属阿拉伯国家联盟的一分子，设在沙特阿拉伯的利雅得。该公司早在 20 世纪 80 年代初就向该地区提供卫星通信服务。

Thuraya 系统采用 TDMA 制式。整个区域由 256 个可成形的集射波束覆盖。卫星有望支持 13750 个话音通道。

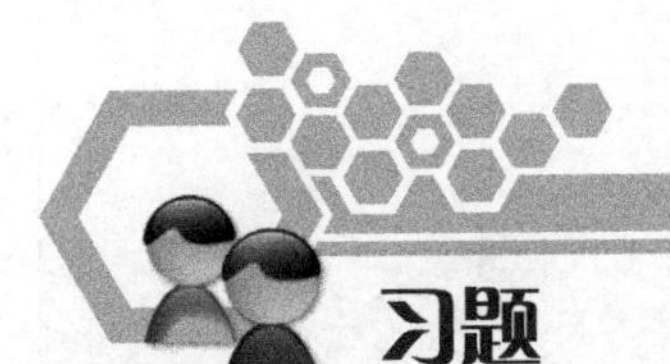

习题

1. 什么是物联网？简述物联网的层次结构。
2. 简述物联网感知层的作用及其通信的主要特点。
3. 简述 Wi-Fi 的特点及硬件组成。
4. Wi-Fi 的网络成员都有哪些？
5. 简述蓝牙技术的特点。
6. 简述卫星通信系统的特点。
7. 简述卫星通信系统的组成。

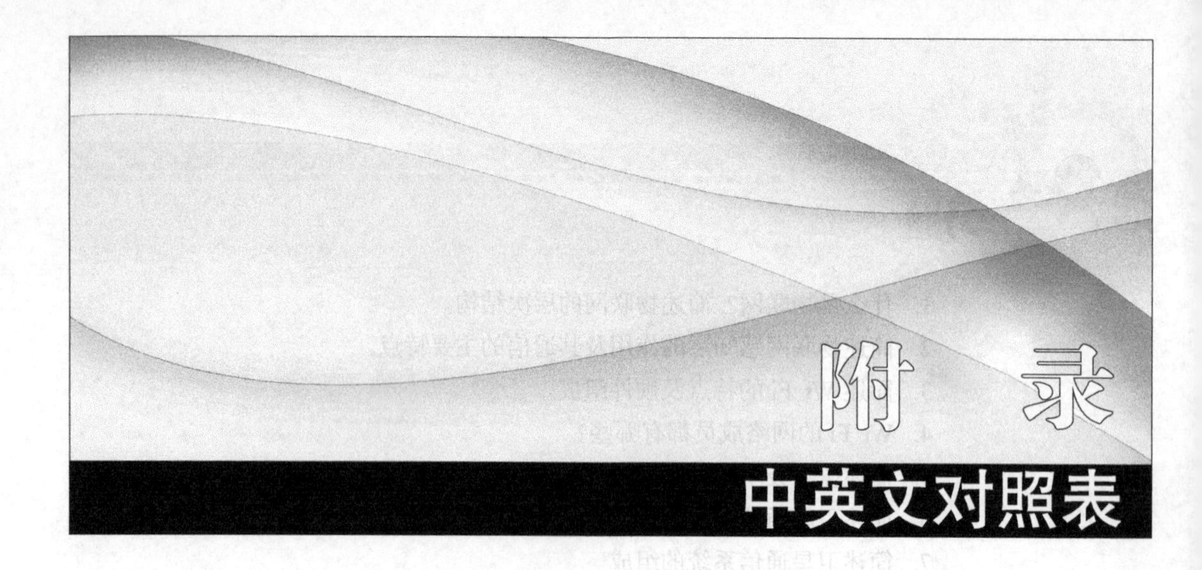

附录 中英文对照表

ACeS	Asia Cellular Satellite System	亚洲蜂窝卫星系统
ACL link	Asynchronous Connection-Less link	异步面向无连接链路
ADPCM	Adaptive Differential Pulse Code Modulation	自适应差分脉冲编码调制
AES	Advanced Encryption Standard	高级加密标准
ADSL	Asymmetric Digital Subscriber Line	非对称数字用户线路
AICH	Acquisition Indication Channel	捕获指示信道
AM_ADDR	Active Member Address	活动成员地址
AOCI	Advice Of Charge Information	资费信息通知
AP	Access Point	接入点
AR_ADDR	Access Request Address	接入请求地址
ARQ	Automatic Repeat request	自动重传请求
ATC	Air Traffic Controller	空中话务控制器
BAIC	Barring of All Incoming Calls	禁止所有呼入
BAOC	Barring of All Outgoing Calls	禁止所有呼叫
BB	Baseband	基带
BCCH	Broadcast Control Channel	广播控制信道
BCH	Broadcast Channel	广播信道
BD_ADDR	Bluetooth Device Address	蓝牙设备地址
BG	Border Gateway	边界网关
BNEP	Bluetooth Network Encapsulation Protocol	蓝牙网络封装协议
BOIC	Barring of Outgoing International Calls	禁止国际呼出
BSS	Base Station System	基站系统

BT	Bluetooth	蓝牙
CAC	Channel Access Code	信道接入码
CBR	Constant Bit Rate	恒定比特速率
CCCH	Common Control Channel	公共控制信道
CCH	Common Channel	控制信道
CCPCH	Common Control Physical Channel	公共控制物理信道
CDMA	Code Division Mutiple Access	码分多址
CF	Classification Functionality	分级功能
CFB	Call Forwarding on Busy	遇忙呼叫前转
CFNRc	Call Forwarding when No Reachable	无法达到呼叫前转
CFNRy	Call Forwarding when No Reply	无应答呼叫前转
CFU	Call Forwarding Unconditional	无条件呼叫前转
CID	Channel Identifier	信道标识符
CLIP	Calling Line Identification Presentation	主叫线识别提示
CLIR	Calling Line Identification Restriction	主叫线识别限制
CLK	Clock	蓝牙主设备时钟
CLKE	Clock Estimated	估计时钟
CLKN	Clock Native	本地时钟
CN	Core Network	核心网络
COLP	Connection Orientated Line Provision	连接线路识别提供
COLR	Connection Orientated Line Restriction	连接线路识别限制
CPCH	Common Packet Channel	公共分组信道
CRC	Cyclic Redundancy Check	循环冗余校验
CS	Circuit Switched	电路交换
CSN	Circuit Switching Network	电路交换网络
CTP	Cordless Telephony Profile	无绳电话规范
CTCH	Common Traffic Channel	公共业务信道
CUG	Closed User Group	封闭用户群
CVSD	Continuous Variable Slope Delta Modulation	连续可变斜率的Δ调制
CW	Call Waiting	呼叫等待
DAC	Device Access Code	设备接入码
DCCH	Dedicated Control Channel	专用控制信道
DCH	Dedicated Channel	专用信道
DECT	Digital Enhanced Cordless Telephone	数字无绳电话标准
DH	Data-High Rate	高速率数据包
DIAC	Dedicated Inquiry Access Code	专用查询接入码

DiffServ	Differentiated Services	差分服务
DM	Data-Medium Rate	中速率数据包
DPCCH	Dedicated Physical Control Channel	专用物理控制信道
DPCH	Dedicated Physical Channel	专用物理信道
DPDCH	Dedicated Physical Data Channel	专用物理数据信道
DSCH	Downlink Shared Channel	下行共享信道
DS	Distribution System	分配系统
DSRC	Dedicated Short Range Communication	专用短程通信
DTCH	Dedicated Traffic Channel	专用业务信道
DUN	Dial-Up Networking	拨号网络
EN	External Network	外部网络
ETC	Electronic Toll Collection	电子收费系统
ESS	Extended Service Set	扩张服务单元
FACH	Forward Access Channel	前向接入信道
F-APICH	Forward-Auxiliary Pilot Channel	正向辅助导频信道
F-ATDPICH	Forward-Auxiliary Transmission Diversity Pilot Channel	正向辅助发送分集导频信道
F-BCCH	Forward-Broadcast Control Channel	正向广播控制信道
F-CACH	Forward-Common Alignment Channel	正向公共指配信道
FCC	Federal Communications Commission	联邦通信委员会
F-CCCH	Forward-Common Control Channel	正向公共控制信道
F-CPCCH	Forward-Common Power Control Channel	正向公共功率控制信道
F-CPHCH	Forward-Common Physical Channel	正向公用物理信道
F-DCCH	Forward-Dedicated Control Channel	正向专用控制信道
FDD	Frequence Division Duplex	频分双工
F-DAPICH	Forward-Dedicated Auxiliary Pilot Channel	正向专用辅助导频信道
F-DPHCH	Forward-Dedicated Physical Channel	正向专用物理信道
FEC	Forward Error Corretion code	前向纠错编码
FER	Frame Error Rate	误帧率
F-FCH	Forward-Fundemental Channel	正向基本信道
FH	Frequency Hopping	跳频技术
FHS	Frequency Hopping Sequence	跳频序列
FIFO	First In First Out	先进先出
FLPCH	Forward Link Physical Channel	正向链路物理信道
FPACH	Fast Physical Acess Channel	快速物理接入信道
F-PCH	Forward-Paging Channel	正向寻呼信道

F-PICH	Forward-Pilot Channel	正向导频信道
FPLMTS	Future Public Land Mobile Telecommunication System	未来公用陆地移动通信系统
F-QPCH	Forward-Quick Paging Channel	正向快速寻呼信道
F-SCCHT	Forward-Supplemental Code Channel Types	正向补充码分信道类型
F-SCHT	Forward-Supplemental Channel Types	正向补充信道类型
FSU	Fixed Subscriber Unit	固定用户单元
F-SYNC	Forward-Synchronous Channel	正向同步信道
F-TDPICH	Forward-Transmission Diversity Pilot Channel	正向发送分集导频信道
FTP	File Transfer Profile	文件传输规范
GAP	Generic Access Profile	通用接入规范
GFSK	Gaussian Frequency Shift Keying	高斯滤波频移键控
GGSN	Gateway GPRS Supporting Node	GPRS 网关支持节点
GIAC	General Inquiry Access Code	通用查询接入码
GOEP	Generic Object Exchange Profile	通用对象交换规范
GPRS	General Packet Radio Service	通用分组无线业务
GPS	Global Positioning System	全球定位系统
GSM	Global System of Mobile Communication	全球移动通信系统
GMSC	Gateway Mobile Switching Center	网关移动交换中心
GSN	GPRS Supporting Node	GPRS 支持节点
HCI	Host Controller Interface	主机控制器接口
HCRP	Hardcopy Cable Replacement Protocol	并行电缆替代协议
HEC	Header Error Check	包头错误校验
HLR	Home Location Register	归属位置寄存器
HOLD		呼叫保持
HP	Headset Profile	耳机规范
HV	High quality Voice	高质量话音
IAC	Inquiry Access Code	寻呼接入码
IEEE	Institute of Electronic and Electrical Engineering	电气电子工程师学会
IETF	Internet Engineering Task Force	因特网工程协会
IMSI	International Mobile Subscriber Identity	国际移动用户识别码
IMT-2000	International Mobile Telecommunication 2000	国际互联网
InteServ	Integrated Services	集成服务
Internet		互联网
IP	Internet Protocol	网际协议

IP	Intercom Profile	对讲规范
IP-M	IP Multicast	IP 多点传播
IPv6	Internet Protocol Version 6	网际协议第 6 版
ISM	Industrial, Scientific, Medical	工业、科学、医学频段
ITU	International Telecommunication Union	国际电信联盟
IrDA	Infrared Data Association	红外数据组织
LAP	LAN Access Profile	局域网接入规范
L2CAP	Logical Link Control and Adaption Protocol	逻辑链路控制与适配协议
LAN	Local Area Network	局域网
LC	Link Controller	链路控制器
LLC	Logical Link Control	逻辑链路控制
LMP	Link Manager Protocol	链路管理协议
MAC	Media Access Control	媒体接入控制
ME	Mobile Equipment	移动终端
MM	Mobilility Management	移动性管理
MPTY	Multi Party Supplementary Service	多用户补充业务
MS	Mobile Station	移动台
MSC	Mobile Switching Center	移动交换中心
NMS	Network Management System	网络管理系统
Ns	Network Simulator	网络仿真器
OBEX	OBject EXchange protocol	对象交互协议
OFDM	Orthogonal Frequency Division Multiple Access	正交频分复用
OMC	Operation and Maintenance Center	操作维护中心
OPP	Object Push Profile	对象推送规范
PAN	Personal Area Network	个人局域网
PAS	Personal Access Phone System	个人接入电话系统
PCCH	Paging Control Channel	寻呼控制信道
P-CCPCH	Primary Common Control Physical Channel	主公共控制物理信道
PCH	Paging Channel	寻呼信道
PCM	Pulse Code Modulation	脉冲编码调制
PCPCH	Physical Common Packet Channel	公共分组物理信道
PDA	Personal Digital Assistant	个人数字助理
PDN	Packet Data Network	分组数据网

PDSCH	Physical Downlink Shared Channel	物理下行共享信道
PDU	Protocol Data Unit	协议数据单元
PC	Personal Computer	个人计算机
PCU	Packet Control Unit	分组控制单元
PHS	Personal Handyphone System	个人手持电话系统
PICH	Paging Indication Channel	寻呼指示信道
Piconet		微微网
PM_ADDR	Parked Member Address	Park 模式地址
PPP	Point-to-Point Protocol	点到点协议
PRACH	Packet RACH	分组随机接入信道
PS	Phone System	移动台
PS	Packet Switched	分组交换
PSN	Packet Switching Network	分组交换网络
PSM	Protocol/Service Multiplexer	协议/服务复用
PTM	Point To Multipoint	点对多点
PTM-G	Point To Multipoint Group Call	点对多点群呼
PTM-M	Point To Multipoint Multicast	点对多点多播
PTMSC	Point To Multipoint Service Center	点对多点服务中心
PSTN	Public Switched Telephone Network	公共交换电话网络
PTP	Point To Point	点对点
PTP-CLNS	PTP-Connectionless Network Service	PTP 面向无连接网络业务
PTP-CONS	PTP-Connection Orientated Network Service	PTP 面向连接网络业务
PUSCH	Physical Uplink Shared Channel	物理上行共享信道
QoS	Quality of Service	服务质量
RA	Resource Allocator	资源分配
RACH	Random Access Channel	随机接入信道
R-ACH	Reverse-Access Channel	反向接入信道
RAN	Radio Access Network	无线接入网络
RC	Resource Coordinator	资源协调
R-CCCH	Reverse-Common Control Channel	反向公共控制信道
R-CPHCH	Reverse-Common Physical Channel	反向公用物理信道
R-DCCH	Reverse-Dedicated Control Channel	反向专用控制信道
R-DPHCH	Reverse-Dedicated Physical Channel	反向专用物理信道
R-EACH	Reverse-Enhanced Access Channel	反向增强接入信道
RF	Radio Frequency	射频
RFC	Request For Comments	

R-FCH	Reverse-Fundemental Channel	反向基本信道
RFCOMM		串行口仿真协议
RM	Resource Management	资源管理
RNC	Radio Network Controller	无线网络控制器
RP	Representative	基站
RPC	Representative Controller	基站控制器
R-PICH	Reverse-Pilot Channel	反向导频信道
RR	Round-Robin	轮询
R-SCCHT	Reverse-Supplemental Code Channel Types	反向补充码分信道类型
R-SCHT	Reverse -Supplemental Channel Types	反向补充信道类型
RFID	Radio Frequency Identification	无线射频识别
RSSI	Received Signal Strength Indication	接收信号强度指示
RT	Reur Terminal	局端设备
SAR	Segmentation and Reassembly	拆包与组包
Scatternet		散射网
S-CCPCH	Secondary Common Control Physical Channel	辅公共控制物理信道
SCH	Syns Channel	同步信道
SCO link	Synchronous Connection-Oriented link	同步面向连接的链路
SDP	Service Discovery Protocol	服务发现协议
SGSN	Service GPRS Supporting Node	GPRS 服务支持节点
SHCCH	Shared Control Channel	共享控制信道
SIG	Special Interest Group	特别兴趣工作组
SM	Short Message	短消息
SMS-GMSC	Short Message Service-Gateway Mobile Service Switching Center	具有短消息业务功能的移动交换中心
SMS-IWMSC	SMS-Inter Working MSC	短消息业务互通移动交换中心
SP	Synchronization Profile	同步规范
STTD	Space Time Transmit Diversity	空时发射分集
TCP/IP	Transport Control Protocol/Internet Protocol	传输控制协议与网际协议
TCS	Telephony Control Specification	电话控制协议
TDD	Time Division Duplexing	时分双工
TDMA	Time Division Multiple Access	时分多址
TSTD	Time Switched Transmit Diversity	时分转换发射分集
UA	User Asynchronous	异步用户数据信道
UDP/IP	User Datagram Protocol/Internet Protocol	用户数据报协议与互联网协议
UE	User Equipment	用户终端设备

UI	User Isochronous	等时用户数据信道
UMTS	Universal Mobile Telecommucations System	通用移动通信系统
US	User Synchronous	同步用户数据信道
USCH	Uplink Shared Channel	上行共享信道
USIM	UMTS Subscriber Module	UMTS 用户识别模块
UTRAN	UMTS Terrestrial Radio Access Network	UMTS 陆地无线接入网
VLR	Visitor Location Register	访问位置寄存器
WAN	Wide Area Network	广域网
WAP	Wireless Application Protocol	无线应用协议
WECA	Wireless Ethernet Compatibility Alliance	无线以太网路兼容性联盟
WIFI	WIreless-FIdelity	基于 IEEE 802.11b 标准的无线局域网
WiMax	Worldwide Interoperability for Microwave Access	全球微波互联接入
WLAN	Wireless Local Area Network	无线局域网
WSN	Wireless Sensor Network	无线传感网络
WWW	World Wide Web	万维网
Zigbee		基于 IEEE 802.15.4 标准的低功耗局域网协议
PSTN	Public Switched Telephone Network	公共交换电话网络
PDA	Personal Digital Assistant	掌上电脑
EDGE	Enhanced Data Rate for GSM Evolution	增强型数据速率 GSM 演进技术
HSDPA	High Speed Downlink Packet Access	高速下行链路分组接入
HSUPA	High Speed Uplink Packet Access	高速上行链路分组接入
WiMax	Worldwide Interoperability for Microwave Access	全球微波互联接入
HSPA	High-Speed Packet Access	高速分组接入
EPC	Evolved Packet Core	演进型分组核心网
eNode B	Evolved Node B	演进型 Node B
NAS	Non-Access Stratum	非接入层
RRC	Radio Resource Control	无线资源控制
PDCP	Packet Date Convergence Protocol	分组数据汇聚协议
RLC	Radio Link Control	无线链路控制
CC	Chase Combination	相位合并
IR	Incremental Redundancy	增量冗余
PSS	Primary Synchronous Signal	主同步信号
SSS	Secondary Synchronous Signal	辅同步信号

SSC	Secondary Synchronization Code	辅同步码
ICI	Inter-Cell Interference	小区间干扰
IDMA	Interleaved Division Multiple Access	交织多址
IRC	Interference Rejection Combining	干扰抑制合并
ICIC	Inter-cell Interference Coordination	小区间干扰协调
SFR	Soft Frequency Reuse	软频率复用
FFR	Fractional Frequency Reuse	部分频率复用
LTE	Long Term Evolution	长期演进
LDPC	Low Density Parity Check Code	低密度奇偶校验码
SNR	Signal Noise Ratio	信噪比
MIMO	Multiple-Input Multiple-Output	多输入多输出

参 考 文 献

[1] 胡记文，张殿富，张秦峰等．移动通信原理与工程．北京：中国水利水电出版社，2004.

[2] 李健东，郭梯云，邬国扬．移动通信．西安：西安电子科技大学出版社，2006.

[3] 孙青卉．移动通信技术．北京：机械工业出版社，2005.

[4] 魏红．移动通信技术．北京：人民邮电出版社，2005.

[5] 邬国扬．CDMA 数字蜂窝网．西安：西安电子科技大学出版社，2000.

[6] 章坚武．移动通信．西安：西安电子科技大学出版社，2007.

[7] 吴伟陵，牛凯．移动通信原理：北京：电子工业出版社，2005.

[8] 李蔷薇．移动通信技术．北京：北京邮电大学出版社，2005.

[9] 綦朝辉．现代移动通信技术．北京：国防工业出版社，2005.

[10] 李世鹤．TD-SCDMA 第三代移动通信系统标准化．北京：人民邮电出版社，2005.

[11] 谢显中．TD-SCDMA 第三代移动通信系统技术与实现．北京：电子工业出版社，2005.

[12] 陈良萍．WCDMA 原理及工程实现．北京：机械工业出版社，2004.

[13] 金纯，许光辰．蓝牙技术．北京：电子工业出版社，2001.

[14] Muller N J. 蓝牙揭秘．北京：人民邮电出版社，2001.

[15] 胡智娟，张华清．移动通信技术实用教程．北京：国防工业出版社，2005.

[16] 章燕翼．现代电信名词术语解释．北京：人民邮电出版社，2004.

[17] 刘建清，刘伟国．GSM 手机维修操作技能经典教程．北京：人民邮电出版社，2003.

[18] 张兴伟．手机电路原理与维修．北京：人民邮电出版社，2006.

[19] 张兴伟等．精解诺基亚手机电路原理与维修技术．北京：人民邮电出版社，2007.

[20] 张威．GSM 网络优化——原理与工程．北京：人民邮电出版社，2003.

[21] 卢万铮．天线理论与技术．西安：西安电子科技大学出版社，2006.

[22] 高大飞，韩连伟．爱立信 RBS200 数字移动通信基站的原理与维护．北京：人民邮电出版社，1998.

[23] 方致霞，尚勇，杨文山．数字通信．北京：人民邮电出版社，2006.